世纪英才中职项目教学系列规划教材（机电类专业）

# 车工技术基本功

董代进　主　编

肖文龙　张建波　王　兵　副主编

人民邮电出版社

北　京

**图书在版编目（CIP）数据**

车工技术基本功 / 董代进主编. -- 北京 ：人民邮
电出版社，2011.2
世纪英才中职项目教学系列规划教材. 机电类专业
ISBN 978-7-115-23957-0

Ⅰ. ①车… Ⅱ. ①董… Ⅲ. ①车削－专业学校－教材
Ⅳ. ①TG51

中国版本图书馆CIP数据核字(2010)第217411号

## 内 容 提 要

本书以项目的形式，系统地讲述了车削加工的技能与知识。主要内容有：车床的基本操作、轴类零件的加工、套类零件的加工、圆锥类零件的加工、成形面与滚花类零件的加工、三角形螺纹类零件的加工以及梯形螺纹类零件的加工等。本书图文并茂、通俗易懂、可操作性强。

本书既可作为中等职业学校的教材，也可作为车削加工的培训教材，还可作为相关工程技术人员自学用书。

世纪英才中职项目教学系列规划教材（机电类专业）

**车工技术基本功**

◆ 主　　编　董代进
　　副主编　肖文龙　张建波　王　兵
　　责任编辑　丁金炎
　　执行编辑　洪　婕

◆ 人民邮电出版社出版发行　　北京市崇文区夕照寺街 14 号
　　邮编　100061　电子函件　315@ptpress.com.cn
　　网址　http://www.ptpress.com.cn
　　北京昌平百善印刷厂印刷

◆ 开本　787×1092　1/16
　　印张　15.25
　　字数　379千字　　　　　　　2011 年 2 月第 1 版
　　印数　1－3 000 册　　　　　2011 年 2 月北京第 1 次印刷

ISBN 978-7-115-23957-0

定价：29.00 元

读者服务热线：(010)67132746　印装质量热线：(010)67129223
反盗版热线：(010)67171154
广告经营许可证：京崇工商广字第 0021 号

# 世纪英才中职项目教学系列规划教材

## 编 委 会

# 丛书前言

2008 年 12 月 13 日，教育部"关于进一步深化中等职业教育教学改革的若干意见"【教职成〔2008〕8 号】指出：中等职业教育要进一步改革教学内容、教学方法，增强学生就业能力；要积极推进多种模式的课程改革，努力形成就业导向的课程体系；要高度重视实践和实训教学环节，突出"做中学、做中教"的职业教育教学特色。教育部对当前中等职业教育提出了明确的要求，鉴于沿袭已久的"应试式"教学方法不适应当前的教学现状，为响应教育部的号召，一股求新、求变、求实的教学改革浪潮正在各中职学校内蓬勃展开。

所谓的"项目教学"就是师生通过共同实施一个完整的"项目"而进行的教学活动，是目前国家教育主管部门推崇的一种先进的教学模式。"世纪英才中职项目教学系列规划教材"丛书编委会认真学习了国家教育部关于进一步深化中等职业教育教学改革的若干意见，组织了一些在教学一线具有丰富实践经验的骨干教师，以国内外一些先进的教学理念为指导，开发了本系列教材，其主要特点如下。

（1）新编教材摒弃了传统的以知识传授为主线的知识架构，它以项目为载体，以任务来推动，依托具体的工作项目和任务将有关专业课程的内涵逐次展开。

（2）在"项目教学"教学环节的设计中，教材力求真正地去体现教师为主导、学生为主体的教学理念，注意到要培养学生的学习兴趣，并以"成就感"来激发学生的学习潜能。

（3）本系列教材内容明确定位于"基本功"的学习目标，既符合国家对中等职业教育培养目标的定位，也符合当前中职学生学习与就业的实际状况。

（4）教材表述形式新颖、生动。本系列教材在封面设计、版式设计、内容表现等方面，针对中职学生的特点，都做了精心设计，力求激发学生的学习兴趣，书中多采用图表结合的版面形式，力求学习直观明了；多采用实物图形来讲解，力求形象具体。

综上所述，本系列教材是在深入理解国家有关中等职业教育教学改革精神的基础上，借鉴国外职业教育经验，结合我国中等职业教育现状，尊重教学规律，务实创新探索，开发的一套具有鲜明改革意识、创新意识、求实意识的系列教材。其新（新思想、新技术、新面貌）、实（贴近实际、体现应用）、简（文字简洁、风格明快）的编写风格令人耳目一新。

如果您对本系列教材有什么意见和建议，或者您也愿意参与到本系列教材中其他专业课教材的编写，可以发邮件至 wuhan@ptpress.com.cn 与我们联系，也可以进入本系列教材的服务网站 www.ycbook.com.cn 留言。

丛书编委会

# 前言

Foreword

　　本书广泛参考了各地中等职业学校普车类的教学计划，综合优秀教师的编写大纲，根据中等职业学校机械类专业的特点以及车削加工在机械类专业中的地位和作用，充分考虑中等职业学校普车的教学特点以及学生的实际情况，以根据图样，运用车床，能加工轴类零件、套类零件、圆锥类零件、成形面与滚花类零件、三角形螺纹类零件、梯形螺纹类零件为目的进行编写。

　　本书具有以下突出特点。

　　1．定位准确，目标明确。充分体现"以就业为导向，以能力为本位，以学生为宗旨"的精神，结合中等职业学校双证书和职业技能鉴定的需要，把中等职业学校的特点和行业需求有机地结合起来，培养受行业青睐的员工，实现学生的上岗就业。

　　2．理念先进，模式科学。借鉴国内外职业教育先进的教学理念，扬长避短，采用项目教学的编写模式，适应现代职业教育的需要。

　　3．语言通俗，图文并茂。充分体现中等职业学校学生的特点，本书文字生动，语言简单明了，图说丰富，直观易懂，老师用得顺手，学生看得明白、易学会、能掌握。

　　4．整体性强，衔接性好。充分体现中等职业学校的教学特点，全程设计，整体优化。除项目一外，每个项目由编写人员设计一个零件，然后围绕加工该零件编写内容，本书就是围绕加工六个零件来编写的，因此，本书中的内容浑然一体、互相衔接。

　　5．注重实训，可操作行强。以实训引导理论，充分体现理论与实训的一体化，在"做"的过程中，掌握知识与技能。

　　6．强弱得当，重点突出。根据普车的教学大纲，参照国家职业资格认证标准，精简整合、科学合理地安排知识与技能。

　　7．强调安全，安全意识强。充分体现机械类行业的"生产必须安全，安全才能生产"的特点。

　　本书编者长期从事中等职业学校车削加工及机械加工的教学，是学校优秀的双师型教师，具有丰富的车削加工实践经验和扎实的理论功底，熟悉中等职业学校车削加工的教育教学规律，使得本书既适应车削加工的生产实际，又符合中等职业学校车削加工的教学要求。学生通过本书的学习，能实现车削加工的上岗就业。

　　本书由新疆石河子工程技术学校的肖文龙，荆州技师学院的王兵，山东省临朐县职业中专的张建波、吴玉翠、高瑞亭，重庆市龙门浩职业中学的董代进共同编写，由董代进担任主编，肖文龙、张建波、王兵担任副主编，由董代进统稿。

本书在编写过程中，得到重庆市龙门浩职业中学游树强、饶传锋、田茂娟等老师的大力支持，在此表示感谢。

由于编者水平有限，书中错误与不足在所难免，恳请读者批评指正。

编　者
2010 年 11 月

# 目 录

**C**ontents

# 项目一　车床的基本操作

项目情境创设

在机械制造业中，零件的加工制造离不开金属的切削加工，而车削是最重要的金属切削加工方法之一。车削是机械制造业中最基本、最常用的加工方法。目前在制造业中，车床的配置几乎占到了 50%，CA6140 型卧式车床（见图 1-1）是最常用的车床。本项目通过对 CA6140 型卧式车床的学习，掌握其主要结构、操作与维护保养。

图 1-1　CA6140 型卧式车床

项目学习目标

| 学　习　目　标 | 学　习　方　式 | 学时 |
| --- | --- | --- |
| （1）了解常用车床的种类<br>（2）掌握车床型号的表示方法<br>（3）掌握 CA6140 型卧式车床的主要结构<br>（4）掌握车床的基本操作<br>（5）熟悉车床的润滑与维护保养的方法<br>（6）熟悉车削加工的三要素 | 实训（观摩）+理论（在实训中学习） | 36 |

项目基本功

参观实训基地，掌握 CA6140 型卧式车床结构、操作与保养的知识点，见表 1-1。

表 1-1　　　　掌握 CA6140 型卧式车床结构、操作与保养的知识点

| 序号 | 子项目 | 内容 | 引出的知识点与技能 |
|---|---|---|---|
| 1 | 车床的结构 | 主要掌握车床外形的主要结构组成 | 主轴箱、交换齿轮箱、进给箱、溜板箱、刀架部分、尾座、床身 |
| 2 | 车床的操作 | （1）车床的传动路线<br>（2）各部分的操作说明与要点 | 车床的启动、主轴箱的变速操作、进给箱的变速操作、溜板部分的操作、尾座的操作 |
| 3 | 车床的润滑保养 | 润滑的作用、方式与要求 | 浇油润滑、溅油润滑、油绳润滑、弹子油杯润滑、黄油杯润滑、油泵润滑 |
| 4 | 车削加工三要素 | 车削运动与切削用量的基本概念 | （1）主运动、进给运动<br>（2）背吃刀量、进给量、切削速度 |

# 任务一　认识车床

## 一、车削加工的基本内容

车削就是在车床上利用工件的旋转运动和刀具的直线（或曲线）运动，来改变毛坯的形状和尺寸，使其成为合格产品的一种金属切削方法。车削加工的范围很广，其基本内容见表1-2。如果在车床上装一些附件和夹具，还可以进行镗削、磨削、研磨和抛光等加工。

表 1-2　　　　　　　　　　车削加工的范围

| 序号 | 加工范围 | 示意图 | 工件的旋转方向 | 刀具的进给方向 |
|---|---|---|---|---|
| 1 | 车外圆 | | ↻ | → $f$ |
| 2 | 车端面 | | ↻ | $f$↑ |
| 3 | 切断和车槽 | | ↻ | $f$↑ |
| 4 | 钻中心孔 | | ↻ | ← $f$ |
| 5 | 钻孔 | | ↻ | ← $f$ |
| 6 | 车孔 | | ↻ | $f$ ← |

续表

| 序号 | 加工范围 | 示意图 | 工件的旋转方向 | 刀具的进给方向 |
|------|----------|--------|----------------|----------------|
| 7 | 铰孔 | | | $f$ ← |
| 8 | 车螺纹 | | | $f$ ← |
| 9 | 车圆锥 | | | $f$ ← |
| 10 | 车成形面 | | | $f_1$ $f$ $f_2$ |
| 11 | 滚花 | | | $f$ ← |
| 12 | 盘绕弹簧 | | | → $f$ |

**二、认识车床**

按结构和用途的不同，车床可分为很多种。常见的有卧式车床、立式车床、转塔车床、仿形及多刀车床、单轴自动车床、多轴自动、半自动车床以及各种专用车床等。为了正确地使用和保养车床，充分发挥其作用，必须进一步较详细地了解车床。本项目以 CA6140 型卧式车床为例进行介绍。

CA6140 型卧式车床由我国自行设计，其通用性好、系列化程度较高、性能较优越、结构较先进、操作方便、外形美观、精度较高，是一种应用广泛的车床。

**1. CA6140 型卧式车床的型号说明**

车床的型号不仅是一个代号，而且能表示出机床的名称、主要技术参数、性能和结构特点，CA6140 型卧式车床的型号中各代号的含义如下。

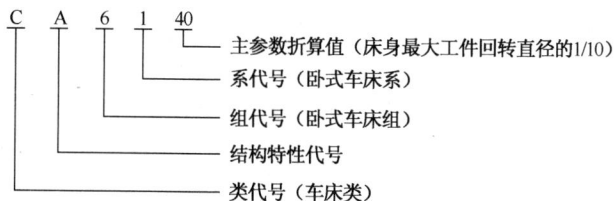

```
C  A  6  1  40 ── 主参数折算值（床身最大工件回转直径的1/10）
                └── 系代号（卧式车床系）
             └────── 组代号（卧式车床组）
          └───────── 结构特性代号
       └──────────── 类代号（车床类）
```

（1）理解"C"

"CA6140"中的"C"称作机床的类代号。类代号是以机床名称的第一个字的汉语拼音的第一个字母的大写来表示的，如"C"代表车（Che）床，"Z"代表钻床（Zuan）等。

按照机床的工作原理、结构特性以及使用范围，将机床分为11类，见表1-3。

表1-3　　　　　　　　　　机床类别代号

| 类别 | 车床 | 钻床 | 镗床 | 磨床 | 齿轮加工机床 | 螺纹加工机床 | 铣床 | 刨插床 | 拉床 | 锯床 | 其他机床 |
|---|---|---|---|---|---|---|---|---|---|---|---|
| 代号 | C | Z | T | M | Y | S | X | B | L | G | Q |

（2）理解"A"

"CA6140"中的"A"称作机床的结构特性代号，属于机床特性代号，机床特性代号还包括通用特性代号。通用特性代号和结构特性代号都是用大写的汉语拼音字母来表示的。

① 通用特性代号

通用特性代号有统一的固定含义，不论在什么机床型号中，都表示相同的含义，当某些类型的机床除了有普通型机床的特性之外，还有表1-4中的某种通用特性时，则在类代号后加上通用特性代号予以区分。如果没有通用特性代号，则不写机床的型号。机床的通用特性代号，见表1-4。

表1-4　　　　　　　　　　机床的通用特性代号

| 通用特性 | 高精度 | 精密 | 自动 | 半自动 | 数控 | 加工中心 | 仿形 | 轻型 | 加重型 | 简式和经济型 | 柔性加工单元 | 数显 | 高速 |
|---|---|---|---|---|---|---|---|---|---|---|---|---|---|
| 代号 | G | M | Z | B | K | H | F | Q | C | J | R | X | S |
| 读音 | 高 | 密 | 自 | 半 | 控 | 换 | 仿 | 轻 | 重 | 简 | 柔 | 显 | 速 |

② 结构特性代号

对主参数值相同而结构性能不同的机床，在型号中加结构特性代号予以区分。结构特性代号在机床型号中没有统一的含义，只在同类机床中，起区分机床机构、性能不同的作用。当机床型号中有通用特性代号时，结构特性代号应排在通用特性代号之后。结构特性代号用汉语拼音表示，但是通用特性代号已用的字母和"I"、"O"两个字母不能用。当单个字母不够用时，可以将两个字母组合起来使用，如AD、AF、DA、EA等。

（3）理解"6"和"1"

"CA6140"中的"6"和"1"分别称作机床的组、系代号。机床的组、系代号用数字表示，每类机床按用途、性能、结构或有派生关系分为若干组。每类机床分为10个组，每组分为10个系。

① 机床的组：用一位阿拉伯数字表示。位于类代号、或通用特性代号、结构特性代号之后。

② 机床的系：用一位阿拉伯数字表示。位于组代号之后，如车床分为10组用阿拉伯数字"0～9"表示，其中"6"代表落地及普通车床，"5"代表立式车床。车床的组、系划分，见表1-5。

表 1-5　　　　　　　　　　　　　　　　车床的组、系

| 组 | | 系 | | 组 | | 系 | |
|---|---|---|---|---|---|---|---|
| 代号 | 名称 | 代号 | 名称 | 代号 | 名称 | 代号 | 名称 |
| 0 | 仪表车床 | 00 | | 4 | 曲轴及凸轮轴车床 | 40 | 旋风切削曲轴车床 |
| | | 01 | | | | 41 | 曲轴车床 |
| | | 02 | | | | 42 | 曲轴主轴颈车床 |
| | | 03 | 转塔车床 | | | 43 | 轴颈车床 |
| | | 04 | 卡盘车床 | | | 44 | 曲轴连杆 |
| | | 05 | 精整车床 | | | 45 | 多刀凸轮轴车床 |
| | | 06 | 卧式车床 | | | 46 | 凸轮轴车床 |
| | | 07 | | | | 47 | 凸轮轴中轴颈车床 |
| | | 08 | 轴车床 | | | 48 | 凸轮轴端轴颈车床 |
| | | 09 | | | | 49 | 凸轮轴凸轮车床 |
| 1 | 单相自动车床 | 10 | 主轴箱固定型自动车床 | 5 | 立式车床 | 50 | |
| | | 11 | 单轴纵切自动车床 | | | 51 | 单柱立式车床 |
| | | 12 | 单轴横切自动车床 | | | 52 | 双柱立式车床 |
| | | 13 | 单轴转塔自动车床 | | | 53 | 单柱移动立式车床 |
| | | 14 | | | | 54 | 双柱移动立式车床 |
| | | 15 | | | | 55 | 工作台移动单柱立式车床 |
| | | 16 | | | | 56 | |
| | | 17 | | | | 57 | 定梁单柱立式车床 |
| | | 18 | | | | 58 | 定梁双柱立式车床 |
| | | 19 | | | | 59 | |
| 2 | 多轴自动半自动车床 | 20 | 多轴平行作业棒料自动车床 | 6 | 落地及卧式车床 | 60 | 落地车床 |
| | | 21 | 多轴棒料自动车床 | | | 61 | 卧式车床 |
| | | 22 | 多轴卡盘自动车床 | | | 62 | 马鞍车床 |
| | | 23 | | | | 63 | 轴车床 |
| | | 24 | 多轴可调棒料自动车床 | | | 64 | 卡盘车床 |
| | | 25 | 多轴可调卡盘自动车床 | | | 65 | 球面车床 |
| | | 26 | 立式多轴半自动车床 | | | 66 | |
| | | 27 | 立式多轴平行作业半自动车床 | | | 67 | |
| | | 28 | | | | 68 | |
| | | 29 | | | | 69 | |
| 3 | 回轮、转塔车床 | 30 | 回轮车床 | 7 | 仿形及多刀车床 | 70 | 转塔仿形车床 |
| | | 31 | 滑鞍转塔车床 | | | 71 | 仿形车床 |
| | | 32 | | | | 72 | 卡盘仿形车床 |
| | | 33 | 滑枕转塔车床 | | | 73 | 立式仿形车床 |
| | | 34 | | | | 74 | 转塔卡盘多刀车床 |
| | | 35 | 横移转塔车床 | | | 75 | 多刀车床 |
| | | 36 | | | | 76 | 卡盘多刀车床 |
| | | 37 | 立式转塔车床 | | | 77 | 立式多刀车床 |
| | | 38 | | | | 78 | |
| | | 39 | | | | 79 | |

续表

| 组 | | 系 | | 组 | | 系 | |
|---|---|---|---|---|---|---|---|
| 代号 | 名称 | 代号 | 名　称 | 代号 | 名称 | 代号 | 名　称 |
| 8 | 轮轴辊及铲齿车床 | 80 | 车轮车床 | 9 | 其他车床 | 90 | 落地镗车床 |
| | | 81 | 车轴车床 | | | 91 | |
| | | 82 | 动轮曲拐销车床 | | | 92 | 单轴半自动车床 |
| | | 83 | 轴颈车床 | | | 93 | |
| | | 84 | 轧辊车床 | | | 94 | |
| | | 85 | 钢锭车床 | | | 95 | |
| | | 86 | | | | 96 | |
| | | 87 | 立式车轮车床 | | | 97 | 活塞环车床 |
| | | 88 | | | | 98 | 钢锭模车床 |
| | | 89 | 铲齿车床 | | | 99 | |

（4）理解"40"

"CA6140"中的"40"称作机床的主要参数代号，分为主参数和第二主参数。

① 机床的主参数

机床的主参数是机床的重要技术规格，通常用折算值表示，位于系代号之后，车床的主参数及折算系数见表1-6。

表1-6　　　　　　　　常用车床主参数、第二主参数和折算系数

| 车　床 | 主　参　数 | | 第二主参数 | |
|---|---|---|---|---|
| | 参数名称 | 折算系数 | 参数名称 | 折算系数 |
| 单轴自动车床 | 最大棒料直径 | 1 | | |
| 多轴自动车床 | 最大棒料直径 | 1 | 轴数 | |
| 多轴半自动车床 | 最大车削直径 | 1/10 | 轴数 | |
| 四轮车床 | 最大棒料直径 | 1 | | |
| 转塔车床 | 最大车削直径 | 1/10 | | |
| 单轴及双柱立式车床 | 最大车削直径 | 1/100 | 最大工件高度 | |
| 落地车床 | 最大回转直径 | 1/100 | 最大工件长度 | |
| 卧式车床 | 床身上最大回转直径 | 1/100 | 最大工件长度 | |
| 铲式车床 | 最大工件直径 | 1/10 | 最大模数 | |

② 第二主参数

第二主参数通常用于表示主轴数、最大工件长度、最大加工长度、最大模数等，标注在主参数之后，并用"×"和主参数分开，第二主参数（除多轴机床的主轴数外）均不予表示，如有特殊情况，需在车床型号中表示时，应按一定手续审批。

在车床型号中表示的第二主参数，一般都折算成二位数，最多不应超进三位数。

以长度、深度表示：折算系数为1/100。

以直径、宽度值表示：折算系数为1/10。

以厚度、最大模数值表示：折算系数为1。

常用车床主参数、第二主参数和折算系数，见表1-6。

（5）机床重大改进顺序号

当机床的结构、性能有更高的要求，需要按新产品重新设计、试制和鉴定时，应按改进的先后顺序，用汉语拼音字母 A、B、C……（不得选用"I"、"O"两字母），加在机床型号基本部分的尾部，用来区分原机床型号。

如"CA6140A"型是"CA6140"型的改进型；"CX5112A"型车床是最大车削直径为1250mm，经过第一次改进的数显单柱立式车床。

**2．CA6140 型卧式车床的主要技术规格**

床身上工件最大回转直径：　　　　　400mm

中滑板上工件最大回转直径：　　　　210mm

最大工件长度（4 种）：　　　　750mm，1000mm，1500mm，2000mm

最大纵向行程：　　　　650mm，900mm，1400mm，1900mm

中心高（主轴中心到床身平面导轨距离）：　　205mm

主轴内孔直径：　　　　48mm

主轴转速

正转（24 级）：　　　　10～1400r/min

反转（12 级）：　　　　14～1580r/min

车削螺纹范围

米制螺纹（44 种）：　　　　1～192mm

英制螺纹（20 种）：　　　　2～24 牙/英寸

米制蜗杆（39 种）：　　　　0.25～48 mm

英制蜗杆（37 种）：　　　　1～96 牙/in

机动进给量

纵向进给量（64 种）：　　　　0.028～6.33mm/r

横向进给量（64 种）：　　　　0.014～3.16mm/r

床鞍纵向快速移动速度：　　　　4m/min

中滑板横向快速移动速度：　　　　2m/min

主电动机功率、转速：　　　　7.5kW、1450r/min

快速移动电动机功率、转速：　　　　0.25kW、2800r/min

机床工作精度

精车外圆的圆度：　　　　0.01mm

精车外圆的圆柱度：　　　　0.01mm/100mm

精车端面平面度：　　　　0.02mm/400mm

精车螺纹的螺距精度：　　　　0.04mm/100mm，0.06mm/300mm

精车表面粗糙度：　　　　$Ra$（0.8～1.6）μm

**3．CA6140 型卧式车床的结构与组成**

CA6140 型卧式车床的外形结构如图 1-2 所示，由床身、主轴箱、交换齿轮箱、进给箱、溜板箱、滑板与刀架、尾座、冷却以及照明等部分组成。

（1）床身

床身是车床的大型基础部件，有两条精度要求很高的 V 形导轨和矩形导轨，如图 1-3 所示，主要用于支撑和连接车床的各个部件，并保证各部件在工作时有准确的相对位置。

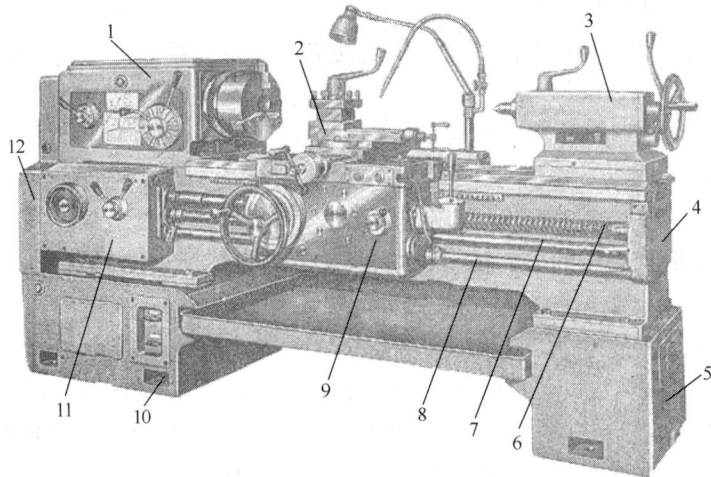

1—主轴箱；2—刀架部分；3—尾座；4—床身；5、10—床脚；6—丝杠；7—光杠；8—操纵杆；9—溜板箱；11—进给箱；12—交换齿轮箱

图 1-2　CA6140 型卧式车床的外形结构

（2）主轴箱

主轴箱又称床头箱，主要用于支撑主轴并带动工件做旋转运动。主轴箱内装有齿轮、轴等零件，如图 1-4 所示，以组成变速传动机构。变换主轴箱外的手柄位置，可使主轴获得多种转速，并带动装夹在卡盘上的工件一起旋转。

图 1-3　床身导轨

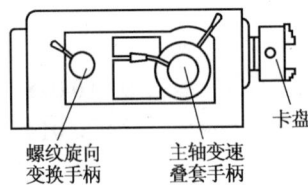

图 1-4　主轴箱及其内部结构

（3）交换齿轮箱

交换齿轮箱又称为挂轮箱，主要用于将主轴箱的运动传递给进给箱。更换交换齿轮箱内的齿轮，配合进给箱变速机构，可以车削各种导程的螺纹（或蜗杆），并可满足车削时对纵向和横向不同进给量的需求。

（4）进给箱

进给箱又称走刀箱，是进给传动系统的变速机构，如图 1-5 所示。进给箱把交换齿轮箱传递来的运动，经过变速后传递给丝杠，以实现车削各种螺纹；传递给光杠，以实现机动进给。

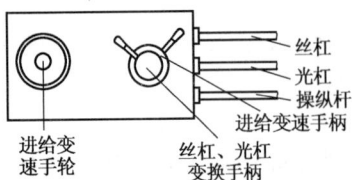

图 1-5　进给箱及其内部结构

（5）溜板箱部分

溜板箱如图1-6所示，由床鞍、中滑板、小滑板和刀架等组成。溜板箱接受光杠（或丝杠）传递来的运动，操纵箱外手柄和按钮，通过快移机构驱动刀架部分，以实现车刀的纵向或横向运动。

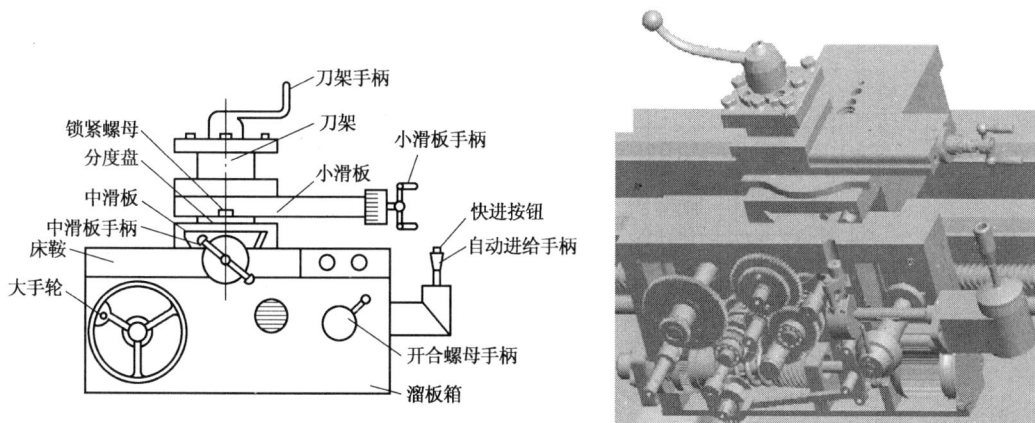

图1-6 溜板箱及其内部结构

（6）尾座

尾座如图1-7所示，安装在床身导轨上，沿导轨纵向移动，以调整其工作位置。尾座主要用来安装后顶尖，以支顶较长的工件，也可装夹钻头或铰刀等，进行孔的加工。

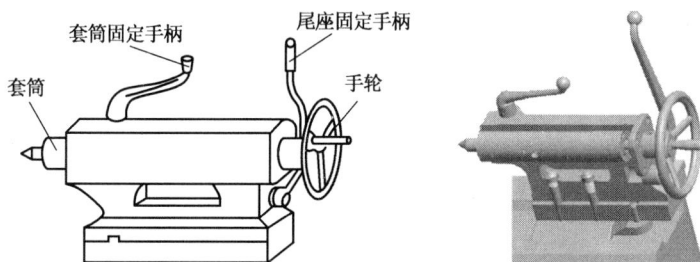

图1-7 尾座及其内部结构

（7）床脚

床脚如图1-8所示，前后两个床脚分别与床身前后两端的下部连为一体，用以支撑床身及安装床身上的各个部件。可以通过调整垫铁块把床身调整到水平状态，并用地脚螺栓把整台车床固定在工作场地上。

图1-8 床脚

（8）冷却装置

冷却装置主要通过冷却泵将切削液加压后经冷却嘴喷射到切削区域。

**4．CA6410型卧式车床的传动系统**

为了把电动机的旋转运动转化为工件和车刀的运动，而通过的一系列复杂的传动机构称为车床的传动路线。CA6140型卧式车床的传动系统如图1-9所示。

电动机1驱动V带轮，通过V带2把运动输入到主轴箱4，再通过变速机构变速，使主轴5得到各种不同的转速，再经卡盘6带动工件作旋转运动。同时主轴箱4把旋转运动输入到交换齿轮箱3，再通过进给箱13变速后由丝杠11或光杠12、驱动溜板箱9、床鞍 10、溜板 8、刀架 7，从而达到控制车刀运动轨迹来完成各种表面的车削工作。

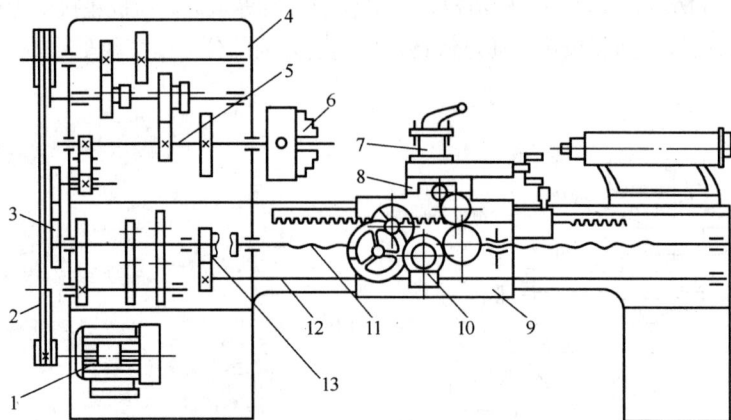

1—电动机；2—V 带；3—交换齿轮箱；4—主轴箱；5—主轴；6—卡盘；7—刀架；

8—溜板；9—溜板箱；10—床鞍；11—丝杠；12—光杠；13—进给箱

（a）传动结构示意图

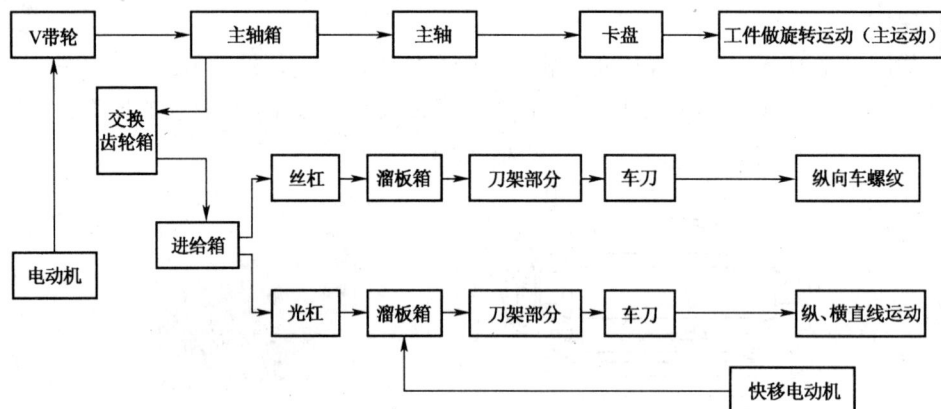

（b）传动路线方框图

图 1-9　CA6140 型卧式车床的传动系统

### 三、学习与思考

#### 1．学习过程记录单

学习过程记录单

| 任务一 | 认识车床 | | | |
|---|---|---|---|---|
| 学习内容 | 学习的内容 | 掌握程度（学生填写） | | |
| | | 好 | 一般 | 差 |
| 学习过程 | 车床的型号和含义 | | | |
| | 车床的种类 | | | |
| | 车床的主要结构与功能 | | | |
| | 车床的传动系统 | | | |

#### 2．思考练习题

① 车削加工的基本概念是什么？

② 车削加工的基本内容有哪些？

③ 按结构和用途不同，车床可分为哪几种？

④ 车床由哪些主要部分组成？各部分有何功能？

# 任务二　掌握车床的基本操作

## 一、安全文明生产

坚持安全、文明生产是保障设备和人身的安全，防止事故发生的根本保证，同时也是科学管理的一项十分重要的手段。它直接影响到人身安全、产品质量和生产效率的提高，影响到设备，工具、夹具、量具的使用寿命和操作技术人员技能水平的正常发挥，所以要求操作人员必须严格执行。

### 1．安全生产注意事项

① 工作时必须集中精力，注意手、身体和衣服不能靠近正在旋转的机件，如工件、带轮、传动带、齿轮等。

② 工件和车刀必须装夹牢固，否则会飞出伤人。

③ 装好工件后，卡盘扳手必须随即从卡盘上取下来。

④ 凡装卸工件、更换刀具、测量加工表面及变换速度时，必须先停车。

⑤ 车床运转时，不能用手去触摸工件表面，尤其是加工螺纹时，更不能用手触摸螺纹表面，且严禁用棉纱擦抹转动的工件。

⑥ 不能用手直接去清除切屑，要用专用的铁钩来清理。

⑦ 不允许戴手套操作车床。

⑧ 不准用手去制动转动的卡盘。

⑨ 不能随意拆装车床中的电器。

⑩ 工作中发现车床、电气设备有故障时，应及时申报，由专业人员来维修，切不可在未修复的情况下使用。

### 2．文明生产的要求

① 开车前要检查车床各部分是否完好，各手柄是否灵活、位置是否正确。检查各注油孔，并进行润滑。然后低速空运转 2～3min，待车床运转正常后才能工作。

② 主轴变速必须先停车，变换进给箱外的手柄，要在低速的条件下进行。为了保持丝杠的精度，除了车削螺纹外，不得使用丝杠进行机动进给。

③ 刀具、量具及其他使用工具，要放置稳妥，便于操作时取用，用完后应放回原处。

④ 要正确使用和爱护量具。经常保持清洁，用后擦净、涂油、放入盒中，并及时归还工具室。

⑤ 床面不允许放置工件或工具，更不允许敲击床身导轨。

⑥ 图样、工艺卡片应放在便于自己阅读的位置，并注意保持其清洁和完整。

⑦ 使用切削液前，应在导轨上涂润滑油，若车削铸铁或气割下料件时应擦去导轨上的润滑油。

⑧ 工作场地周围应保持清洁整齐，避免杂物堆放，防止绊倒。

⑨ 工作完毕，将所用物件擦净归位，清理车床、刷去切屑、擦净车床各部分的油污，按规定加注润滑油，将拖板摇至规定的地方（对于短车床，应将拖板摇至尾座一端；对于长车床，应将拖板摇至车床导轨的中央），各转动手柄放置空档位置，关闭电源后把车床周围的卫生打扫干净。

### 3．安全用电常识

① 如果电动机、电器箱等没有安装在机床上，则必须另行单独接地，方法如图 1-10 所示。

② 电气设备的开关、手柄、按钮等操作元件,应无损坏;电器箱的门、盖应关严。不允许在电线和电器上搭挂物品。

③ 使用车间内的移动电器时,应特别注意安全。手电钻、行灯、电扇等的插头、插座、电线管、金属软管,应完好无损坏,如发现损坏,应及时处理后,再继续使用。

④ 不能用额定电流大的熔丝保护小电流电路,否则不仅起不到保护作用,还会使电路发热,引起火灾。

⑤ 不要任意装拆电气设备。工作中,如发现电气设备有故障,请找专业电工修理。修理时,首先关掉开关,断开电源后,再修理,如图 1-11 所示。

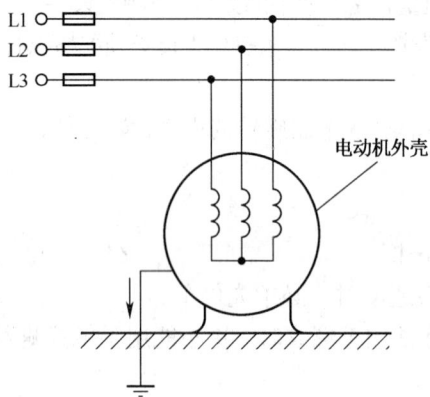

图 1-10  单独接地

图 1-11  电气设备的修理

⑥ 如发现有人触电,应首先切断电源,或用绝缘物(干燥的木棍、竹杆)将人与电源分开,然后及时抢救触电者。

**4.火警的紧急处理**

① 发生电火警时,必须首先切断电源,然后救火,并及时报警。

② 如果电源没断开,绝不允许用水或普通灭火器灭火,应选用二氧化碳灭火器、1211灭火器或用黄沙灭火。

③ 救火时,不准随便与电线或电气设备接触,特别要留心地上的电线。

**二、操作准备**

**1.要求**

穿好工作服,袖口应扎紧,可戴平光眼镜,女生应戴工作帽,头发应塞入帽中,操作时不准戴手套或其他手饰,如图 1-12 所示。

**2.姿势**

操作时精力要集中,头向左倾斜,手和身体远离车床旋转的部位。身体不能依靠在车床上,如图 1-13 所示。

**三、车床的启动操作**

**1.检查**

车床在启动前必须检查车床的各变速手柄是否处于空挡位置、离合器是否处于正确位置、操纵杆是否处于停止状态等,在确定无误后,方可合上车床电源总开关,开始操作车床。

**2.通电**

将电源开关向上拨起,接通电源开关,转动机床钥匙打开车床电源,如图 1-14 所示。

图 1-12　操作中的错误习惯

图 1-13　车床的操作姿势

### 3．启动

按下车床床鞍上的绿色启动按钮，电动机启动；按下车床床鞍上的红色停止按钮，电动机停止转动，如图 1-15 所示。

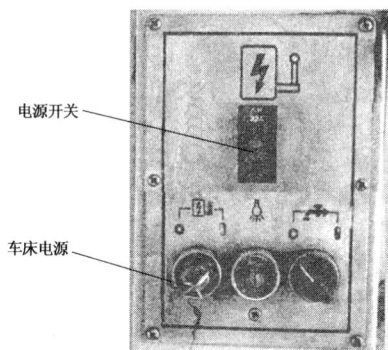

图 1-14　车床电源

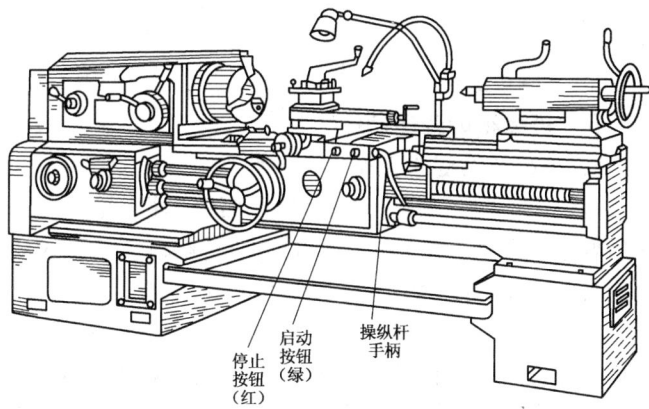

图 1-15　车床启动按钮的位置

### 4．改变主轴转向

向上扳动操纵杆手柄，主轴正转；操纵杆手柄回到中间位置，主轴停止转动；向下扳动操纵杆手柄，主轴反转，如图 1-16 所示。

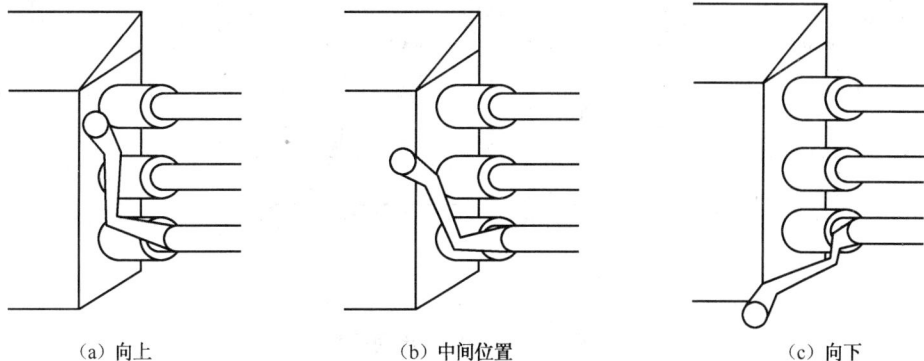

（a）向上　　　（b）中间位置　　　（c）向下

图 1-16　操纵杆手柄位置

#### 四、主轴箱变速操作

车床主轴的变速是通过改变主轴箱正面右侧的两个叠套手柄（也称变速手柄）的位置来控制的。将两个手柄拨到不同的位置即可获得相应的主轴转速。内侧手柄对应的圆点，用图1-17所示的颜色表示，共有红、黑、黄、蓝4种颜色（另有两个空白圆点，表示空挡位），外侧手柄对应数字（即主轴转速），如图1-17所示。

例如，需将转速变换为 400r/min，首先转动后面的手柄，将其转至黑色位置，再转动前面的手柄至400速度区，如图1-18所示。

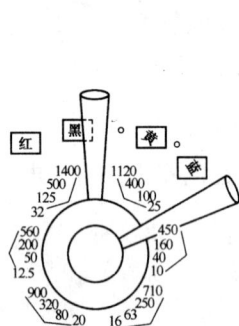

图 1-17　主轴箱变速手柄

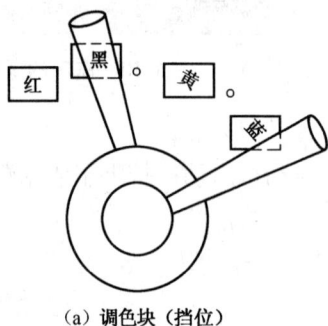

（a）调色块（挡位）　　　　　（b）对数字（转速）

图 1-18　主轴转速和调换

#### 五、进给箱的变速操作

##### 1．进给量的变速操作

进给箱正面左侧有一个手轮（进给变速手轮），有 1、2、3、4、5、6、7、8挡，右侧有前后叠套的手柄和手轮，内侧的手柄是丝杠、光杠的变换手柄，有 A、B、C、D挡，外侧的手轮有 I、II、III、IV挡，利用手轮与手柄配合，可以调整加工进给量或螺纹螺距。

在实际操作中，确定选择和调整进给量时应对照车床进给调配表并结合进给变速手轮与丝杠、光杠变速手柄进行。车床进给调配表如图1-19所示。

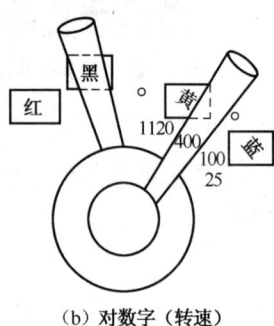

图 1-19　车床进给调配表

例如，要将纵向进给量调至 0.24mm/min，其操作步骤如下。

第一步，根据要求，在进给调配表上查找相应位置为 A、II、5，如图 1-20 所示。

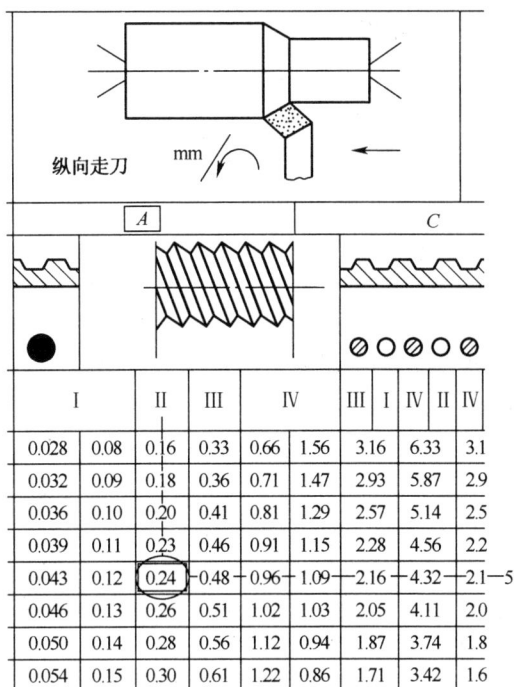

图 1-20　通过铭牌查位置

第二步，先将左侧变速手轮向外拉出，然后转至 5 的位置，再将其推进，如图 1-21 所示。

第三步，先将丝杠、光杠变换手柄调整至 A 挡位置，再将变速手柄调至 II 处位置，如图 1-22 所示。

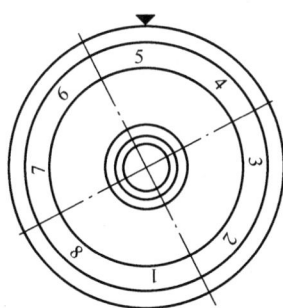

图 1-21　调整进给变速手轮

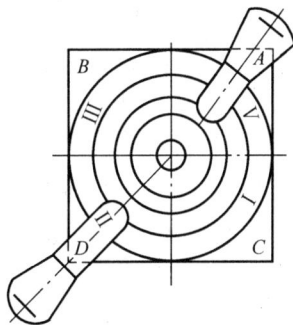

图 1-22　调整进给变速手柄

**2．螺纹旋向的变换**

螺纹旋向变换手柄共有 4 挡，用于螺纹的左、右旋向、变换和加大螺距，如图 1-23 所示。

**3．螺距的调整变换**

在上述右旋正常螺距螺纹下，转动进给箱上的两个手轮手柄，使左侧手轮位于 "6" 挡位，右侧外手轮位于 "III" 挡位，右侧内手轮位于 "B" 挡位，则可由图 1-19 查知螺距为 5mm。

### 六、溜板箱的操作

#### 1．手动操作

顺时针转动溜板箱大手轮，床鞍向右移动（纵向退刀）；逆时针转动溜板箱大手轮，床鞍向左移动（纵向进刀）。大手轮上的刻度盘圆周共有300格，每一格为1mm，即大手轮每转一格，溜板箱纵向移动1mm。

顺时针转动中滑板手柄，中滑板向前移动（横向进刀）；逆时针转动中滑板手柄，

图1-23　螺纹旋向的调整变换

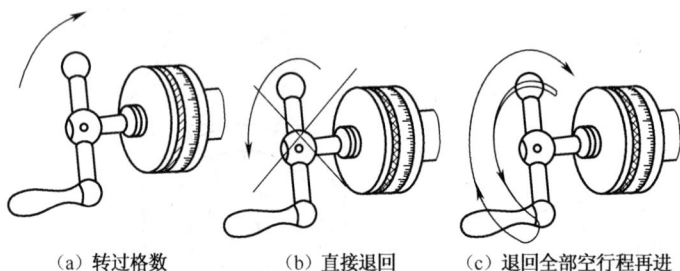

中滑板向后移动（横向退刀）。中滑板手柄上的刻度盘圆周共有100格，每一格为0.05mm，即中滑板每转一格，横向移动0.05mm。

由于丝杠和螺母之间往往存在间隙，因此会产生空行程（即刻度盘转动而滑板未移动）。使用时必须慢慢地把刻度线转至所需格数。如果不小心多转了刻度格，绝不能简单直接退回几格，必须向相反方向退回全部空行程，再转至所需要的格数处，如图1-24所示。

顺时针转动小滑板手柄，小滑板向左移动（纵向进刀）；逆时针转动小滑板手柄，小滑板向右移动（纵向退刀）。小滑板手柄上的刻度盘圆周共有100格，每一格为0.05mm，即小滑板每转一格，纵向移动0.05mm。

#### 2．自动进给操作

溜板箱右侧的自动进给手柄有方向位置，如图1-25所示。分别向左右、前后方向扳动自动进给手柄，溜板箱及床鞍向相同的方向自动进给，手柄处于中间位置，进给停止。

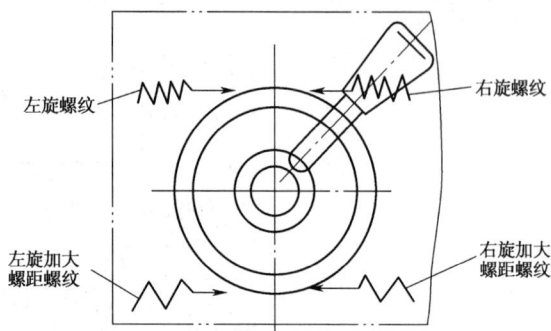

（a）转过格数　　　（b）直接退回　　　（c）退回全部空行程再进

图1-24　消除刻度盘空行程的方法

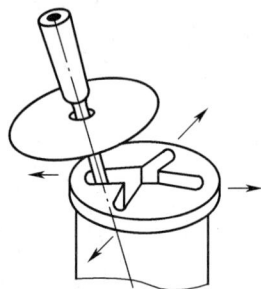

图1-25　自动进给操作

在扳动自动进给手柄的同时按下快进按钮，溜板箱及床鞍沿手柄的扳动方向做纵、横向快速移动；松开快进按钮，快速移动停止。

#### 3．开合螺母的操作

开合螺母位于溜板箱前面右侧，向下扳动手柄，开合螺母与丝杠啮合，丝杠带动溜板箱纵向进给，用来车削螺纹；向上提起开合螺母手柄，则丝杠与溜箱运动断开，由光杠带动溜板箱纵向进给，用来车削加工。开合螺母的操作如图1-26所示。

#### 4．刀架的操作

刀架用于安装车刀，逆时针转动刀架手柄，刀架可作逆时针转动，以调换车刀；顺时针转动刀架手柄，刀架则被锁紧，如图1-27所示。

(a) 开合螺母开（向上提起）　　　　　　(b) 开合螺母合（向下扳动）

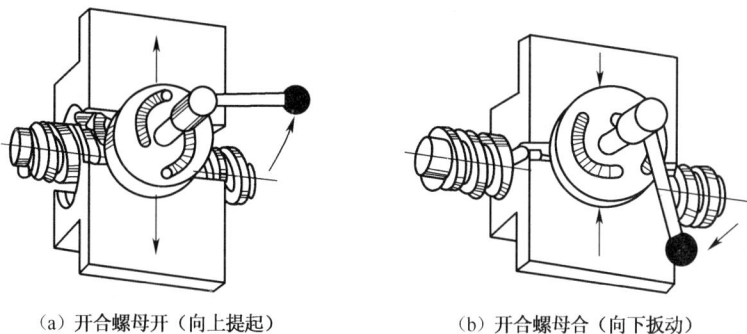

图 1-26　开合螺母的操作

### 七、尾座的操作

逆时针扳动尾座的固定手柄，使其处于位置 1 时，尾座可固定在床身上的任一位置；顺时针扳动尾座的固定手柄，使其处于位置 2 时，尾座可沿床身导轨作纵向移动，如图 1-28 所示。顺时针转动尾座手柄，尾座套筒向前伸出；逆时针转动尾座手柄，尾座套筒退回。顺时针转动套筒固定手柄，则套筒锁紧，手轮转动被制止；逆时针转动套筒固定手柄，手轮则可转动。

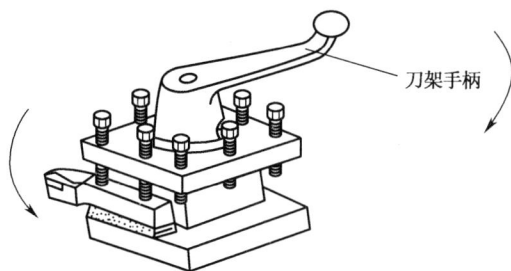

图 1-27　刀架的操作　　　　　　图 1-28　尾座的操作

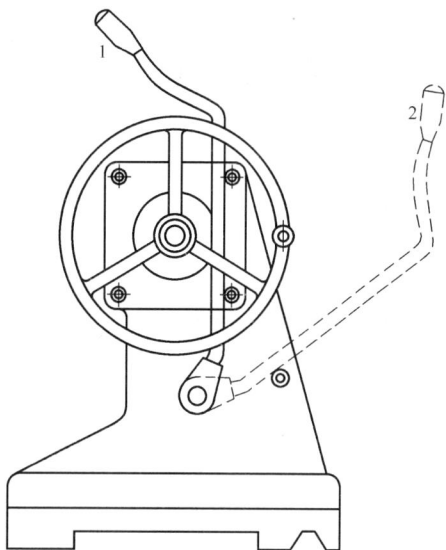

### 八、学习与思考

#### 1．学习过程记录单

学习过程记录单

| 任务二 | 掌握车床的基本操作 | | | |
|---|---|---|---|---|
| 学习内容 | 学习的内容 | 掌握程度（学生填写） | | |
| | | 好 | 一般 | 差 |
| 学习过程 | 车床操作的基本要求与姿势 | | | |
| | 车床的启动操作 | | | |

| 任务二 | 掌握车床的基本操作 | | | |
|---|---|---|---|---|
| 学习内容 | 学习的内容 | 掌握程度（学生填写） | | |
| | | 好 | 一般 | 差 |
| 学习过程 | 主轴箱变速的操作 | | | |
| | 进给箱的操作 | | | |
| | 溜板箱的操作 | | | |
| | 尾座的操作 | | | |

**2．思考练习题**

① 车床操作时的基本要求和姿势有哪些？

② 若刀架需向左纵向进刀 250mm，应该操纵哪个手柄（或手轮），其刻度盘需要转过多少格？

③ 若刀架需横向进刀 0.5mm，中滑板手柄刻度盘应向什么方向转动？转多少格？

# 任务三　车床的润滑和维护保养

为了保证车床的正常运转和延长其使用寿命，应注意车床的维护与保养。

## 一、车床的润滑方式

车床的润滑方式见表 1-7。

**表 1-7　车床的润滑方式**

| 润滑方式 | 说　明 | 图　示 |
|---|---|---|
| 浇油润滑 | 常用于外露的润滑表面，如床身导轨面和滑板导轨面的润滑 | 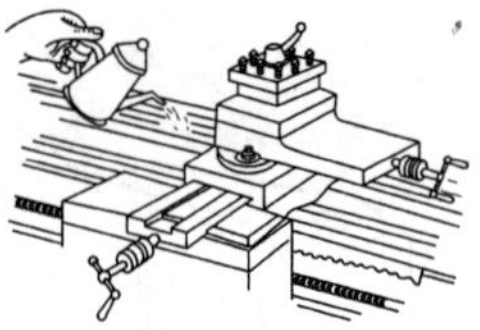 |
| | 由于长丝杠和光杠的转速较高，润滑条件较差，必须注意每班次加油时，润滑油可以从轴承座上面的方腔中加入 | 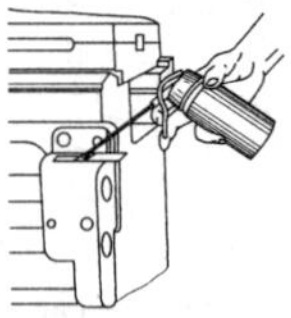 |
| 溅油润滑 | 常用于密封的箱体中。如车床主轴箱中的传动齿轮将箱底的润滑油溅射到箱体上部的油槽中，然后经槽内油孔流到各个润滑点进行润滑 | 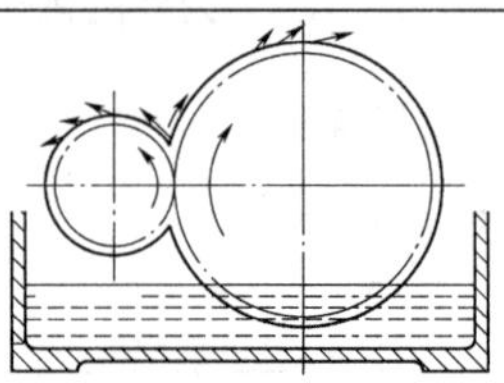 |
| 油绳导油润滑 | 常用于进给箱和拖板箱的油池中。利用毛线既易吸油又易渗油的特性，通过毛线把油引入润滑点，间断地滴油润滑 | 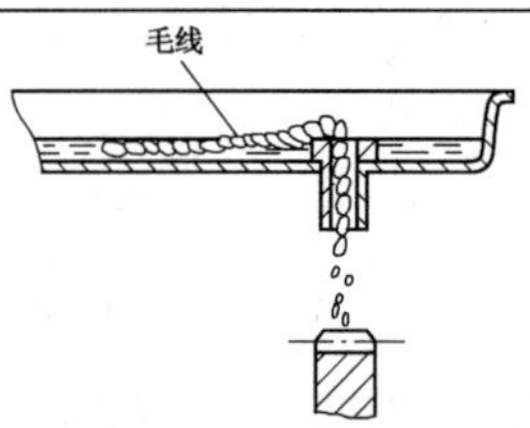 |

续表

| 润滑方式 | 说　　明 | 图　　示 |
|---|---|---|
| 弹子油杯润滑 | 常用于尾座、中滑板、手柄以及光杠、丝杠、操纵杆支架的轴承处。定期用油枪端头油嘴压下油杯的弹子，将油注入。油嘴撤去，弹子复位，封住油口 |  |
| 黄油杯润滑 | 常用于交换齿轮箱挂轮架的中间轴或不便经常润滑处。事先在黄油杯中装满钙基润滑脂，需要润滑时，拧进油杯盖，则杯中的油脂就被挤压到润滑点中 |  |
| 油泵输油润滑 | 常用于转速高、需要大量润滑油连续强制润滑的机构。主轴箱内许多润滑点就是采用这种润滑方式 |  |

## 二、车床的润滑系统

图 1-29 所示为 CA6140 型卧式车床润滑系统润滑点的位置示意图。润滑部位用数字标出，图 1-29 中除所注"②"处的润滑部位是用 2 号钙基润滑脂进行润滑外，其余各部位都用 30 号机油润滑。换油时，应先将废品油放尽，然后用煤油把箱体内冲洗干净，再注入新机油，注油时应用网过滤，且油面不得低于油标中心线。

CA6140 型卧式车床的润滑要求见表 1-8。

## 三、车床的保养

一名合格的车工，除了能熟练地操作机床外，还必须能对车床进行维护、保养，以便自己操作时能更省力，提高生产效率，同

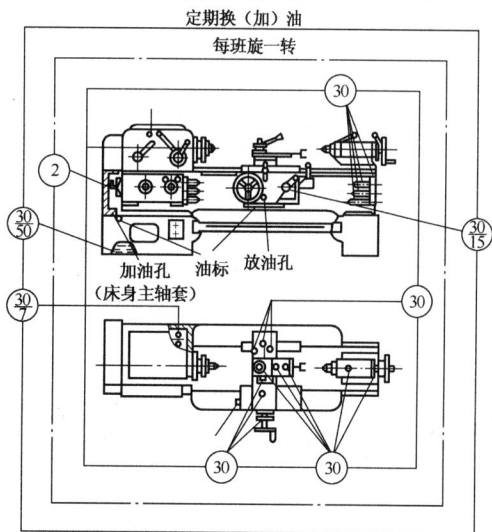

图 1-29　车床润滑部位

时又能保证车床的加工精度和加工质量，延长其使用寿命。因此必须掌握车床的日常维护和保养要求。

表 1-8　　　　　　　　　　　CA6140 型卧式车床的润滑要求

| 润 滑 部 位 | 润 滑 方 式 | 要　　求 |
|---|---|---|
| 主轴箱内部 | 轴承：油泵循环润滑<br>齿轮：飞溅润滑 | 箱内润滑油每 3 个月更换一次。车床运转时，箱体上油标应不间断有油输出 |
| 进给箱内齿轮和轴承 | 飞溅润滑和油绳润滑 | 每班向储油池加油一次 |
| 交换齿轮箱中间齿轮轴轴承 | 黄油杯润滑 | 每班一次；每 7 天向黄油杯中加钙基油润滑脂一次 |
| 尾座和中、小滑板丝杠、轴承以及光杠、丝杠、刀架转动部位 | 油杯注油润滑 | 每班一次 |
| 床身导轨、滑板导轨 | 油枪浇油润滑 | 每班（工作前后） |

**1．车床日常清洁维护保养要求**

① 每班工作后，应擦干净车床外表面，擦干净车床的各导轨面（包括中、小滑板），要求无切屑、无油污，并浇油润滑。

② 每班工作结束后应清扫切屑盘与车床的周围场地，保持场地的清洁。

③ 每周要求车床导轨面与转动部件清洁、润滑、油眼畅通，油窗油标清晰，并保持车床外表的清洁和场地整齐等。

④ 每 3 个月做一次一级保养。

**2．车床的一级保养**

当车床运行 500h 后，通常需要进行一级保养。一级保养工作以操作工人为主，在维修工人的配合下进行。保养时，必须先切断电源，以确保安全，然后按下面内容和顺序进行。

（1）主轴箱的保养

① 拆下滤油器并进行清洗，使其无杂物并进行复装。

② 检查主轴，其锁紧螺母应无松动现象，紧固螺钉应拧紧。

③ 调整制动器及离合器摩擦片的间隙。

（2）交换齿轮箱的保养

① 拆下齿轮、轴套、扇形板等进行清洗，然后复装，在黄油杯中注入新油脂。

② 调整齿轮的啮合间隙。

③ 检查轴套有无晃动现象。

（3）刀架和滑板的保养

① 拆下方刀架清洗。

② 拆下中、小滑板丝杠、螺母、镶条进行清洗。

③ 拆下床鞍防尘油毛毡并进行清洗、加油和复装。

④ 中滑板的丝杠、螺母、镶条、导轨加油后复装，调整镶条间隙和丝杠螺母的间隙。

⑤ 小滑板的丝杠、螺母、镶条、导轨加油后复装，调整镶条间隙和丝杠螺母的间隙。

⑥ 擦净方刀架底面，涂油、复装、压紧。

（4）尾座的保养

① 拆下尾座套筒和压紧块并进行清洗、涂油。

② 拆下尾座丝杠、螺母并进行清洗，加油。

③ 清洗尾座并加油。

④ 复装尾座部分并调整。

（5）润滑系统的保养

① 清洗冷却泵、滤油器和盛液盘。

② 检查并保证油路畅通，油孔、油绳、油毡应清洁无铁屑。

③ 检查润滑油，油质应保持良好，油杯应齐全，油标应清晰。

（6）电器的保养

① 清扫电动机、电气箱上的尘屑。

② 电气装置应固定齐全。

（7）外表的保养

① 清洗车床外表面及各罩盖，保持其清洁，无锈蚀、无油污。

② 清洗丝杠、光杠和操纵杆。

③ 检查并补齐各螺钉、手柄、手柄球。

（8）清理车床附件

中心架、跟刀架、配换齿轮、卡盘等应齐全、洁净，摆放整齐。保养工作完成时，应对各部件进行必要的润滑。

（9）注意事项

进行一级保养工作，事先应做好充分的准备工作，如准备好拆装的工具、清洗装置、润滑油料、放置机件的盘子和必要的备件等；保养应有条不紊地进行，拆下的机件应成组地置放，不允许乱放，做到文明操作。

**四、学习与思考**

**1．学习过程记录单**

学习过程记录单

| 任务三 | 车床的润滑和维护保养 | | | |
|---|---|---|---|---|
| 学习内容 | 学习的内容 | 掌握程度（学生填写） | | |
| | | 好 | 一般 | 差 |
| 学习过程 | 车床的润滑方式 | | | |
| | 车床的润滑要求 | | | |
| | 车床的保养 | | | |

**2．思考练习题**

① 车床润滑的方式有几种？

② 车床的日常清洁维护保养有哪些要求？

③ 车床一级保养的内容有哪些？

# 任务四　理解车削加工的切削要素

**一、车削加工的特点与车削运动**

**1．车削加工的特点**

与机械制造业中的钻削、铣削、刨削和磨削等加工方法相比较，车削加工具有以下特点。

① 适应性强，应用广泛，适用于车削不同材料、不同精度要求的工件。

② 所用刀具的结构相对简单，制造、刃磨和装夹都比较方便。

③ 车削加工一般是等截面连续性地进行，因此，切削力变化小，车削过程相对平衡，生产效率高。

④ 车削可以加工出尺寸精度和表面质量较高的工件。

**2．车削运动**

车削工件时，为了切除多余的金属，必须使工件和车刀产生相对的车削运动。按其作用划分，车削运动可分为主运动和进给运动两种，如图 1-30 所示。

（1）主运动

主运动是车床的主要运动，消耗车床的主要动力。车削时工件的旋转运动是主运动。通常主运动的速度较高。

（2）进给运动

进给运动是使工件的多余材料不断被去除的切削运动。如车外圆时的纵向进给运动，车端面时的横向进给运动等，如图 1-31 所示。

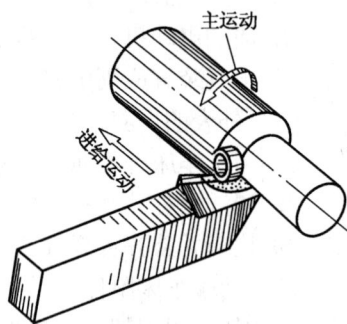

图 1-30　车削运动

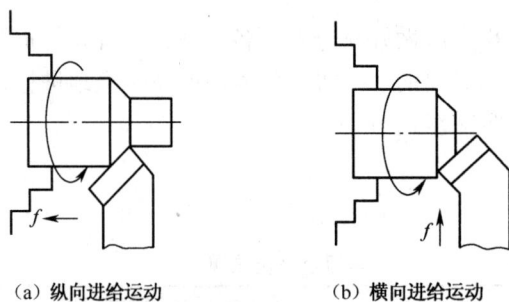

（a）纵向进给运动　　　　　（b）横向进给运动

图 1-31　进给运动

**二、车削时工件上形成的表面**

工件在车削加工时有 3 个不断变化的表面，即已加工表面、过渡表面与待加工表面，如图 1-32 所示。

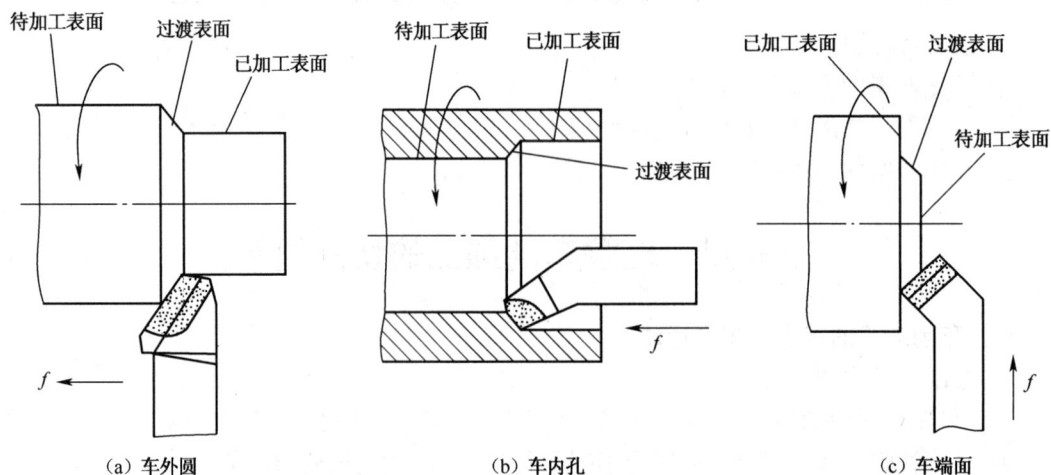

（a）车外圆　　　　　　　（b）车内孔　　　　　　　（c）车端面

图 1-32　车削时工件上形成的 3 个表面

### 1．已加工表面

已加工表面是工件上经车刀车削多余金属后产生的新表面。

### 2．过渡表面

过渡表面是工件上由切削刃正在形成的那部分表面。

### 3．待加工表面

待加工表面是工件上有待切除的表面，可能是毛坯表面或加工过的表面。

## 三、切削用量

### 1．切削用量内容

切削用量是表示主运动及进给运动大小的参数，是背吃刀量、进给量和切削速度三者的总称，故又把这三者称为切削用量三要素。

（1）背吃刀量 $a_p$

工件上已加工表面和待加工表面间的垂直距离称为背吃刀量，用符号 $a_p$ 表示，如图1-33所示。

背吃刀量是每次进给时车刀切入工件的深度，故又称为切削深度。车外圆时，背吃刀量可用下式计算。

$$a_p = \frac{d_w - d_m}{2}$$

式中，$a_p$ —— 背吃刀量（mm）；

$d_w$ —— 工件待加工表面的直径（mm）；

$d_m$ —— 工件已加工表面的直径（mm）。

（2）进给量 $f$

工件每转一周，车刀沿进给方向移动的距离称为进给量，如图1-34所示的 $f$，单位为 mm/r。

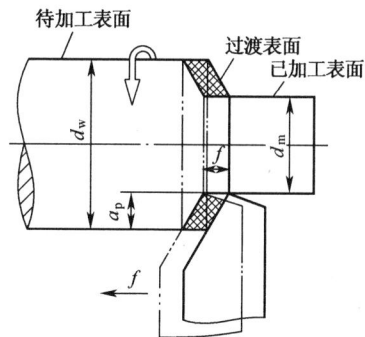

图1-33　背吃刀量

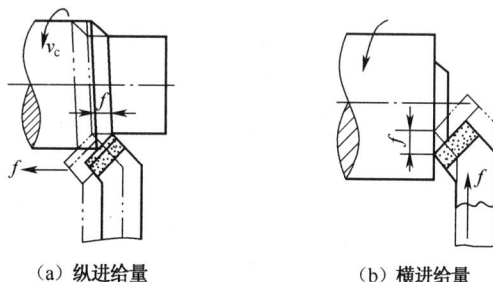

（a）纵进给量　　　（b）横进给量

图1-34　纵、横进给量

根据进给方向的不同，进给量又分为纵进给量和横进给量，纵进给量是指沿车床床身导轨方向的进给量，横进给量是指垂直于车床床身导轨方向的进给量。

（3）切削速度 $v_c$

车削时，刀具切削刃上某一选定点相对于待加工表面在主运动方向的瞬时速度，称为切削速度。切削速度也可以理解为车刀在 1min 内车削工件表面的理论展开直线长度（假定切屑没有变形或收缩），单位为 m/min，如图1-35所示。

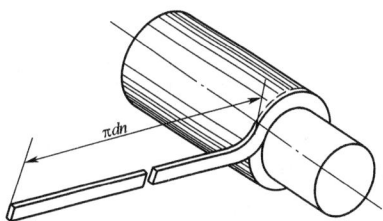

图1-35　切削速度示意图

切削速度可用下式计算。

$$v_c = \frac{\pi dn}{1000} \approx \frac{dn}{318}$$

式中，$v_c$—— 切削速度（m/min）；

$d$ —— 工件（或刀具）的直径（mm）；

$n$ —— 车床主轴的转速（r/min）。

**2．切削用量的选择原则**

（1）粗车时的选择

粗车时，应考虑提高生产率，并保证合理的刀具耐用度。首先要选用较大的背吃刀量（$a_p$），然后再选择较大的进给量（$f$），最后根据刀具耐用度，选用合理的切削速度（$v_c$）。

（2）半精车和精车选择

半精车和精车时，必须保证加工精度和表面质量，同时还必须兼顾必要的刀具耐用度和生产效率。

（3）切削深度的选择

粗车时应根据工件的加工余量和工艺系统的刚性来选择。在保留半精车余量（1～3mm）和精车余量（0.1～0.5mm）后，其余量应尽量一次车去。

半精车和精车时的切削深度是根据加工精度和表面粗糙度要求，由粗加工后留下的余量确定的。用硬质合金车刀车削时，由于车刀刃口在砂轮上不易磨得很锋利，最后一刀的切削深度不宜太小，以 $a_p$=0.1mm 为宜。否则很难达到工件表面粗糙度的要求。

（4）进给量的选择

粗车时，选择进给量主要应考虑机床进给机构的强度、刀杆尺寸、刀片厚度、工件直径和长度等因素，在工艺系统刚性和强度允许的情况下，可选用较大的进给量。

半精车和精车时，为了减小工艺系统的弹性变形，减小已加工表面的表面粗糙度，一般多采用较小的进给量。

（5）切削速度的选择

在保证合理的刀具的使用寿命的前提下，可根据生产经验和有关资料确定切削速度。

在一般粗加工的范围内，用硬质合金车刀车削时，切削速度可按如下速度进行选择。

① 切削热轧中碳钢，平均切削速度为 100m/min。

② 切削合金钢，平均切削速度 70～80m/min。

③ 切削灰铸铁，平均切削速度为 70m/min。

④ 切削调质钢，平均切削速度 70～80m/min。

⑤ 切削有色金属，平切削速度为 100～300m/min。

⑥ 用硬质合金车刀精车时，一般多采用较高的切削速度（80～100m/min 或以上）。

⑦ 用高速钢车刀时宜采用较低的切削速度。

⑧ 此外应注意，断续切削、车削细长轴、加工大型偏心工件的切削速度不宜太高。

**四、切削液**

**1．切削液的作用**

（1）冷却作用

切削液能吸收并带走大量的切削热，改善散热条件，降低刀具的工作温度，从而延长了刀具的使用寿命，可防止工件因热变形而产生的尺寸误差。

（2）润滑作用

切削液能渗透到工件与刀具之间，在切屑与刀具之间的微小间隙中形成一层薄薄的吸附膜，减小了摩擦系数，因此可减少刀具、切屑与工件之间的摩擦，使切削力和切削热降低，减少刀具的磨损并能提高工件的表面质量。对于精加工，润滑就显得更重要了。

（3）洗涤作用

切削过程中产生的微小切屑，易粘附在工件和刀具上，尤其是钻深孔和铰孔时，切屑容易堵塞在容屑槽中，影响工件的表面粗糙度和刀具的使用寿命。使用切削液能将切屑迅速冲走，使切削顺利进行。

**2．切削液的种类**

车削时常用的切削液有两大类。

（1）乳化液

乳化液主要起冷却作用。乳化液是把乳化油用 15～20 倍的水稀释而成。这类切削液的比热大，黏度小，流动性好，可以吸收大量的热量。使用这类切削液主要是为了冷却刀具和工件，提高刀具的使用寿命，减少热变形。乳化液中水分较多，润滑和防锈性能较差。因此，乳化液中常加入极压添加剂（如硫、氯等）和防锈添加剂，可以提高其润滑和防锈性能。

（2）切削油

切削油的主要成分是矿物油，少数采用动物油或植物油。这类切削液的比热较小，黏度较大，流动性差，主要起润滑作用。常用的是黏度较低的矿物油，如 10 号、20 号机油及轻柴油、煤油等。纯矿物油的润滑效果较差，实际使用时常常加入极压添加剂和防锈添加剂，以提高润滑和防锈性能。动物油或植物油能形成较牢固的润滑膜，润滑效果比纯矿物油好，但这些油容易变质，应尽量少用或不用。

**3．切削液的选用**

切削液应根据加工性质、工件材料、刀具材料和工艺要求等具体情况合理选用。选择切削液的一般原则如下。

（1）根据加工性质选用

① 粗加工时，加工余量和切削用量较大，会产生大量的切削热，使刀具磨损加快。这时加注切削液的主要目的是降低切削温度，所以应选用以冷却为主的乳化液。

② 精加工时，加注切削液主要为了减少刀具与工件之间的摩擦，以保证工件的精度和表面质量。因此，应选用润滑作用好的极压切削油或高浓度的极压乳化液。

③ 钻削、铰削和深孔加工时，刀具在半封闭状态下工作，排屑困难，切削液不能及时到达切削区，容易烧伤刀刃并严重破坏工件的表面质量。这时应选用黏度较小的极压乳化液和极压切削油，并应加大压力和流量。一方面进行冷却、润滑，另一方面将切屑冲刷出来。

（2）根据刀具材料选用

① 高速钢刀具粗加工时，用极压乳化液。对钢料精加工时，用极压乳化液或极压切削油。

② 硬质合金刀具一般不加切削液。但在加工某些硬度高、强度好、导热性差的特种材料和细长工件时，可选用以冷却作用为主的切削液，如 3%～5% 的乳化液。

（3）根据工件材料选用

① 钢件粗加工一般用乳化液，精加工用极压切削油。

② 切削铸铁、铜及铝等材料时，由于碎屑会堵塞冷却系统，容易使机床磨损，一般不加切削液。精加工时，为了得到较高的表面质量，可采用黏度较小的煤油或 7%～10% 乳化液。

③ 切削有色金属和铜合金时，不宜采用含硫的切削液，以免腐蚀工件。切削镁合金时，不能用切削液，以免燃烧起火。必要时，可使用压缩空气。

（4）注意事项

① 油状乳化液必须用水稀释（一般加 15～20 倍的水）后才能使用。

② 切削液必须浇注在切削区域。

③ 硬质合金刀具切削时，如用切削液必须一开始就连续充分地浇注。否则，硬质合金刀片会因骤冷而产生裂纹。

五、学习与思考

1．学习过程记录单

学习过程记录单

| 任务四 | 理解车削加工的切削要素 | | | |
|---|---|---|---|---|
| 学习内容 | 学习的内容 | 掌握程度（学生填写） | | |
| | | 好 | 一般 | 差 |
| 学习过程 | 车削运动 | | | |
| | 切削三要素 | | | |
| | 切削液 | | | |

2．思考练习题

① 车床加工有哪些特点？

② 车床的主运动和进给运动是如何实现的？

③ 什么是切削三要素？它们是如何定义的？

④ 车削直径为 60mm 的短轴外圆，若要求一次进刀车至 $\phi$ 55mm，当选用 $v_c$=80m/min 的切削速度时，试问背吃刀量 $a_p$ 和主轴转速 $n$ 应选多大？

⑤ 车削时切削液有何作用？常用切削液有哪些？

⑥ 车削时，根据加工具体情况，如何合理选用切削液？

## 项目学习评价

| | |
|---|---|
| 学习收获 | |
| 不足之处 | |
| 改进方法 | |
| 教师评语 | |
| 评　分 | |

# 项目二　轴类零件的加工

**项目情境创设**

加工如图 2-1 所示的阶梯轴。

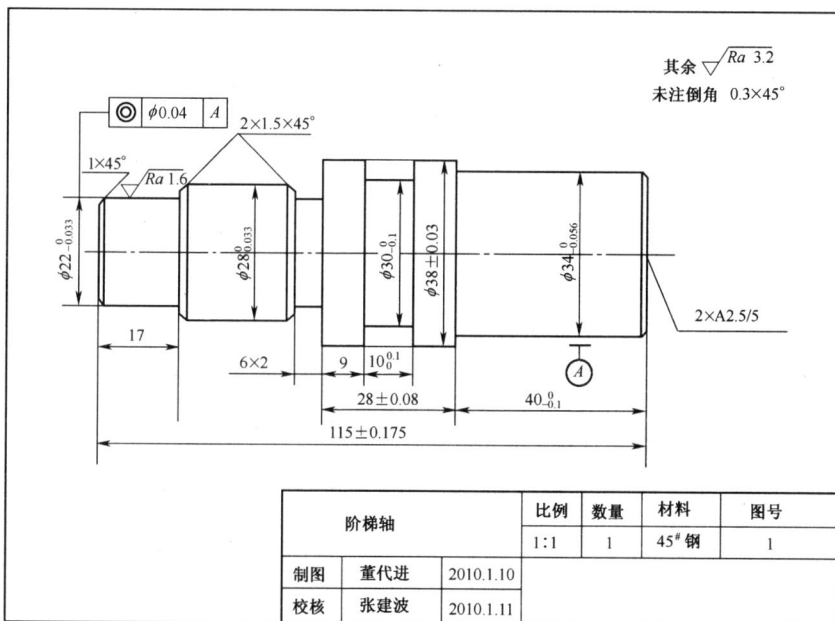

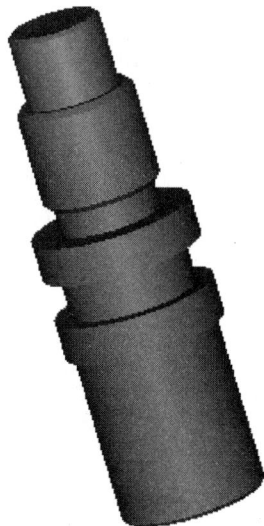

其余 $\sqrt{}$ Ra 3.2

未注倒角 0.3×45°

◎ $\phi 0.04$ A

2×1.5×45°

1×45°　Ra 1.6

$\phi 22_{-0.033}^{0}$　$\phi 28_{-0.033}^{0}$　$\phi 30_{-0.1}^{0}$　$\phi 38\pm0.03$　$\phi 34_{-0.056}^{0}$

2×A2.5/5

17　6×2　9　$10_{0}^{0.1}$　28±0.08　$40_{-0.1}^{0}$　115±0.175

A

| 阶梯轴 | | 比例 | 数量 | 材料 | 图号 |
|---|---|---|---|---|---|
| | | 1:1 | 1 | 45#钢 | 1 |
| 制图 | 董代进 | 2010.1.10 | | | |
| 校核 | 张建波 | 2010.1.11 | | | |

图 2-1　阶梯轴

### 项目学习目标

| 学习目标 | 学习方式 | 学时 |
|---|---|---|
| （1）熟悉轴类零件的含义和分类<br>（2）掌握轴类零件的装夹方法<br>（3）掌握拆装三爪自定心卡盘的方法<br>（4）会使用车削轴类零件常用的车刀<br>（5）车削加工外圆、端面、台阶、沟槽与切断的操作<br>（6）掌握检测轴类零件常用量具的使用方法<br>（7）掌握轴类零件的常用检测方法<br>（8）能够对轴类零件的加工质量进行分析 | 实训+理论（在实训中学习） | 64 |

### 项目基本功

分析图样，加工该零件需要用到的知识点见表2-1。

表2-1　　　　　　　　　　　加工该零件需要用到的知识点

| 序号 | 项　　目 | 内　　　容 | 引出的知识点与技能 |
|---|---|---|---|
| 1 | 轴类零件 | | 轴类零件的含义 |
| 2 | 装夹 | 该零件的装夹要用到3种方式：三爪自定心卡盘装夹方式、一夹一顶装夹方式、两顶尖装夹方式 | 轴类零件常用装夹方法 |
| 3 | 加工 | 加工内容有外圆、端面、钻中心孔、切槽、倒角等 | 车刀的刃磨及使用 |
| 4 | 检测 | （1）用游标卡尺、千分尺、钢直尺等量具检测长度尺寸<br>（2）用百分表检测行位误差<br>（3）目测或用粗糙度样板检测粗糙度 | 游标卡尺、千分尺、百分表、钢直尺、粗糙度样板及其他车工常用量具的使用方法 |

# 任务一　认识轴类零件

**一、轴的概念**

**1．轴的含义**

在机器中，用来支承回转零件及传递运动和转矩的零件称为轴。轴是组成机器中最基本和最重要的零件之一。齿轮、带轮、链轮等零件都必须安装在轴上，才能进行确定的回转运动和传递动力。

**2．轴的主要作用**

轴的主要作用有以下两点。

① 传递运动和转矩。

② 支承回转零件。

**二、轴的类型及其特点**

轴的截面一般是圆形，按其轴心线形状的不同，轴可分为直轴、曲轴和软轴3类。

## 1．直轴

轴心线是一条直线的轴称为直轴，如图 2-2、图 2-3 和图 2-4 所示。

直轴按其承载情况的不同，可分为传动轴、芯轴和转轴 3 种。

（1）传动轴

主要承受转矩作用的轴称为传动轴。汽车传动轴如图 2-2 所示。

（2）芯轴

只承受弯矩作用的轴称为芯轴。自行车前轮轴如图 2-3 所示。

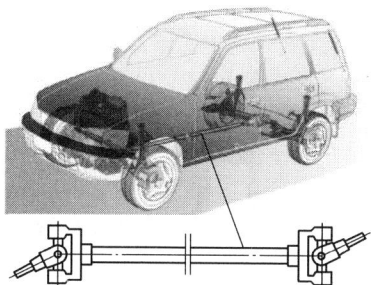

图 2-2　汽车传动轴示例

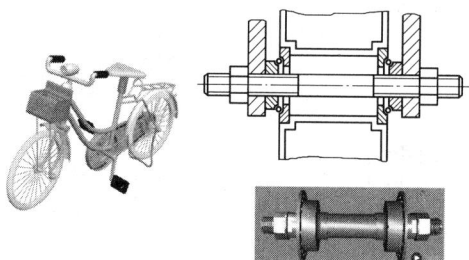

图 2-3　自行车前轮轴示例

（3）转轴

既承受弯矩又承受转矩作用的轴称为转轴，减速器中的齿轮轴如图 2-4 所示。

直轴根据外形的不同，可分为光轴和阶梯轴两种。

① 光轴

各截面直径相等的直轴称为光轴，自行车前轮轴如图 2-3 所示。

② 阶梯轴

各截面直径呈阶梯形变化的直轴称为阶梯轴，齿轮轴如图 2-4 所示。

减速器

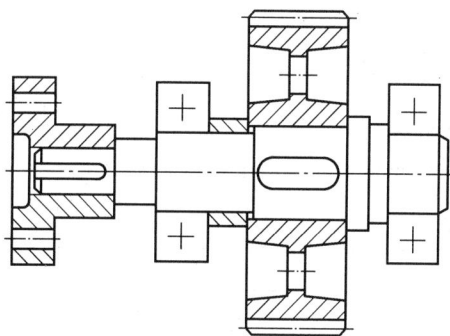

减速器轴

图 2-4　减速器中的齿轮轴示例

在各种直轴中，以阶梯轴的应用范围最广。

## 2．曲轴

曲轴是用于往复运动和旋转运动相互转换的专用零件。曲轴兼有转轴和曲柄的双重功能，主要用于内燃机、曲柄压力机等机器中，如图 2-5 所示。

### 3．软轴

软轴具有良好的挠性，可以把回转运动灵活地传递到任何空间位置，如图2-6所示。

图2-5　曲轴

## 三、轴类零件的组成和各部分的作用

如图2-7所示，轴类零件一般由圆柱表面、阶台、端面、退刀槽、倒角和圆弧等部分组成。

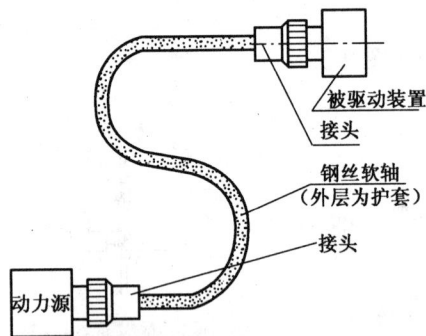

图2-6　软轴

图2-7　轴类零件的结构

### 1．圆柱表面

圆柱表面一般用于支承传动工件（如齿轮、带轮等）和传递扭矩。

### 2．阶台和端面

阶台和端面一般用来确定安装在轴上工件的轴向位置。

### 3．退刀槽

退刀槽的作用是在磨削外圆或车螺纹时退刀方便，并可使工件在装配时有一个正确的轴向位置。

### 4．倒角

倒角的作用一方面是防止工件边缘锋利划伤工人，另一方面是便于在轴上安装其他零件，如齿轮、轴套等。

## 四、学习与思考

### 1．学习过程记录单

学习过程记录单

| 任务一 | 认识轴类零件 | | | |
|---|---|---|---|---|
| 学习内容 | 学习的内容 | 掌握程度（学生填写） | | |
| | | 好 | 一般 | 差 |
| 学习过程 | 举例说明轴的含义 | | | |
| | 举例说明轴的作用 | | | |
| | 举例说明轴的类型 | | | |
| | 举例说明传动轴的含义 | | | |
| | 举例说明芯轴的含义 | | | |
| | 举例说明转轴的含义 | | | |
| | 举例说明轴类零件的组成 | | | |

### 2．思考练习题

① 轴类零件有哪些分类？

② 轴类零件的基本组成部分有哪些？

③ 组成轴类零件的各部分的作用是什么？

# 任务二　掌握装夹轴类零件的常用方法

## 一、轴类零件常用装夹方法概述

轴类零件常用的装夹方法有用三爪自定心卡盘装夹，用四爪单动卡盘装夹，在两顶尖间装夹，用一夹一顶装夹，用卡盘、顶尖配合中心架以及跟刀架装夹等。其中最常用的、最基本的装夹方法是三爪自定心卡盘装夹。

## 二、三爪自定心卡盘

### 1．认识三爪自定心卡盘的结构

三爪自定心卡盘是车床上最常见的附件之一，也是应用最为广泛的通用夹具之一，其结构如图 2-8 所示。

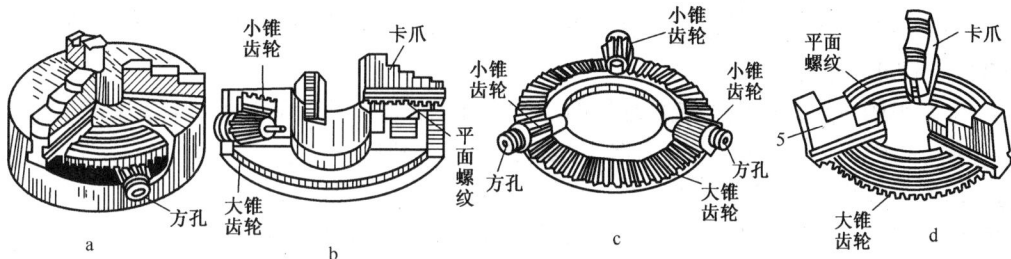

（a）三爪自定心卡盘结构示意图

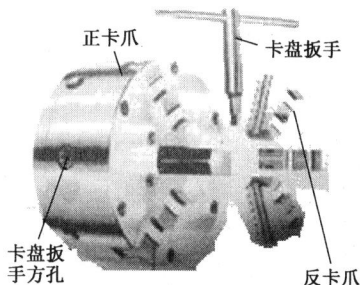

（b）三爪实物图

图 2-8　三爪自定心卡盘

三爪自定心卡盘是自定心夹紧装置，用锥齿轮传动，三爪自定心卡盘主要由外壳体、3个卡爪、3个小锥齿轮、一个大锥齿轮等零件组成。

当卡盘的专用扳手方榫插入小锥齿轮的方孔中，转动方榫，小锥齿轮就带动大锥齿轮转动，大锥齿轮的背面是平面螺纹，卡爪背面的螺纹与平面螺纹啮合，从而驱动 3 个卡爪同时沿径向运动，以实现夹紧或松开零件的作用。

常用的三爪自定心卡盘的规格有 150mm、200mm 和 250mm。

### 2．三爪自定心卡盘的特点及用途

三爪自定心卡盘用来装夹工件，带动工件随主轴一起旋转，实现主运动。

　　三爪自定心卡盘适用于装夹大批量生产的中小型规则零件，具有安装工件快捷、方便，其重复定位精度高、夹持范围大、夹紧力大、调整方便等特点，应用比较广泛。但三爪自定心卡盘的夹紧力没有四爪单动卡盘大，一般用于精度要求不太高，形状规则（如圆柱形、正三菱形、正六菱形等）的中小工件的装夹。

　　在装夹较长的工件时，远离卡盘的一端中心可能和车床轴心不重合，需要用划线盘来校正工件的位置。

　　**3．认识三爪自定心卡盘的卡爪**

　　（1）卡爪的种类及识别

　　三爪有正、反两副卡爪，如图 2-9 所示。正卡爪用于装夹外圆直径较小和内孔直径较大的工件，反卡爪用于装夹外圆直径较大的工件。每副卡爪分别标有 1、2、3 的编号，如果卡爪的编号不清楚，可将 3 个卡爪并列在一起，比较卡爪上端面的螺纹牙数的多少，最多的为 1 号，最少的为 3 号。

　　安装卡爪时，卡爪一定要与卡盘上的编号对应，并按顺序依次装入。用正爪装夹工件时，工件的直径不能太大，卡爪伸出卡盘圆周一般不超过卡爪长度的 1/3，否则卡爪与平面螺纹啮合很少，受力时易使卡爪上的螺纹碎裂而产生事故，所以在装夹大直径工件时应尽量使用反爪。

　　（2）卡爪的拆卸

　　① 将专用的方头扳手插入卡盘圆周面上的方孔内，逆时针转动扳手，卡盘中的卡爪逐渐张开，使卡爪作离开中心的运动，直到卡爪伸出卡盘外圆后。

　　② 用右手托住最下面的卡爪，左手继续转动，直到卡爪从卡盘上滑出或用手拉出为止。

　　③ 取下一个卡爪后，继续转动专用扳手手柄，逐步将其余两爪全部卸下。

　　（3）卡爪的安装

　　卡爪的安装，如图 2-10 所示。

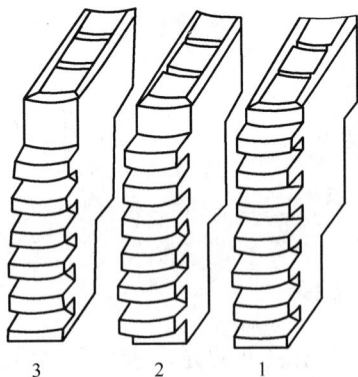

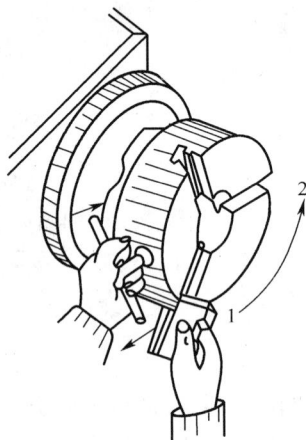

图 2-9　卡爪　　　　　　　　　　图 2-10　卡爪的安装

　　① 将卡爪的编号与卡盘上的编号对应，按编号的顺序依次装入。

　　② 将卡爪和卡盘上的三等分槽擦净，并在槽中加入少量的机油。

　　③ 顺时针转动卡盘扳手，当平面螺纹最外圆的末端显露在 1 号槽时，将扳手作逆时针转动一点，使平面螺纹最外端刚好退出 1 号槽。

　　④ 将有编号 1 的卡爪插入 1 号槽中，用力推压，直到感觉卡爪与平面螺纹接触为止。

⑤ 顺时针转动卡盘扳手，目测卡爪是否做着向着中心的运动，如卡爪未动，应卸下卡爪重装。

⑥ 用相同的方法，装好 2 号和 3 号卡爪。

⑦ 3 只卡爪全部装入爪盘后，继续转动扳手，观察 3 只卡爪，如果能同时到终点并合在一起，说明安装正确，否则应拆下重装。

**4．装卸卡盘**

卡盘与主轴连接方式有两种，一种是螺纹连接，如图 2-11 所示；另一种是连接盘连接，如图 2-12 所示。装卸前应分清连接方式，在卡盘下方导轨上放置木板，主轴孔和卡盘中插一根铁棒，以防装卸时，卡盘不小心掉下，砸坏车床导轨面。

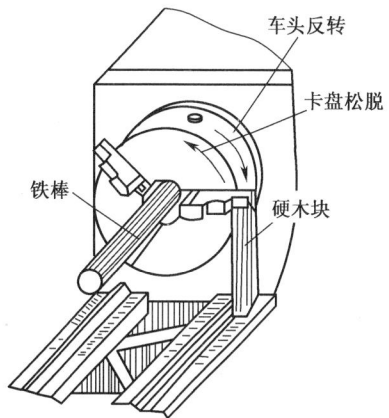

图 2-11　螺纹连接型卡盘

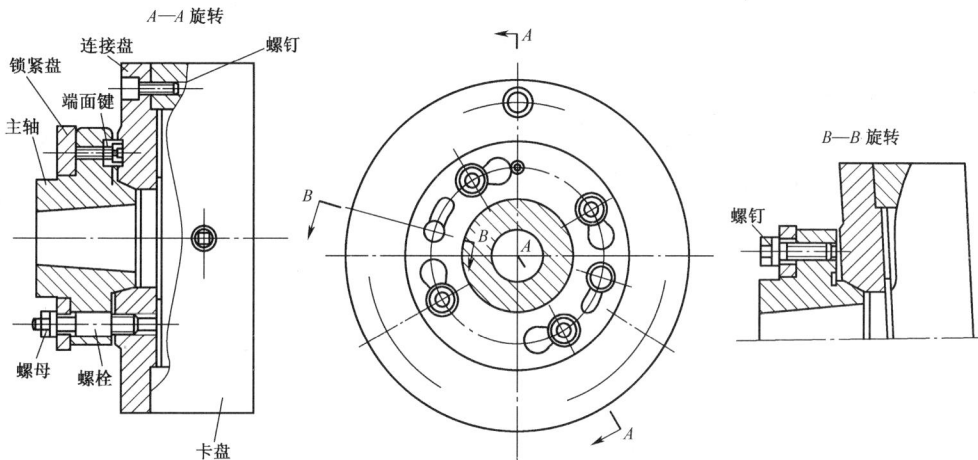

图 2-12　连接盘连接型卡盘

（1）螺纹连接型卡盘的装卸方法

① 卸卡盘。卸下保险装置，在卡爪与导轨之间放一硬木块（或有色金属棒料），高度应使卡爪处于水平位置。将主轴转速调到最小，主轴作反向转动，卡爪撞击硬木块，松开卡盘，用手将卡盘慢慢旋下。

② 安卡盘。擦净主轴螺纹及端面，加入少许润滑油，擦净卡盘连接盘的端面和内孔螺纹，主轴转速调到最小，把卡盘旋入主轴螺纹，当连接端面将要与主轴端面接触时，把卡盘扳手插入方孔内，向反转方向用力撞击，卡盘旋紧后，装上保险装置。

（2）连接盘连接型卡盘的装卸方法

① 卸卡盘。先松开螺母（共 4 只）和螺钉，将锁紧卡盘逆时针转动，使圆孔对准螺栓，即可把卡盘及螺栓、螺母，同时卸下。

② 安卡盘。安装与拆卸步骤相反。

（3）CA6140 型卧式车床卡盘的安装

CA6140 型卧式车床的主轴前端为短锥法兰盘结构，用以安装连接盘。连接盘由主轴上的短锥面定位。安装前，要根据主轴短圆锥面和卡盘后端的阶台孔径，配制连接盘，如图 2-12（b）所示。

安装时，卡盘以车床主轴短圆锥面为安装基准，确保其相对于主轴轴心线的正确位置，先装连接盘，其具体方法如下。

① 将连接盘的 4 个螺栓及其上面的螺母，从主轴轴肩和锁紧盘上的孔内穿过，使螺栓中部的圆柱面与主轴轴肩上的孔精密配合。

② 将锁紧盘相对螺栓转过一定的角度，使螺栓进入锁紧盘上部宽度较窄的圆弧槽段，卡住螺母。

③ 再拧紧螺母，连接盘便可靠地安装在主轴上。

连接盘前端的阶台面是安装卡盘的定位基准面，与卡盘的后端面、阶台面和阶台孔（俗称止口）配合，以确定卡盘相对于连接盘的正确位置（是相对于主轴中心的正确位置），通过 3 颗螺钉将卡盘与连接盘连接在一起，此时主轴、连接盘、卡盘三者可靠的连为一体，同时保证了主轴和卡盘中芯轴线的同轴度。

另外，端面键可防止连接盘相对主轴转动，是保险装置。螺钉为拆卸连接盘时用的顶丝。

### 5．三爪自定心卡盘转夹工件

（1）松卡爪

松开卡爪，根据工件直径大小，卡爪的开合略大于工件直径。

（2）放工件

放入工件，外留部分应根据工件的长短留足。

（3）旋紧

用卡盘扳手插入方孔内，旋紧，加紧工件。

### 6．三爪自定心卡盘的找正

三爪自定心卡盘能自动定心，一般情况下不需找正。但当工件较长，导致伸出卡盘的长度太长时，工件会歪斜，必须找正后，再夹紧。

工件夹持部分太短时，三爪自定心卡盘不能自动定心，可用划线盘或百分表对工件加以找正。如图 2-13 所示，其方法如下。

（1）装夹一圆头铜棒

在刀架上装夹一圆头铜棒。

（2）装夹工件

将工件基本夹紧。

（3）找正

开动车床，工件低速转动，用手转动小拖扳手柄移动铜棒，轻轻的接触已粗加工的工件端面，轻轻地将工件挤正。

## 三、四爪单动卡盘

### 1．四爪单动卡盘的结构及特点

四爪单动卡盘有 4 个各自独立的卡爪，每个卡爪的背面有一半瓣内螺纹与夹紧螺杆相啮合，每个夹紧螺杆的外端都有方孔，用来安装插卡盘扳手。当用扳手转动其中一个夹紧螺杆时，与其啮合的卡爪，就能单独作径向移动，以满足不同大小的工件。四爪单动卡盘，如图 2-14 所示。

由于四爪单动卡盘的 4 个卡爪能各自单独运动。装夹工件时，不能自动定心，因此找正比较费时，但其夹紧力比三爪卡盘大，因此适合装夹大型或形状不规则的工件。

三爪卡盘和四爪单动卡盘统称为卡盘，卡盘都可安装正爪和反爪，而反爪是用来装夹直径较大的工件的。

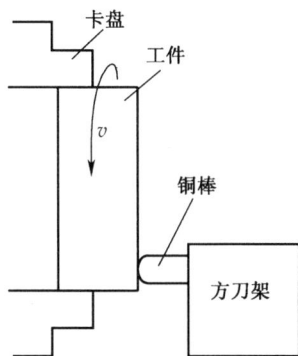

图 2-13 工件夹持部分太短的找正

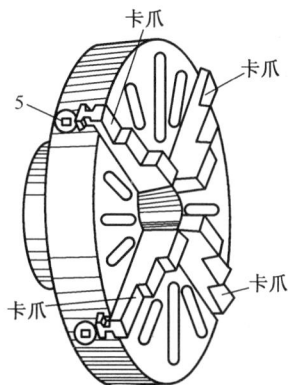

图 2-14 四爪单动卡盘

### 2．四爪单动卡盘装夹

四爪单动卡盘的 4 个卡爪是各自独立运动的，因此工件在装夹时，必须将工件的旋转中心找正到与车床主轴旋转中心重合后，才可车削，其方法如下。

把工件夹持在卡盘上，手动旋转工件一周，划线盘的划针就在工件的端面划了一个圆，观察这个圆是否在端面的正中，从而调整工件的旋转中心，如图 2-15 所示。

也可以用百分表，当工件旋转一周时，根据百分表的指针偏移的情况，来调整旋转中心，如图 2-16 所示。

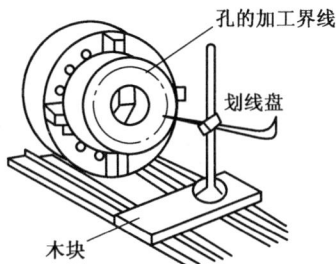

图 2-15 用划线盘找正

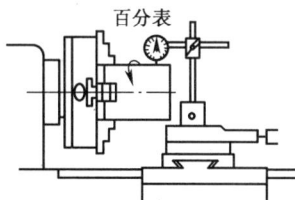

图 2-16 用百分表找正

### 四、用两顶尖装夹

对于长度尺寸较大或加工工序较多的轴类工件，为保证每次装夹时的装夹精度，可用两顶尖装夹。两顶尖装夹工件方便，不需找正，装夹精度高，但两顶针装夹工件需使用一些专用工具，如中心钻、顶尖等。并且必须先在工件的两端面钻出中心孔。

### 1．中心孔的形状和作用

国家标准 GB145—1985 中规定：中心孔有 A 型、B 型、C 型和 R 型 4 种，如图 2-17 所示，常见的是 A 型和 B 型。

（1）A 型

A 型中心孔由圆锥孔和圆柱孔组成，锥角为 60°，与顶尖锥面配合，起定心作用并承受工件的重力和切削力；圆柱孔用来储存润滑油，并可防止顶尖头触及工件。A 型中心孔适用于精度要求不高的工件，如图 2-17（a）所示。

（2）B 型

在 A 型中心孔的端部再加工出 120°的保护圆锥面。用以防止 60°锥面碰伤而影响中心孔的精度，并且便于加工端面。B 型中心孔适用于精度要求较高，工序较多的工件，如图 2-17（b）所示。

（3）C 型

在 B 型中心孔的 60°锥孔后加一短圆柱孔，为防止攻螺纹时不碰毛 60°锥面，在圆柱孔后面有一内螺纹。当需要把其他工件固定在轴上时，可用 C 型中心孔，如图 2-17（c）所示。

（4）R 型

只把 A 型的圆锥面改成 60°圆弧面。这样顶尖与锥面的配合变为线接触，在轴类工件装夹时能自动纠正少量的位置偏差，如图 2-17（d）所示。

中心孔的质量直接影响到工件的加工精度，因此要求中心孔锥面应圆整光滑，两端中心孔轴线应同轴。对精度要求较高或热处理后仍需继续加工的工件，中心孔还应进行研磨。

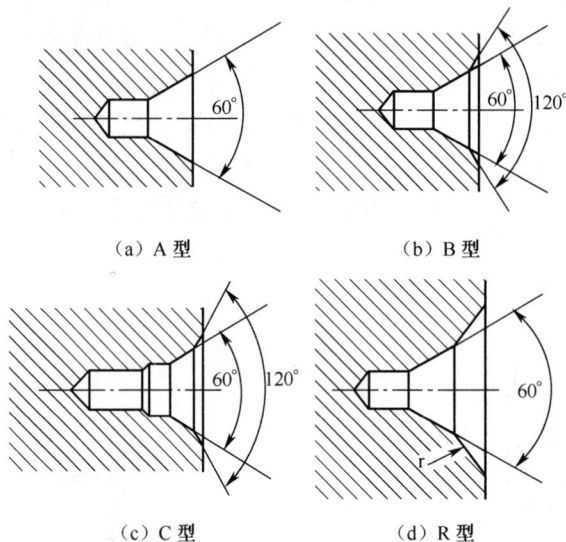

（a）A 型          （b）B 型

（c）C 型          （d）R 型

图 2-17　中心孔的形状

**2．中心钻损坏的原因和预防**

中心孔的加工需用中心钻，中心钻如图 2-18 所示，其尖端容易折断。折断的原因主要有以下几个。

（1）轴线与旋转中心不一致

轴线与旋转中心不一致，使中心钻受到附加力而折

图 2-18　中心钻

断。这通常是由于车床的尾座偏位或钻夹头锥柄与尾座套筒锥孔配合不准确而造成的，因此钻中心孔前应先找正中心钻的位置。

（2）工件端面不平

工件端面不平，使中心钻不能准确定心而折断。

（3）切削用量选用不合适

切削用量选用不合适，如工件转速太低而中心钻进给太快使中心钻折断。

（4）中心钻磨钝

中心钻磨钝还强行钻入工件而使中心钻折断。

（5）浇注切削液不充分或排屑不及时

浇注切削液不充分或排屑不及时，以致使切屑堵塞在中心孔内而使中心钻折断。

### 3．顶尖

顶尖是用来确定中心，承受工件重力和切削力。根据顶尖在车床上装夹位置的不同，可分为前顶尖、后顶尖。

（1）前顶尖

前顶尖装在主轴锥孔内随工件一起转动，与中心孔无相对运动，不发生摩擦，故不需淬火。前顶尖有两种，一种是装夹在主轴锥孔内的前顶尖，另一种是在卡盘上装一小段钢料车成的前顶尖，如图2-19所示。

（2）后顶尖

后顶尖如图2-20所示，装在尾架套筒内，分固定式顶尖（死顶尖）和回转式顶尖（活顶尖）两种。

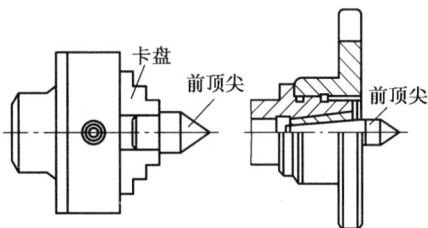

（a）主轴锥孔内前顶尖　（b）卡盘上车成的前顶尖

图 2-19　前顶尖

① 回转式顶尖

回转式顶尖如图2-20（a）所示，与工件一起转动，减少了摩擦，因此其转动灵活，适用于高速切削。由于活顶尖把死顶尖与中心孔的滑动摩擦改为轴承的滚动摩擦，克服了死顶尖的缺点。但活顶尖有一定装配积累误差，滚动轴承磨损后，会使顶尖产生径向摆动，从而降低了加工精度。

② 固定式顶尖

固定式顶尖如图2-20（b）所示。固定式顶尖装夹工件刚度高，空心准确，但是车削时，固定式顶尖与工件中心孔产生滑动摩擦而发热，引起中心孔或顶尖"烧坏"现象，高速车削还会使顶尖退火，故目前，多用镶硬质合金的顶尖，如图2-20（c）所示。固定式顶尖适合低速加工较高精度的工件。

（a）回转式顶尖　　　　　　（b）固定式顶尖　　　　　　（c）镶有硬质合金固定式顶尖

图 2-20　顶尖的类型

### 4．装夹方法

前顶尖直接安装在车床主轴锥孔中，后顶尖插入车床尾座套筒的锥孔内，零件夹持在两顶尖之间。如图2-21所示。具体的装夹方法如下。

（1）调整尾架伸出长度

移动尾架，调整尾架伸出长度 $L$。

（2）固定尾架

移动尾架，将尾架推近工件，固定尾架。

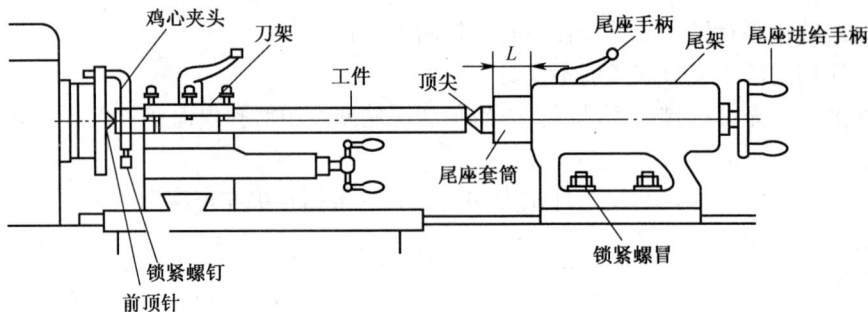

图 2-21　两顶尖装夹工件

（3）调整顶尖与工件的松紧

装上工件，调整顶尖与工件的松紧。

（4）锁紧套筒

（5）检查有无干涉

刀架移到行程最左端，用手转动主轴，检查有无干涉。

（6）拧紧螺钉

拧紧鸡心夹头上的螺钉。

**5．双顶尖装夹的特点**

双顶尖装夹固定顶尖刚性好、定心准确，但中心孔与顶尖之间是滑动摩擦，易磨损和烧坏顶尖。因此只适用于低速、精度要求较高的工件；活顶尖内部装有滚动轴承，顶尖和工件一起转动，能在高转速下正常工作，但活顶尖的刚性较差，有时还会产生跳动而降低加工精度。活顶尖只适用于精度要求不太高的车削加工。

**6．双顶尖装夹的传动装置**

工件两端用顶尖装夹好后，实现了工件的定位，车床的动力需经拨盘和鸡心夹头才能传到工件上。

如图 2-22 所示，拨盘安装在主轴上，通过拨盘槽带动鸡心夹头转动，工件和鸡心夹头由螺钉紧固在一起而转动。有时拨盘可用三爪自定心卡盘代替，如图 2-23 所示。

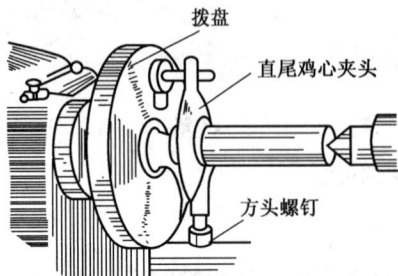

图 2-22　用拨盘和鸡心夹头传递动力

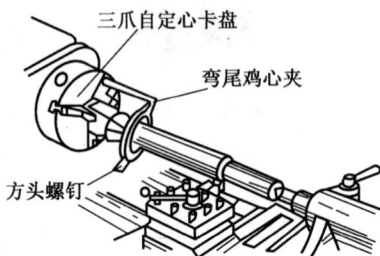

图 2-23　用卡盘代替拨盘传递动力

**7．双顶尖装夹的注意事项**

前后顶尖的连线应与车床主轴轴线要一致，尾座套筒尽量缩短，中心孔形状要正确，粗糙度要小，用固定顶尖时要用黄油润滑，配合松紧合适。

### 五、用一夹一顶装夹

#### 1．一夹一顶的装夹方法及特点

用双顶尖装夹工件虽然精度高，但刚性较差。因此，车削较重工件时要用一端夹住，另一端用顶尖顶住的装夹方法。这种装夹方法称为一夹一顶装夹，如图 2-24 所示。

用一夹一顶装夹方法装夹工件时，为了防止工件由于切削力的作用而产生轴向位移，必须在卡盘内装一限位支承，如图 2-24（a）所示，或利用工件的阶台限位，如图 2-24（b）所示。

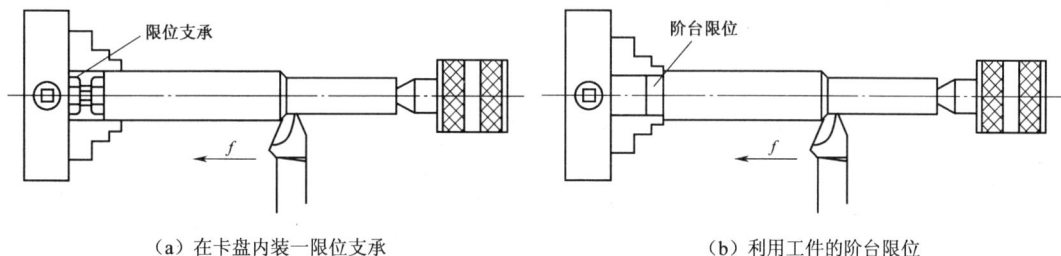

（a）在卡盘内装一限位支承　　　　　　　　　　　　（b）利用工件的阶台限位

图 2-24　一夹一顶装夹

一夹一顶的装夹方法比较安全，能承受较大的轴向切削力，安装刚性好，轴向定位准确，所以应用比较广泛。

#### 2．一夹一顶装夹方法的注意事项

① 后顶尖的中心线应在车床主轴轴线上。

② 在不影响车削的前提下，尾座套筒伸出部分尽量短些，以增加刚度，减少振动。

③ 顶尖与中心孔配合的松紧程度必须合适。

### 六、其他装夹工件的方法

#### 1．用中心架装夹

用中心架装夹工件，有两种方式。

（1）中心架直接安装在工件中间

中心架直接安装在工件中间，如图 2-25（a）所示。这种装夹方法可提高车削细长轴时工件的刚性。

安装中心架前，须先在毛坯中间车出一段沟槽，使中心架的支承爪与工件能良好接触。沟槽的直径略大于工件最后尺寸，宽度应大于支承爪。车削时，支承爪与工件接触处应经常加注润滑油，并注意调节支承爪与工件之间的压力，以防拉毛工件及摩擦发热。

（2）一端夹住、一端搭中心架

车削大而长的工件端面、钻中心孔或较长套筒类工件的内孔和内螺纹时，可采用图 2-25（b）所示的一端夹住、一端搭中心架的方法。但要注意搭中心架一端的工件旋转中心应找正到与车床主轴旋转中心重合。

#### 2．用跟刀架装夹

跟刀架固定在车床床鞍上，与车刀一起移动，如图 2-26 所示。跟刀架主要用来车削不允许接刀的细长轴。使用跟刀架时，在工件端部要车一段安装跟刀架支承爪的外圆。支承爪与工件接触的压力要适当，否则车削时跟刀架可能不起作用，或者将工件车成竹节形或螺旋形。

#### 3．花盘装夹

花盘，如图 2-27 所示，其盘面上有多条长短不一的通槽或 T 形槽，以安装各种压板和螺

钉来夹紧工件。花盘的工作面应与主轴中心线垂直，盘面平整。粗糙度 $Ra$ 值不大于 $1.6\mu m$。花盘适用于在四爪卡盘上装夹不方便的形状或不规则工件的装夹。

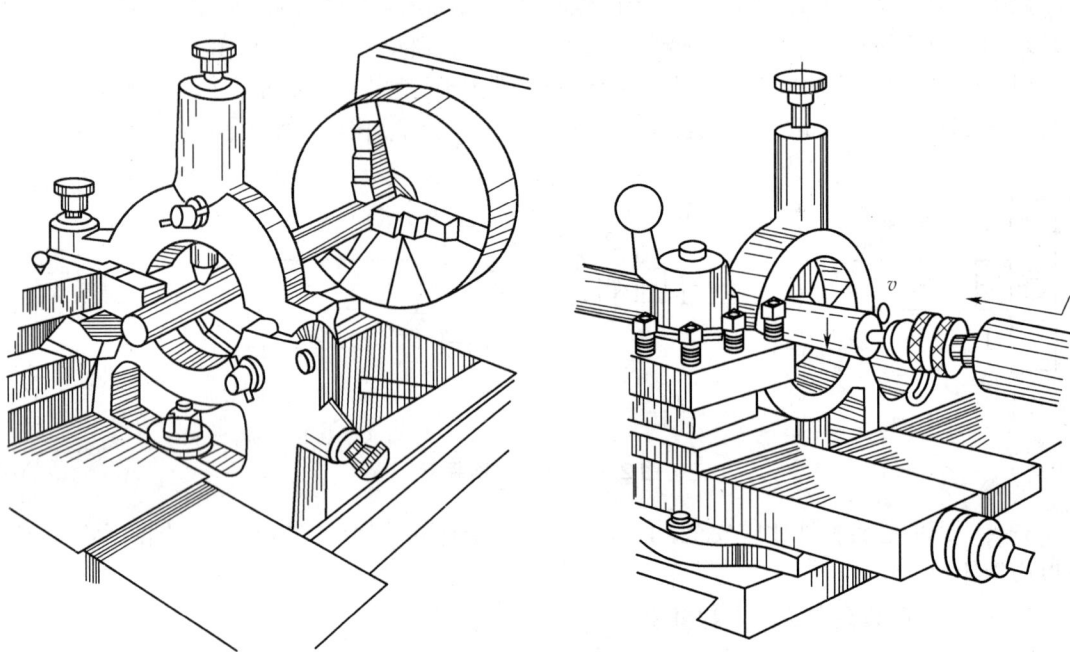

（a）中心架直接安装在工件中间（车端面）　　　　（b）一端夹住、一端搭中心架（钻中心孔）

图 2-25　一端夹住一端搭中心架

图 2-26　跟刀架及其使用

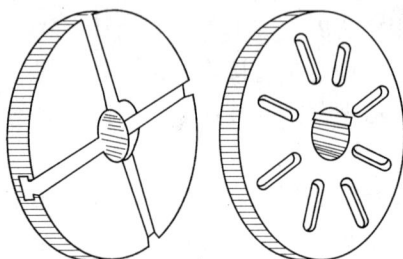

图 2-27　花盘

## 七、学习与思考

### 1.学习过程记录单

学习过程记录单

| 任务二 | 掌握装夹轴类零件的常用方法 | | | |
|---|---|---|---|---|
| 学习内容 | 学习的内容 | 掌握程度（学生填写） | | |
| | | 好 | 一般 | 差 |
| 学习过程 | 用三爪自定心卡盘装夹 | 认识三爪自定心卡盘的结构 | | |
| | | 认识三爪自定心卡盘的特点及用途 | | |
| | | 识别正、反爪 | | |

续表

| 任务二 | | 掌握装夹轴类零件的常用方法 | | | |
|---|---|---|---|---|---|
| 学习<br>内容 | | 学习的内容 | 掌握程度（学生填写） | | |
| | | | 好 | 一般 | 差 |
| 学习<br>过程 | 用三爪自定<br>心卡盘装夹 | 拆卸正爪 | | | |
| | | 安装正爪 | | | |
| | | 拆卸反爪 | | | |
| | | 安装反爪 | | | |
| | | 拆卸三爪自定心卡盘 | | | |
| | | 安装三爪自定心卡盘 | | | |
| | | 用三爪自定心卡盘转夹工件 | | | |
| | | 三爪自定心卡盘的找正 | | | |
| | 用四爪单动<br>卡盘装夹 | 认识四爪单动卡盘的结构及特点 | | | |
| | | 用四爪单动卡盘装夹工件 | | | |
| | 用两种顶尖<br>装夹 | 认识中心孔的形状和作用 | | | |
| | | 中心钻损坏的原因和预防措施 | | | |
| | | 认识顶尖 | | | |
| | | 用两种顶尖装夹工件 | | | |
| | 用一夹一顶<br>装夹 | 一夹一顶装夹工件 | | | |
| | | 认识一夹一顶装夹的特点 | | | |
| | | 熟悉一夹一顶装夹方法的注意事项 | | | |
| | 其他装夹的<br>方法 | 用中心架装夹 | | | |
| | | 用跟刀架装夹 | | | |
| | | 用花盘装夹 | | | |

**2．思考练习题**

① 叙述卡爪的装卸方法。

② 叙述卡盘的装卸方法。

③ 轴类零件常用的装夹方法有哪些？

④ 用双顶尖装夹时，车床的旋转动力是由什么装置传递给零件的？

⑤ 轴类零件的装夹方法有哪几种，各有什么特点，分别适用于什么场合？

⑥ 中心孔有几种类型，常用的有哪些，如何选用？

⑦ 双顶尖装夹轴类零件时应注意什么问题？

# 任务三  使用加工轴类零件的常用刀具

## 一、车刀的种类和用途

常用的车刀按其用途不同，可分为外圆车刀、端面车刀、切断刀、内孔车刀、螺纹车刀、成形车刀和机夹车刀等。常用车刀的形状和用途，如图 2-28 所示。常用车刀的外形，如图 2-29 所示。

### 1．90°车刀（偏刀）

90°车刀主要用来车削工件的外圆、台阶和端面，如图 2-28（c）所示。

### 2．45°车刀（弯头刀）

45°车刀主要用于车削工件的外圆，端面和倒角，如图 2-28（b）所示。

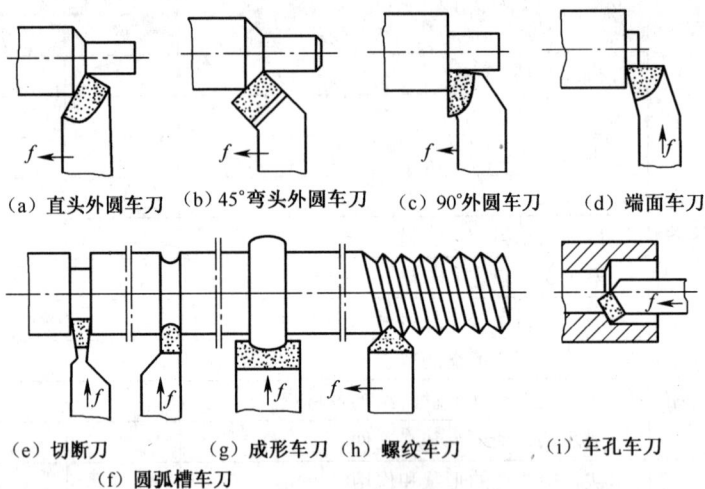

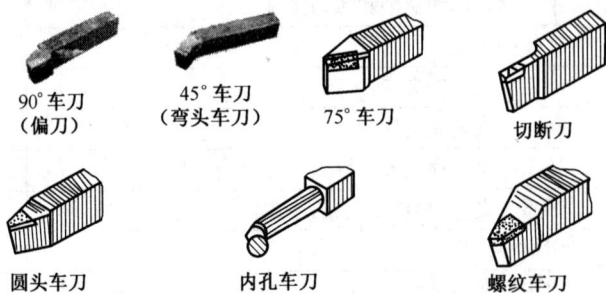

（a）直头外圆车刀　（b）45°弯头外圆车刀　（c）90°外圆车刀　（d）端面车刀

（e）切断刀　　　　（g）成形车刀（h）螺纹车刀　　（i）车孔车刀
　　　　（f）圆弧槽车刀

90°车刀　　　45°车刀　　　75°车刀　　　切断刀
（偏刀）　　（弯头车刀）

圆头车刀　　　内孔车刀　　　螺纹车刀

图 2-28　常用车刀的外形

### 3．切断刀

切断刀主要用来切断工件或在工件上切出沟槽，如图 2-28（e）所示。

### 4．车孔刀

车孔刀用来车削工件的内孔，如图 2-28（i）所示。

### 5．螺纹车刀

螺纹车刀主要用来车削各种螺纹，如图 2-28（h）所示。

### 6．成形车刀

成形车刀用来车削台阶处的圆角、圆槽或车削各种特殊型面工件，如图 2-28（f）、（g）所示。

### 7．硬质合金可转位车刀（机夹车刀）

硬质合金可转位车刀由刀杆、刀片、刀垫和夹固元件组成，如图 2-29 所示。硬质合金刀片用机夹方式固定在刀杆上，当刀刃磨损后，只需调换另一个刀刃即可继续切削，从而大大缩短了换刀和磨刀时间，可提高生产效率。

刀片的形状很多，并且已经标准化。常用的有正三边形、偏8°三边形（加大刀尖角三边形）、凸三边形，正四

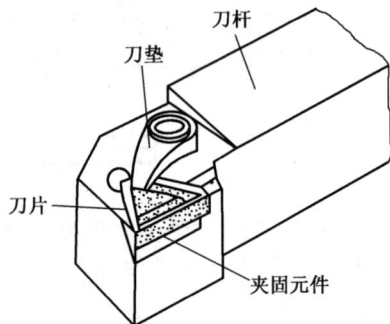

图 2-29　硬质合金可转位车刀

边形、正五边形和圆形等，如图 2-30 所示。

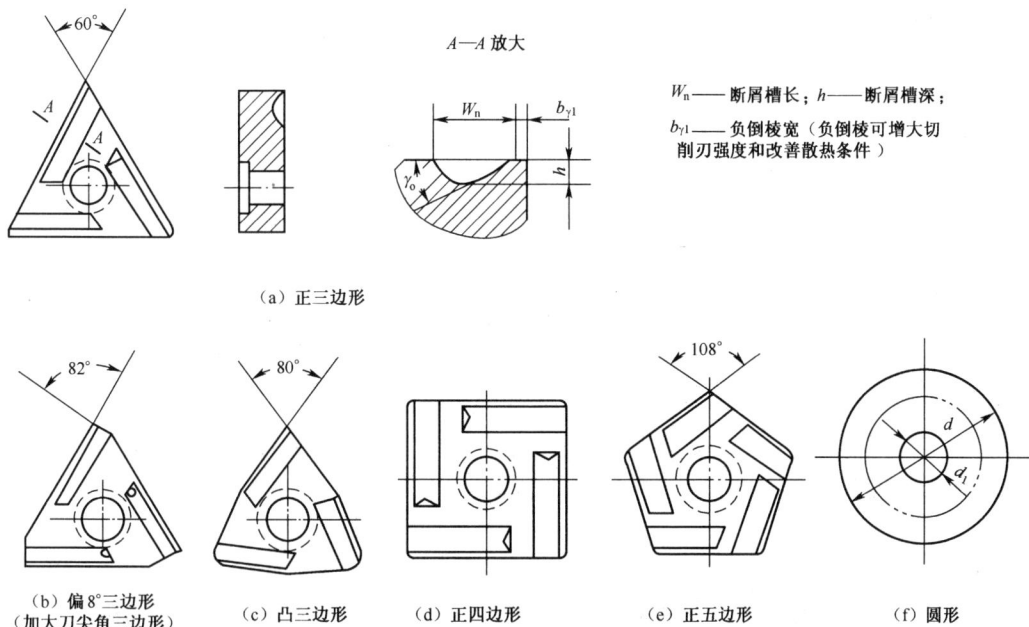

（a）正三边形

$W_n$——断屑槽长；$h$——断屑槽深；

$b_{\gamma1}$——负倒棱宽（负倒棱可增大切削刃强度和改善散热条件）

（b）偏8°三边形（加大刀尖角三边形）　（c）凸三边形　（d）正四边形　（e）正五边形　（f）圆形

图 2-30　可转位车刀刀片的常用形状

## 二、车刀的规格

车刀的规格包括刀杆（以外圆车刀为例）的规格和刀片的规格。

### 1．刀杆的规格

根据国家标准 GB 5343·2—1985 规定，在刀杆的规格中，刀杆横断面为矩形，有刀杆厚度 $h$、宽度 $b$、长度 $L$ 三个主要规格尺寸。

（1）刀杆厚度 $h$

刀杆厚度 $h$ 有 16mm、20mm、25mm、32mm、40mm 几种。

（2）刀杆宽度 $b$

刀杆宽度 $b$ 和刀杆厚度尺寸规格完全相同，也有 16mm、20mm、25mm、32mm、40mm 几种。

（3）刀杆长度 $L$

刀杆长度 $L$ 有 125mm、150mm、170mm、200mm、250mm 几种。

### 2．刀片规格

焊接式硬质合金刀片和可转位（带孔）硬质合金刀片，其相关尺寸规格都已经标准化、系列化，在实际生产中可以从相关手册中查阅后直接使用。

## 三、车刀材料

### 1．刀具材料的基本要求

为满足切削性能，车刀切削部分的材料必须满足以下基本要求。

（1）高硬度

车刀材料的硬度必须大于工件材料的硬度，常温硬度一般要在 HRC60 以上。

（2）高耐磨性

耐磨性是指车刀材料抵抗磨损的能力。车刀的切削部分在切削过程中经受着剧烈地摩擦，因此，必须具有良好的耐磨性。一般情况下，刀具材料的硬度越高，耐磨性也越高。

（3）足够的强度和韧性

为了承受切削时较大的切削力、冲击力和震动，防止脆裂和崩刃，车刀材料必须具有足够的强度和韧性。

（4）高红硬性

红硬性是指车刀在高温下所能保持正常切削的性能，是衡量车刀材料切削性能好坏的主要指标。

**2．刀具材料的种类和牌号**

（1）碳素工具钢

碳素工具钢在受热至200～300℃时，硬度和耐磨性就迅速下降，因此，多用于制造低速手用工具，如锉刀、手用锯条等。

（2）合金工具钢

合金工具钢热处理后的硬度为60～65HRC，合金工具钢比碳素工具钢的耐热性、耐磨性略高，切削速度和刀具寿命远不如高速钢，因此其用途受到很大限制，一般只用于制造手用丝锥、手用铰刀等。

（3）高速工具钢（简称高速钢）

高速钢其红硬性比碳素工具钢和合金工具钢显著提高，能耐550～650℃的温度，切削速度比碳素工具钢高2～3倍。

高速钢是一种具有较高的强度、韧性、耐磨性和红硬性的刀具材料，应用范围较广，常用于制造各种结构复杂的刀具，如成形车刀、铣刀、钻头、铰刀、齿轮刀具、螺纹刀具等。

（4）硬质合金

硬质合金的硬度很高，常温硬度能达74～81HRC，耐磨性好，红硬性高，在850～1000℃时仍能保持良好的切削性能，因此，可采用比高速钢高几倍甚至十几倍的切削速度，并能切削高速钢无法切削的难加工材料。其缺点是韧性较差，怕冲击，刃口磨得不如高速钢刀具锋利。

按照国家标准GB 2075—1987的规定，硬质合金有K类（YG类）、P类（YT类）和M类（YW类）。

① K类硬质合金

这类硬质合金呈红色，其韧性、磨削性能和导热性好，适用于加工脆性材料（如铸铁、有色金属和非金属材料）。

K类硬质合金的牌号有K01、K10、K20、K30、K40等几种。随合金牌号的增大，其耐磨性降低，韧性增加，切削速度降低而进给量增大。

② P类硬质合金

P类硬质合金呈蓝色，其耐磨性比K类高，但抗弯强度、磨削性能和导热系数有所下降，脆性大，不耐冲击，因此这类合金不宜用来加工脆性材料，只适用于高速切削一般钢材。

P类硬质合金的牌号有P01、P10、P20、P30、P40、P50几种。随合金牌号增大耐磨性降低，韧性增加，切削速度降低，进给量增大。使用时，一般P01用于精加工，P40、P50用于粗加工。

③ M类硬质合金

这类硬质合金呈黄色，其高温硬度、强度、耐磨性、黏结温度和抗氧化性、韧性都有所提高，具有较好的综合切削性能，主要用于切削难加工材料，如铸钢、合金铸铁、耐高温合金等。

M类硬质合金的牌号有M10、M20、M30、M40等，合金的性能和切削性能的变化与K类、P类硬质合金相同。

### 四、车刀的组成

车刀由刀头（或刀片）和刀杆组成，刀头起切削作用，刀杆起固定作用。

#### 1．车刀的刀头

刀头即切削部分，由刀面、刀刃和刀尖组成，承担切削加工任务，如图2-31（a）所示。

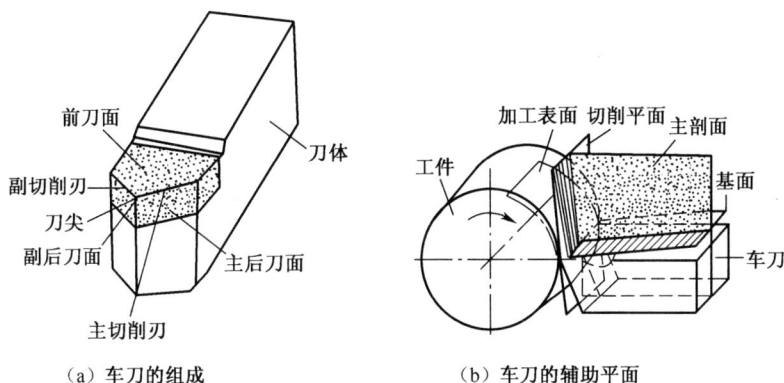

（a）车刀的组成　　　　　　　（b）车刀的辅助平面

图2-31　车刀的组成和车刀的辅助平面

（1）前刀面

前刀面是刀具上切屑流过的表面。

（2）主后刀面

主后刀面是过渡表面相对的刀面。

（3）副后刀面

副后刀面是与已加工表面相对的刀面。

主后刀面和副后刀面统称后刀面。

（4）主切削刃

主切削刃是前刀面和主后刀面的相交部位，担负主要切削工作。

（5）副切削刃

副切削刃是前刀面和副后刀面的相交部位，配合主切削刃完成少量的切削工作。

（6）刀尖

刀尖是主切削刃和副切削刃的结合部位。为了提高刀具强度，将刀尖磨成圆弧型或直线型过渡刃。一般硬质合金刀尖圆弧半径为0.5～1mm。

（7）修光刃

修光刃是副切削刃接近刀尖处一小段平直的切削刃。装刀时须与进给方向平行，且大于进给量。

车刀的组成基本相同，但刀面、刀刃的数量、形式、形状不完全一样。如外圆车刀有3个面、两条刀刃和一个刀尖，俗称"三面两刃一尖"；切断车刀有4个面、3条刀刃和两个刀尖。刀刃可以是直线，也可以是曲线，如成形车刀。

#### 2．确定车刀角度的辅助平面

为了便于确定和测量车刀的几何角度，须假设3个辅助平面，如图2-31（b）所示。

（1）基面

基面是通过切削刃上某选定点，垂直于该点切削速度方向的平面。

（2）切削平面

切削平面是通过切削刃且垂直于基面的平面。

（3）主剖面

主剖面是通过切削刃上选定点，同时垂直于切削平面和基面的平面。

**3．车刀切削部分的几何角度**

车刀切削部分共有 6 个角度。

（1）在主剖面内测量的角度

① 前角

前角是前刀面和基面的夹角。影响刃口的锋利和强度，切削变形和切削力。前角大，锋利、减少切削变形、切削省力，切屑顺利排出。前角小（负），增加切削刃强度，耐冲击。

② 后角

后角是主后刀面和切削平面的夹角。主要减少车刀后刀面与工件的摩擦。

前角、后角如图 2-32（a）所示。规定：与相应的平面夹角小于 90° 时为正；反之为负。

（2）在基面内测量的角度

① 主偏角

主偏角是主切削刃在基面上的投影与进给运动方向间的夹角。主偏角改变主切削刃和刀头的受力与散热。

② 副偏角

副偏角是副切削刃在基面上的投影与进给运动反方向之间的夹角。副偏角减少副切削刃与工件已加工表面的摩擦。

主偏角、副偏角如图 2-32（b）所示。

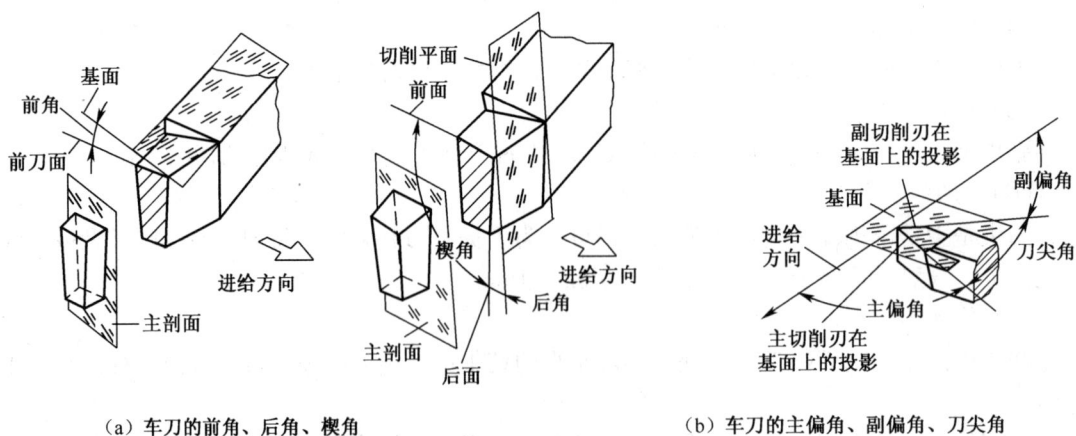

（a）车刀的前角、后角、楔角　　　　　（b）车刀的主偏角、副偏角、刀尖角

图 2-32　车刀的前角、后角、楔角和车刀的主偏角、副偏角、刀尖角

（3）在切削平面内测量的角度

刃倾角是主切削刃与基面的夹角。刃倾角控制排屑方向，为负值时，会增加刀头强度和保护刀尖，如图 2-33（a）所示。

（4）在副剖面内测量的角度

负后角是副后面与副切削平面的夹角，如图 2-33（b）所示。

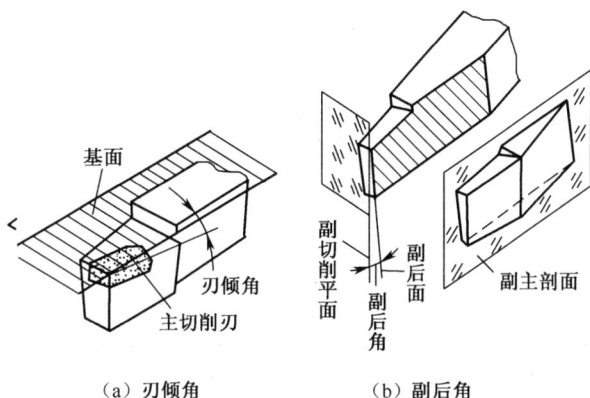

（a）刃倾角　　　　　　（b）副后角

**图 2-33　车刀切削部分的刃倾角、负后角**

（5）其他两个角度

除这 6 个角度外，还有两个角度。

① 楔角

楔角在主剖面内，前刀面和主后刀面的夹角，如图 2-32（a）所示。

前角度数+后角度数+楔角度数=90°。

② 刀尖角

刀尖角是主切削刃和副切削刃在基面内投影间的夹角，如图 2-32（b）所示。

**4．车刀几何角度的选择**

（1）前角的选择

① 选择较大前角的情况

选择较大前角的情况包括软的工件材料、精加工情况、塑性材料，车刀材料的强度、韧性较好。

② 选择较小前角的情况

选择较小前角的情况包括硬的工件材料、粗加工情况、脆性材料，车刀材料的强度、韧性较差。

（2）后角的选择

① 选择较大后角的情况

选择较大后角的情况包括精加工、软的工件材料。

② 选择较小后角的情况

选择较小后角的情况包括粗加工、工件材料较硬。副后角与主后角一般情况下相等。

（3）主偏角的选择

① 选择较大主偏角的情况

选择较大主偏角的情况包括工件刚性较差（如细长工件），大进给、大切深的强力车刀。

② 选择较小主偏角的情况

选择较小主偏角的情况包括工件刚性较好，材料强度、硬度高。

（4）副偏角的选择

副偏角的大小主要根据工件的表面粗糙度和刀尖强度要求来选择。

（5）刃倾角的选择

刃倾角的大小主要根据刀尖部分的要求和切屑的流出方向来选择。

### 五、车刀的刃磨

#### 1．刃磨车刀的原因

切削过程中，车刀的前面和后面处于剧烈的摩擦和切削热的作用之中，使车刀的切削刃口变钝而失去切削能力，必须通过刃磨来恢复切削刃口的锋利和正确的车刀几何角度。

#### 2．车刀刃磨类型

车刀的刃磨方法有机械刃磨和手工刃磨两种。机械刃磨效率高、操作方便，几何角度准确，质量好。但在中小型企业中目前仍普遍采用手工刃磨的方法，因此，车工必须掌握手工刃磨车刀的技术。

#### 3．手工刃磨车刀的设备

手工刃磨车刀的设备是砂轮机。

（1）砂轮的种类

刃磨车刀的砂轮大多采用平形砂轮，按其磨料不同，常用的砂轮有氧化铝砂轮和碳化硅砂轮两类。

① 氧化铝砂轮

氧化铝砂轮又称刚玉砂轮，多呈白色，其磨粒韧性好，比较锋利，代号 GH，硬度较低（指磨粒在磨削抗力作用下，容易从砂轮上脱落），自锐性好，适用于刃磨高速工具钢车刀和硬质合金车刀的刀体部分。

② 碳化硅砂轮

碳化硅砂轮多呈绿色，其磨粒的硬度高，刃口锋利，但脆性大，适用于刃磨硬质合金车刀。

（2）砂轮粗细的表示方法

砂轮的粗细以粒度表示，如 $36^\#$、$60^\#$、$80^\#$、$120^\#$ 等。粒度号越大砂轮越细，反之则粗。

（3）砂轮的选择

刃磨车刀时选择砂轮的原则有以下几点。

① 高速钢车刀及硬质合金车刀刀体的刃磨，采用白色氧化铝砂轮。

② 硬质合金车刀的刃磨，采用绿色碳化硅砂轮。

③ 粗磨车刀时，采用磨料颗粒尺寸大的粗粒度砂轮，一般选用 $36^\#$ 或 $60^\#$ 砂轮。

④ 精磨车刀时，采用磨料颗粒尺寸小的细粒度砂轮，一般选用 $80^\#$ 或 $120^\#$ 砂轮。

（4）砂轮机

砂轮机是用来刃磨各种刀具、工具的常用设备，由电动机、砂轮机座、托架和防护罩等部分组成，如图 2-34 所示。

砂轮机启动后，应在砂轮旋转平稳后再进行磨削。若砂轮跳动明显，应及时停机修整。平形砂轮一般用砂轮刀在砂轮上来回修整，如图 2-35 所示。

#### 4．刃磨车刀

（1）刃磨车刀的姿势和方法

① 磨车刀时，操作者应站在砂轮机的侧面，防止砂轮碎裂时，碎片飞出伤人。

② 两手握车刀的距离应放开，两肘应夹紧腰部，这样可以减小刃磨时的抖动。

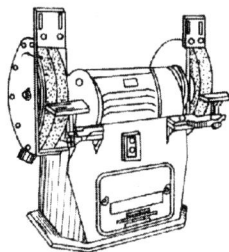

图 2-34 砂轮机

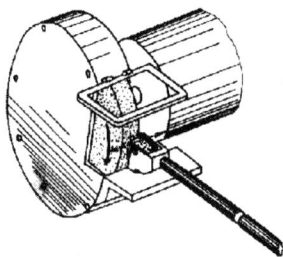

图 2-35 用砂轮刀修整砂轮

③ 刃磨时，车刀应放在砂轮的水平中心，刀尖略微上翘 3°～8°，车刀接触砂轮后应作水平移动，车刀离开砂轮时，刀尖需向上抬起，以免碰伤磨好的刀刃。

④ 刃磨车刀时，不能用力过大，以防打滑伤手。

（2）刃磨车刀的次序

车刀的刃磨分成粗磨和精磨。刃磨硬质合金焊接车刀时，还需先将车刀前面、后面上的焊渣磨去。

① 粗磨时，按主后面、副后面、前面的顺序进行。

② 精磨时，按前面、主后面、副后面、修磨刀尖圆弧的顺序进行。

③ 硬质合金车刀还需要用细油石研磨其刀刃。

（3）刃磨车刀的注意事项

① 刃磨车刀时，必须戴好防护眼镜。

② 磨刀时，站立位置不可正对砂轮，应站在砂轮的侧面。

③ 砂轮须有防护罩，没有防护罩时不可使用。

④ 砂轮托架与砂轮间隙应小于 3mm。

⑤ 刃磨时，双手握刀，用力要均匀，并左右移动，防止用力过猛，使车刀打滑而伤手。

⑥ 磨高速钢车刀时，应随时将车刀入水冷却，防止退火。

⑦ 磨硬质合金车刀时，须防止刀片因热胀冷缩而产生裂纹，可将刀体入水冷却。

⑧ 一个砂轮不可两人同时使用。

⑨ 刃磨结束后，离开砂轮时应关闭电源。

**5．刃磨车刀的技能训练（以刃磨 90°的外圆车刀为例）**

（1）图样

YT15 硬质合金焊接的 90°外圆车刀刃磨的图样，如图 2-36 所示。

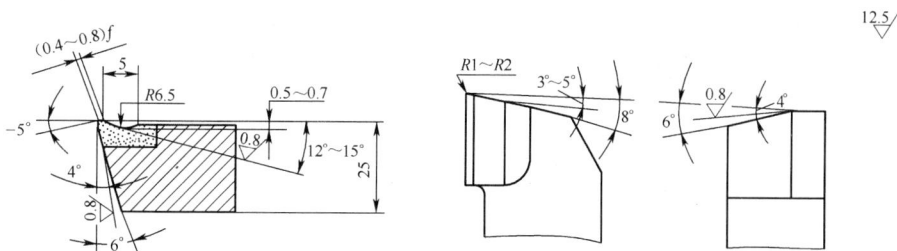

图 2-36 YT15 硬质合金焊接的 90°外圆车刀

（2）实训准备

① 设备：砂轮机及氧化铝砂轮、碳化硅砂轮、油石条。

② 刀具及材料：90°外圆车刀、YT15 硬质合金。

（3）刃磨步骤

① 粗磨刀体，选用粒度号为 24#～36#的氧化铝砂轮。

磨去车刀前面、后面上的焊渣，并将刀体底面磨平。

在略高于砂轮中心水平位置处，将车刀翘起一个比后角大 2°～3°的角度，粗磨刀体的主后面和副后面，以形成后隙角，为刃磨车刀切削部分的主后面和副后面做准备，如图 2-37 所示。

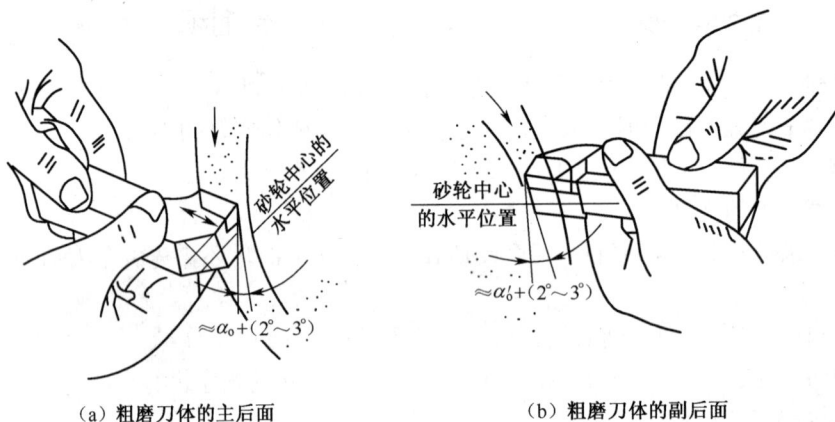

（a）粗磨刀体的主后面　　　　　　　（b）粗磨刀体的副后面

图 2-37　粗磨刀体

② 粗磨切削部分主后面，选用粒度号为 36#～60#碳化硅砂轮。刀体柄部与砂轮轴线保持平行，刀体底平面向砂轮方向倾斜一个比主后角大 2°～3°的角度。

刃磨时，将车刀刀体上已磨好的主后隙面靠在砂轮的外圆上，以接近砂轮中心的水平位置为刃磨的起始位置，然后使刃磨位置继续向砂轮靠近，并左右缓慢移动，一直磨至刀刃处为止。同时磨出主偏角 $\kappa_r = 90°$ 和主后角 $\alpha_o = 4°$，如图 2-38 所示。

③ 粗磨切削部分副后面，刀体柄部尾端向右偏摆，转过副偏角 $\kappa'_r = 8°$，刀体底平面向砂轮方向倾斜一个比副后角大 2°～3°的角度，如图 2-39 所示。

刃磨方法与刃磨主后面相同，但应磨至刀尖处为止。同时磨出副偏角 $\kappa'_r = 8°$ 和副后角 $\alpha'_o = 4°$。

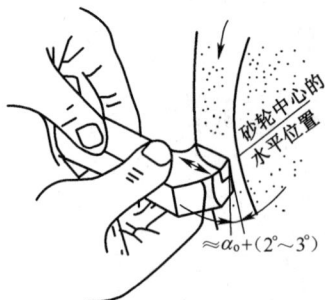

图 2-38　粗磨主后面　　　　　　　　图 2-39　粗磨副后面

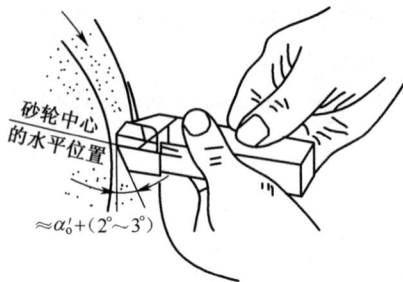

④ 粗磨前面，以砂轮的端面，粗磨出前面，同时磨出前角 $\gamma_o = 12°～15°$。如图 2-40 所示。

⑤ 磨断屑槽，手工刃磨断屑槽一般为圆弧形。刃磨前，应先将砂轮圆柱面与端面的交角处，用金刚石笔或硬砂条修成相应的圆弧。刃磨时，刀尖可以向下或向上磨，如图 2-41 所示。但选择刃磨断屑槽部位时，应考虑留出刀头倒棱的宽度。刃磨的起点位置应该与刀尖、主切

削刃离开一定距离，防止主切削刃和刀尖被磨坍。

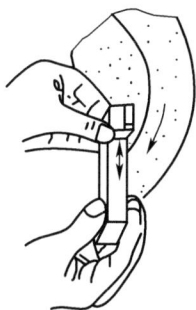

图 2-40　粗磨前面

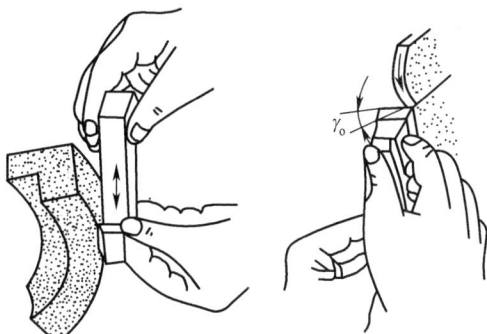

（a）刀尖向下磨　　　　（b）刀尖向上磨

图 2-41　刃磨断屑槽

⑥ 精磨主、副后面，选用粒度号为 $180^{\#}$ 或 $220^{\#}$ 的绿色碳化硅杯形砂轮。精磨前，应先修整好砂轮，保证回转平稳。刃磨时，将车刀底平面靠在调整好角度的托架上，并使切削刃轻轻靠住砂轮端面，并沿着端面缓慢地左右移动，保证车刀刃口平直，如图 2-42 所示。

⑦ 磨负倒棱，负倒棱如图 2-43 所示。刃磨有直磨法和横磨法两种方法，如图 2-44 所示。刃磨时用力要轻微，要使主切削刃的后端向刀尖方向摆动。负倒棱倾斜角度为 $-5°$，宽度 $b$ 为（0.4～0.8）$f$。为保证切削刃的质量，最好采用直磨法。

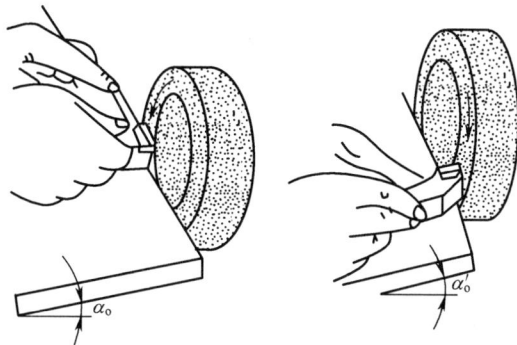

（a）磨主后面　　　　（b）磨副后面

图 2-42　精磨主、副后面

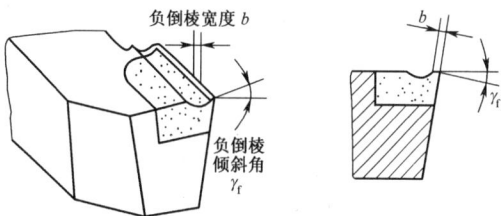

图 2-43　负倒棱

⑧ 用油石研磨车刀，在砂轮上刃磨的车刀，切削刃不够平滑光洁，这不仅影响车削工件的表面质量，也会降低车刀的使用寿命，而硬质合金车刀则在切削中容易产生崩刃，因此应用细油石研磨刀刃。研磨时，手持油石在刀刃上来回移动，动作应平稳，用力应均匀，如图 2-45 所示。研磨后的车刀，应消除在砂轮上刃磨后的残留痕迹。

（4）检查方法

检查方法一般用目测法。

**六、车削轴类零件常用刀具**

常用车外圆、端面、台阶用车刀的主偏角，有 45°、75°、90° 等几种，并有左右之分，刀刃向右的称为右车刀（习惯上称正刀），刀刃向左的称为左车刀（习惯上称反刀）。

（a）直磨法　　　（b）横磨法

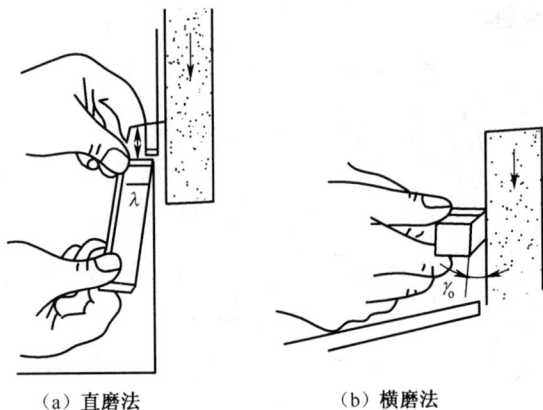

图 2-44　刃磨负倒棱

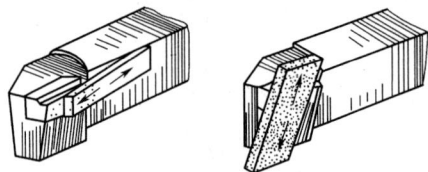

图 2-45　车刀的研磨

### 1．外圆车刀

（1）90°车刀

90°车刀又称偏刀，主偏角为90°，可分为右偏刀和左偏刀两种。90°车刀的主偏角较大，作用于工件的径向切削力较小，所以车外圆时，不易将工件顶弯，如图2-46所示。

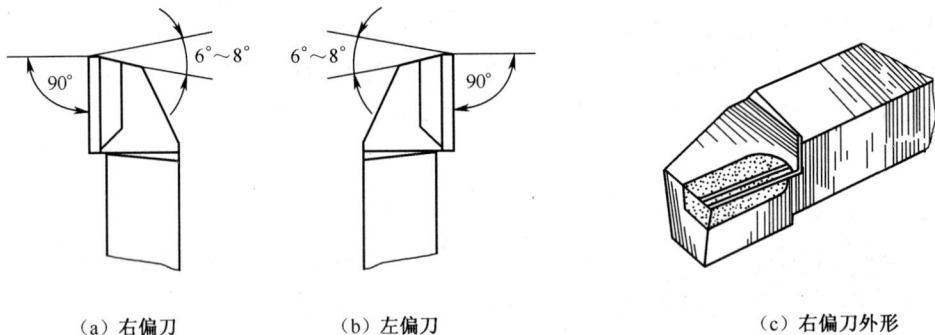

（a）右偏刀　　　（b）左偏刀　　　（c）右偏刀外形

图 2-46　90°车刀

90°车刀可用来加工台阶，适合粗加工，也可用来车端面，用右偏刀由中心向外缘进给。左偏刀是车刀从车床主轴箱向尾座方向进给的车刀，一般用来车削左向阶台和工件的外圆，也可车削直径较大、长度较短的工件端面。如图2-47所示。

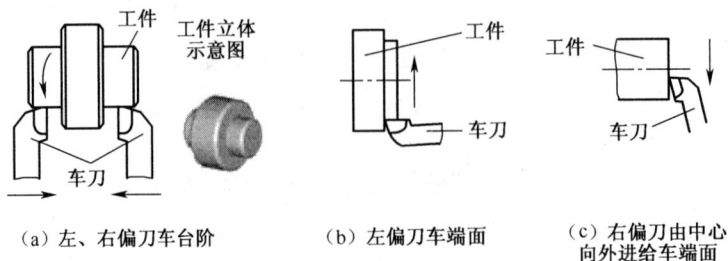

（a）左、右偏刀车台阶　　　（b）左偏刀车端面　　　（c）右偏刀由中心向外进给车端面

图 2-47　90°车刀的用途

当加工工件的外圆表面粗糙度要求较高时，就可采用90°精车刀。如图2-48所示。用此车

刀时，背吃刀量要小，最大不能超过 0.5mm。

（2）45°车刀

45°车刀又称弯头车刀，其主偏角为 45°，刀尖角大于 90°，有左右两种，如图 2-49 所示。45°车刀主要用于左、右、内、外倒角及端面的车削，也可用来车削长度较短的外圆，如图 2-50 所示。45°车刀的刀头强度好，较耐用，因此也适用于粗车轴类工件的外圆以及强力切削铸件、锻件等余量较大的工件。此车刀主要特点是后角的磨削，加工内倒角时，后刀面不能与内孔相碰。

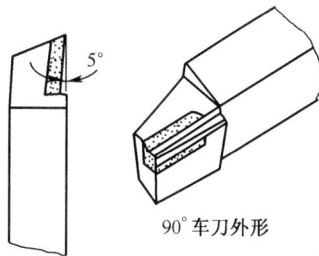

图 2-48　90°精车刀

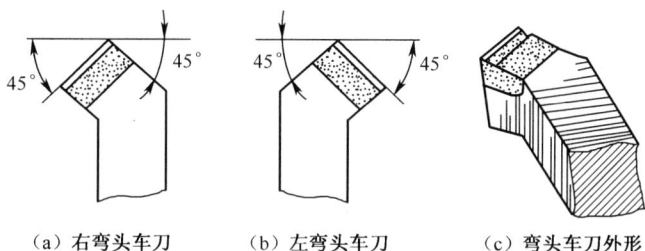

（a）右弯头车刀　　（b）左弯头车刀　　（c）弯头车刀外形

图 2-49　45°车刀类型

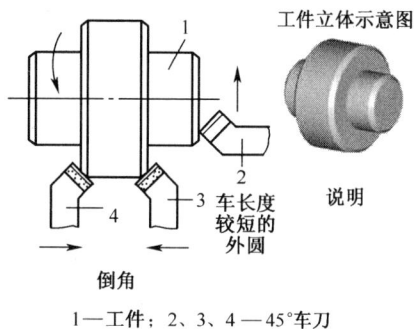

1—工件；2、3、4—45°车刀

图 2-50　45°车刀的用途

（3）75°车刀

75°车刀如图 2-51 所示。75°车刀的最大特点是刀尖强度好，是强度最好的车刀。该车刀用于粗车轴类工件的外圆，对余量较大的铸件、锻件进行强力车削，还用于车削铸件、锻件的大端面，如图 2-52 所示。

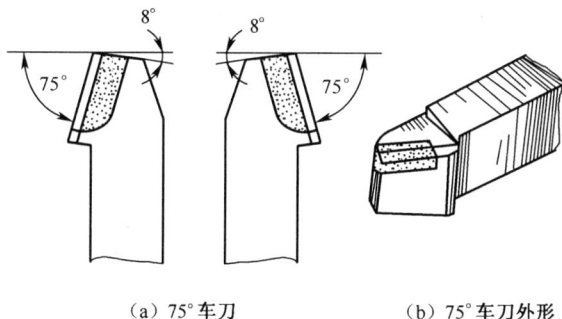

（a）75°车刀　　（b）75°车刀外形

图 2-51　75°车刀类型

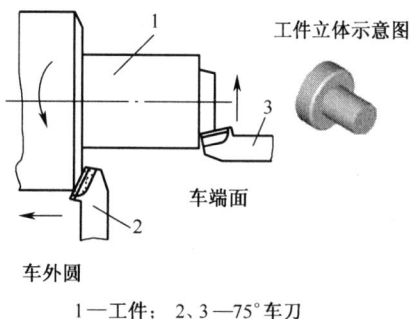

1—工件；2、3—75°车刀

图 2-52　75°车刀的用途

（4）粗车刀

粗车刀必须适应粗车时切削深、进给快的特点，要求车刀具有足够的强度，能在一次进给中车去较多的余量。

选择粗车刀几何参数的一般原则有以下几点。

① 为了增加刀头强度，前角和后角应取小些，但前角过小会使切削力增大。

② 主偏角不宜太小，太小容易引起振动。当工件形状许可时，最好选用 75°左右，因为这时刀尖角较大，不仅能承受较大的切削力，而且还有利于刀尖散热。

③ 粗车时用 0°～3° 的刃倾角以增加刀头强度。

④ 为了增加刀尖强度，改善散热条件，提高刀具的使用寿命，刀尖处应磨有过渡刃。采用直线过渡刀时，过渡刃偏角等于主偏角的一半，过渡刃长度取 0.5～2mm；采用圆弧过渡刃时，刀尖圆弧半径 0.5～1.5mm。其中高速钢车刀取大些，硬质合金车刀取小些。

⑤ 为了增加切削刃的强度，主切削刃上应磨有负倒棱，其倒棱宽度为（0.5～0.8）$f$，倒棱前角取 $-5°$～$-10°$。

⑥ 粗车塑性材料（如钢类）时，为保证切削顺利，需要自行断屑，应在前刀面上磨有断屑槽。断屑槽常用的有直线型、圆弧型和直线圆弧型 3 种。

（5）精车刀

精车时要求工件必须达到规定的尺寸精度和表面粗糙度，因此要求车刀必须锋利，切削刃要平直光洁，刀尖处应磨有修光刃，并使切屑排向工件的待加工表面。

选择精车刀几何参数的一般原则有以下几点。

① 为使车刀锋利，切削轻快，前角一般应取大些。

② 为了减小车刀和工件之间的摩擦，后角应取大些。

③ 为了减小工件的表面粗糙度，应取较小的副偏角或在刀尖处磨修光刃。修光刃长度一般为（1.2～1.5）$f$。

④ 为使切屑排向工件的待加工表面，刃倾角应取 3°～8°。

⑤ 精车塑性金属材料时，为了断屑，车刀的前刀面应磨出较窄的断屑槽。

**2．切槽、切断刀**

轴类零件加工时，有时需要加工槽，如图 2-53 所示，需加工 4×3 的槽；或者零件加工好后，需要切断，这时就需要切槽刀或切断刀。切槽刀以横向进给为主，前端的切削刃为主切削刃，两侧的切削刃是副切削刃，主偏角取 90°，两个副偏角相等，一般认为，切断刀形状与切槽刀相似，不同之处是刀头窄而长。因此切断刀的刀头强度较差，在选择刀头的几何参数和切削用量时应特别注意。

（1）高速钢切断刀

切断刀的用途如图 2-54 所示，其结构和形状如图 2-55 所示。

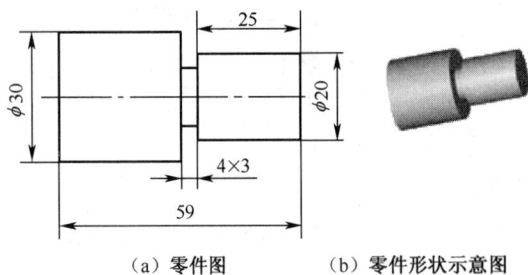

（a）零件图　　（b）零件形状示意图

图 2-53　车槽

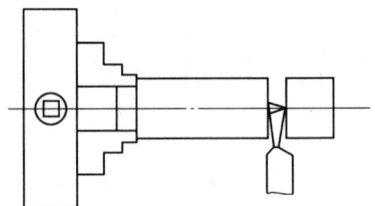

图 2-54　高速钢切断刀用途

切断刀的主切削刃宽度一般取 2～5mm，两副切削刃要磨对称，切断刀刀头的长度应略大于被切工件的半径。

① 前角。切断中碳钢时取 20°～30°，切断铸铁时取 0°～10°。

② 后角。切断塑性材料时取大些，切断脆性材料时取小些，一般取 6°～8°。

③ 副后角。切断刀有两个对称的副后角 1°～2°，其作用是减少副后刀面与工件已加

工表面的摩擦。

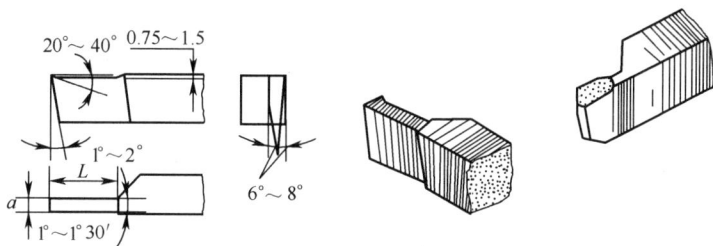

图 2-55　高速钢切断刀的结构和形状

④ 主偏角。主偏角取 90°，在切断时会在工件端面中心处留有小凸台。解决方法是把主切削刃略磨斜些。

⑤ 副偏角。切断刀的两个副偏角也必须对称。其作用是减少副切削刃和工件的摩擦。为了不削弱刀头强度，一般取 1°～1°30′。

⑥ 主切削刃宽。主切削刃太宽会因切削力太大而振动，同时浪费材料；太窄又会削弱刀头强度。因此主切削刃宽度可用下面的经验公式计算。

$$a \approx （0.5～0.6） \sqrt{d}$$

式中，$d$ 为待加工表面直径。

⑦ 刀头长度。刀头太长也容易引起振动和使刀头折断。刀头长度 $L=h+（2～3）$ mm，$h$ 表示切入深度。

（2）硬质合金切断刀

用硬质合金切断刀高速切断工件时，由于切屑槽和工件槽宽度相等容易使切屑堵塞在槽内。为了排屑顺利，可把主切削刃两边倒角磨成人字形，如图 2-56 所示。

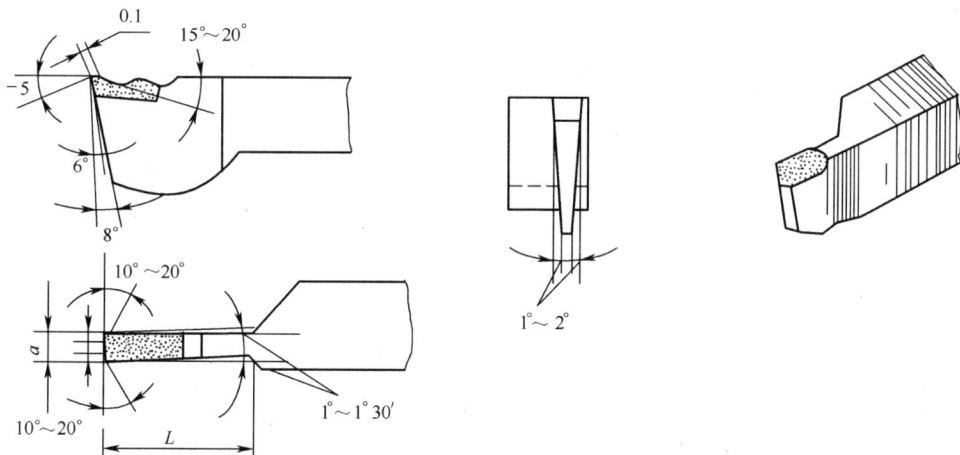

图 2-56　硬质合金切断刀

### 七、车削轴类零件常用刀具的使用及车削方法

#### 1．外圆车刀的使用

车削轴类工件一般分粗车和精车两个阶段。粗车时，除留一定的精车余量外，不要求工件达到图样上规定的尺寸精度和表面粗糙度，而是为了提高劳动生产率，应尽快地将毛坯上的多余金

属车削掉。精车时切削余量小，必须使工件达到图样上规定的尺寸精度和表面粗糙度。

（1）外圆车刀的安装

车刀安装得正确与否，将直接影响切削能否顺利进行和工件的加工质量。安装车刀时，应注意下列几个问题。

① 车刀安装在刀架上，伸出部分不宜太长，伸出量一般为刀杆高度的 1～1.5 倍。伸出过长会使刀杆刚性变差，切削时易产生振动，影响工件的表面粗糙度。

② 车刀垫铁要平整，数量要少，垫铁应与刀架对齐。车刀至少要用两个螺钉在刀架上压紧，并逐个轮流拧紧，如图 2-57 所示。

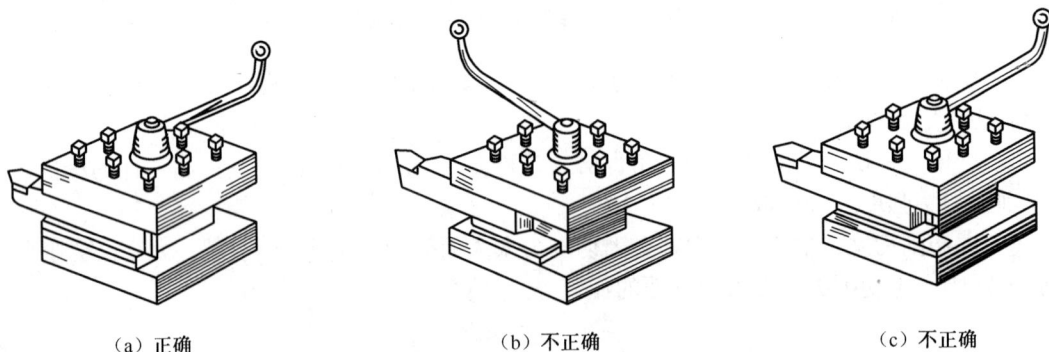

（a）正确　　　　　　　（b）不正确　　　　　　　（c）不正确

图 2-57　车刀安装时，在刀架上的位置

③ 车刀刀尖一般应与工件轴线等高，否则会因基面和切削平面的位置发生变化，而改变车刀工作时的前角和后角的数值。当车刀刀尖高于工件轴线时，会使后角减小，增大车刀后刀面与工件间的摩擦；当车刀刀尖低于工件轴线时，会使前角减小，切削不顺利，如图 2-58 所示。

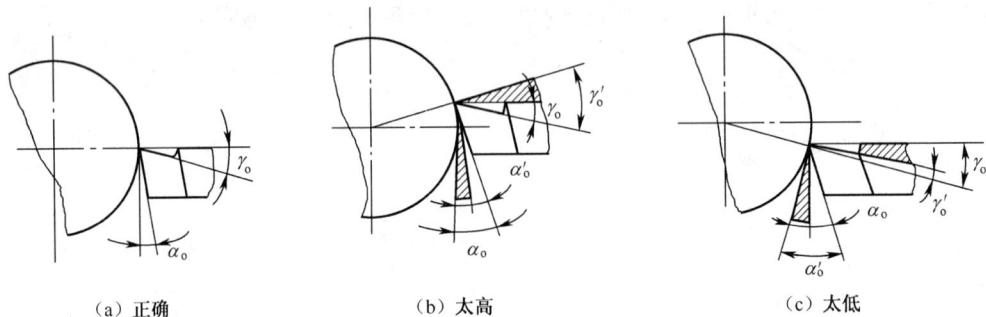

（a）正确　　　　　　　（b）太高　　　　　　　（c）太低

图 2-58　车刀安装时，刀尖的位置

（2）试切的概念及方法

精车工件以前，一般要进行试切（预车一刀，测其尺寸），才能车出准确的尺寸，如图 2-59 所示。

① 进刀。如图 2-59（a）所示，刀具与工件表面轻微接触即可。

② 退刀。如图 2-59（b）所示，退出车刀。

③ 横向切削。如图 2-59（c）所示，刀具横向进给切深。

④ 纵向车削。如图 2-59（d）所示，刀具纵向进给 1～4mm。

⑤ 退刀、停车、测尺寸。如图 2-59（e）所示，退出车刀，工件停转后进行测量。

⑥ 加工。如图 2-59（f）所示，根据测量结果，调整背吃刀量，进行加工。

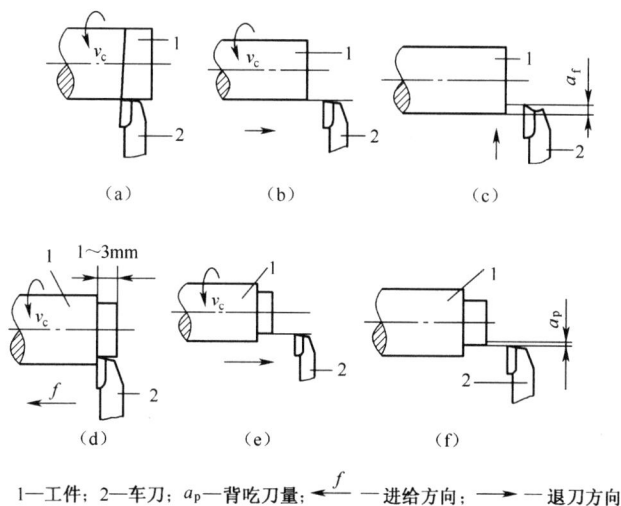

1—工件；2—车刀；$a_p$—背吃刀量；←——$f$——进给方向；——→——退刀方向

**图 2-59　试切**

（3）外圆的车削方法

① 启动车床。启动车床，使工件旋转。

② 刻度调"0"。用手摇动床鞍和中滑板的进给手柄，使车刀刀尖靠近并接触工件右端外圆表面，把中滑板刻度盘和大滑板进给刻度盘均调到"0"刻度位置。

③ 确定切削深度。反方向摇动床鞍手柄，使车刀向右离开工件 3～5mm，摇动中滑板手柄，使车刀横向进给，进给量为背吃刀量，即切削深度。

④ 确定外径。把大滑板纵向进给车削 3～5mm 后，不动中滑板手柄，将车刀纵向快速退回，停车测量工件，与要求的尺寸比较，再重新调整切削深度，直到达到尺寸要求；不进给中滑板，只把床鞍纵向进给进行车削。如果切削余量较多，可分几次完成。

⑤ 停车检查。车到零件的长度尺寸，退回车刀，停车检查。

（4）刻度盘的原理和应用

车外圆时，切削深度可利用中滑板的刻度盘来控制。

中滑板刻度盘安装在中滑板丝杠上。当中滑板的摇动手柄带动刻度盘转一周时，中滑板丝杠也转一周。这时固定在中滑板上与丝杠配合的螺母沿丝杠轴线方向移动了一个螺距，因此安装在中滑板上的刀架也移动了一个螺距。

小滑板刻度盘用来控制车刀短距离的纵向移动，其刻度的工作原理与中滑板相同。

使用中、小滑板刻度盘时应注意以下两点。

① 刻度的准确性。由于丝杠和螺母之间有间隙存在，因此在使用刻度盘时会产生空行程（即刻度盘转动，而刀架并未移动）。应根据加工需要慢慢地把刻度盘转到所需位置，如果不慎多转了几格，不能简单地直接退回多转的格数，必须向相反的方向退回全部空行程，再将刻度盘转到正确的位置。

② 切削深度的确定。由于工件在加工时是旋转的，在使用中滑板刻度盘时，车刀横向进给后的切除量正好是切削深度的 2 倍。因此，当工件外圆余量确定后，中滑板刻度盘控制的切削深度是外圆余量的1/2。而小滑板的刻度值，则直接表示工件长度方向的切除量。

**2．端面车刀的使用**

（1）端面车刀的安装

车端面时，车刀的刀尖要对准工件中心，否则车削后工件端面中心处留有凸头，如图 2-60

（a）所示。使用硬质合金车刀时，如不注意这一点，车削到端面中心处会使刀尖崩碎，如图2-60（b）所示。

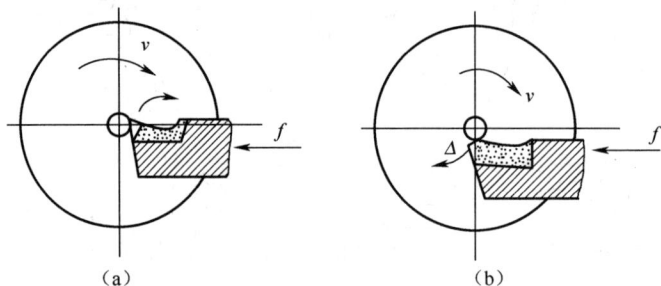

图 2-60　车端面时，车刀的安装

（2）车削端面的方法

① 用 45°车刀车削端面。45°车刀又称弯头刀，主偏角为 45°，刀尖角为 90°。45°车刀的刀头强度和散热条件比 90°的车刀好，常用于车削工件的端面、倒角。另外，由于 45°车刀的主偏角较小，车削外圆时，径向切削力较大，所以一般只能车削长度较短的外圆。

② 用偏刀车削端面。90°车刀用右偏刀车削端面时，如果车刀由工件外缘向中心进给，是副切削刃切削。当切削深度较大时，切削力会使车刀扎入工件，而形成凹面，如图 2-61（a）所示。为防止产生凹面，可改为由中心向外缘进给，用主切削刃切削，但切削深度要小，如图 2-61（b）所示。当切削余量较大时，在车刀的副切削刃上磨出前角，使之成为主切削刃来车削，如图 2-61（c）所示。

③ 用左车刀车削端面。90°左车刀是用主切削刃进行切削的，其主偏角为 60°～75°，刀尖角为 90°，因此刀尖强度和散热条件好，车刀寿命长，适用于车削铸件、锻件的大平面。如图 2-62 所示。

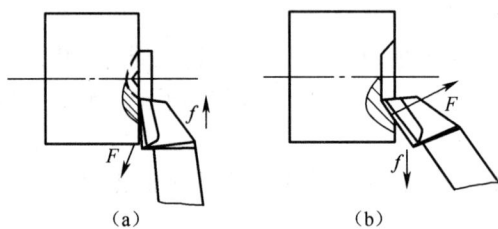

图 2-61　用右偏刀车削端面　　　图 2-62　用左车刀车削端面

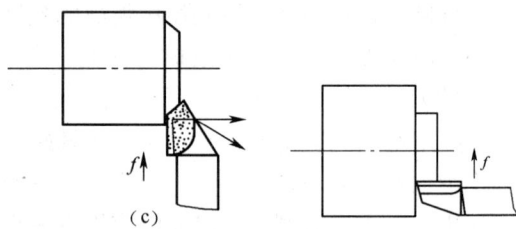

### 3．车阶台

（1）车阶台车刀的安装

车刀的刀尖应与主轴轴线等高，用偏刀车削阶台时，必须使车刀的主切削刃跟工件轴线之间的夹角等于 90°或大于 90°，否则，车出来的阶台面与工件轴线不垂直。

（2）车阶台的方法

车阶台时，不仅要车削外圆，还要车削环形端面。因此，车削时既要保证外圆和阶台面长度尺寸，又要保证阶台平面与工件轴线的垂直度要求。

当车削相邻两个直径相差不大的阶台时，可用 90°偏刀，这样既车削外圆又车削端面，只要控制住阶台长度，自然可得到阶台面。

如果车削相邻两个直径相差较大的阶台，可先用一把主偏角小于 90° 的粗车，再把 90° 偏刀的主偏角安装成 93°～95°，分几次进给，进给时应留精车外圆和端面的加工余量。精车外圆到阶台长度后，停止纵向进给，手摇中滑板手柄使车刀慢慢均匀地退出，即端面精车一刀。至此一个阶台便加工完毕。

车削阶台时，应准确掌握阶台的轴向长度尺寸。控制阶台长度尺寸有以下 3 种方法。

① 刻线法。先用钢直尺、样板或卡钳量出阶台的长度尺寸，再用车刀刀尖在阶台所在位置处车出细线，然后再车削，如图 2-63 所示。

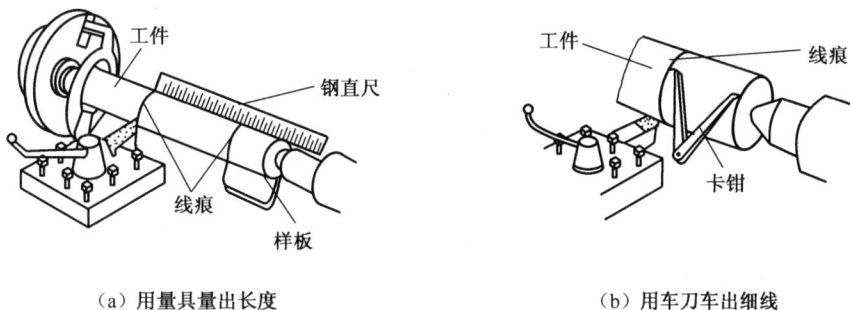

（a）用量具量出长度 　　　　　　　　　　　（b）用车刀车出细线

图 2-63　刻线法控制阶台长度尺寸

② 用挡铁控制阶台长度。在成批生产阶台轴时，为了准确迅速地掌握阶台长度，可用挡铁定位来控制，如图 2-64 所示。先把挡铁固定在床身导轨的某一个适当位置上，与图上阶台 $a_1$ 的阶台面轴向位置一致。挡铁 b 和 c 的长度分别等于阶台 $b_1$、$c_1$ 的长度。当床鞍纵向进给碰到挡铁 c 时，正好车好工件阶台长度 $c_1$；拿去挡铁 c，调整好下一个阶台的切削深度，继续纵向进给；当床鞍碰到挡铁 b 时，正好车好阶台长度 $b_1$；当床鞍碰到挡铁 a 时，正好车好阶台长度 $a_1$。这样就完成了全部阶台的车削。用这种方法车阶台，可减少大量的测量时间，阶台长度精度可达 0.1～0.2mm。用卡盘顶尖安装工件时，在车床主轴锥孔内必须安装限位支承，以保证工件的轴向尺寸。

③ 用床鞍纵向进给刻度盘控制阶台长度。CA6140 型卧式车床床鞍进给刻度盘一格等于 1mm。据此，可根据阶台长度计算出床鞍进给刻度盘手柄应摇动的格数，如图 2-65 所示。

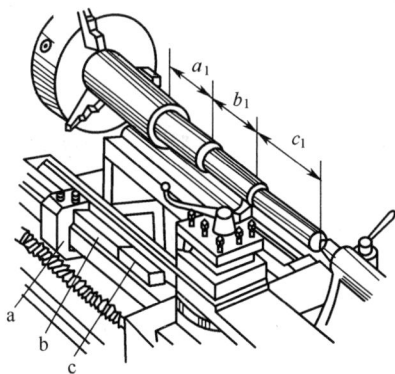

图 2-64　用挡铁控制阶台长度 　　　　图 2-65　用床鞍纵向进给刻度盘控制阶台长度

**4．车槽与切断**

（1）切刀的安装

① 安装时，切断刀不宜伸出过长，刀头长度应稍大于槽深。

② 切断刀的中心线必须要跟工件中心线垂直，以保证两个副偏角对称。

③ 切断实心工件时，切断刀的主切削刃必须要与工件中心等高，否则不能车到中心，而且容易崩刃，甚至折断车刀。

④ 切断刀的底平面应平整，以保证两个副后角对称。

（2）外沟槽的车削

① 直沟槽的车削

车削宽度在 5mm 以下较窄的外沟槽时，可用刀头宽度等于槽宽的车刀一次直进车出，但切槽刀必须达到相应的要求，如图 2-66 所示。

车削较宽的外沟槽时，可以分两次车削，如图 2-67 所示。第一次用刀头宽度小于槽宽的切断刀粗车，在槽的两侧和底面留有精车余量；第二次用精车刀精车至目标尺寸。

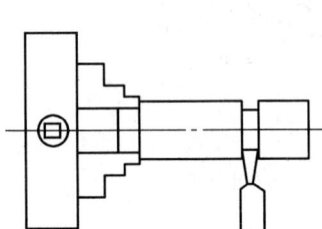

图 2-66　车削较窄的外沟槽

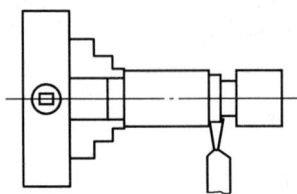

（a）切断刀粗车

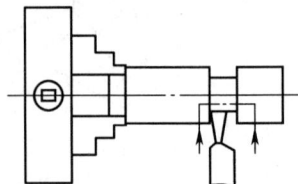

（b）精车刀精车

图 2-67　车削较宽的外沟槽

外沟槽底的直径可用外卡钳或游标卡尺测量，外沟槽宽度可用钢直尺、游标卡尺或量规测量。

② 斜沟槽的车削

车削 45° 外沟槽时，可用 45° 外沟槽专用车刀。车削时把小滑板转过 45°，用小滑板进给车削成形，如图 2-68 所示。

车圆弧沟槽时，把车刀的刀头磨成相应的圆弧刀刃，如图 2-69 所示。

车削外圆端面沟槽时，刀头形状如图 2-70 所示。

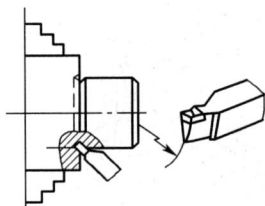

图 2-68　车削 45° 外沟槽

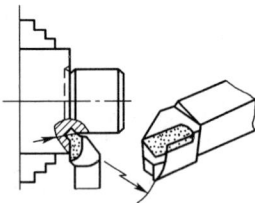

图 2-69　车圆弧沟槽

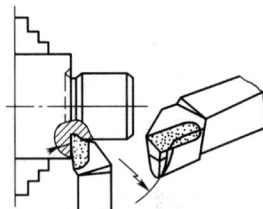

图 2-70　车削外圆端面沟槽

上述斜沟槽车刀刀尖处的副后刀面上应磨成相应的圆弧。

（3）切断工件

切断工件时，切削位置应尽量靠近卡盘，并采用较低的切削速度，尽可能地减小主轴与刀架滑动部分的间隙。切断工件时进给要均匀，将要切断时应放慢速度，以免突然工件切断时而使刀头折断。当难以直接切断时，可分段切断，如同切削宽槽一样，这样使切断刀减少一个摩擦面而有利于排屑和减少震动。切断工件中途如需停车，应先退刀。切断钢件时应使用冷却液。

## 八、学习与思考

### 1．学习过程记录单

学习过程记录单

| 任务三 | | | 使用加工轴类零件的常用刀具 | | | |
|---|---|---|---|---|---|---|
| 学习<br>内容 | | | 学习的内容 | 掌握程度（学生填写） | | |
| | | | | 好 | 一般 | 差 |
| 学习<br>过程 | 车刀的<br>种类和<br>用途 | | 熟悉 90° 车刀的用途 | | | |
| | | | 熟悉 45° 车刀的用途 | | | |
| | | | 熟悉切断刀的用途 | | | |
| | | | 熟悉车孔刀的用途 | | | |
| | | | 熟悉螺纹车刀的用途 | | | |
| | | | 熟悉成形车刀的用途 | | | |
| | | 熟悉机夹<br>车刀 | 熟悉机夹车刀的结构 | | | |
| | | | 熟悉机夹车刀的刀杆 | | | |
| | | | 熟悉机夹车刀的刀片 | | | |
| | 车刀的<br>规格 | 熟悉刀杆<br>规格 | 熟悉刀杆厚度 $h$ | | | |
| | | | 熟悉刀杆宽度 $b$ | | | |
| | | | 熟悉刀杆长度 $L$ | | | |
| | | 熟悉刀片规格 | | | | |
| | 车刀的<br>材料 | 熟悉刀具材料的基本要求 | | | | |
| | | 熟悉刀具<br>材料的种<br>类和牌号 | 熟悉碳素工具钢车刀 | | | |
| | | | 熟悉合金工具钢车刀 | | | |
| | | | 熟悉高速工具钢车刀 | | | |
| | | | 熟悉硬质<br>合金车刀 | K 类硬质合金 | | | |
| | | | | P 类硬质合金 | | | |
| | | | | M 类硬质合金 | | | |
| | 车刀的<br>组成 | 熟悉车刀<br>的刀头 | 熟悉前刀面 | | | |
| | | | 熟悉主后刀面 | | | |
| | | | 熟悉副后刀面 | | | |
| | | | 熟悉主切削刃 | | | |
| | | | 熟悉副切削刃 | | | |
| | | | 熟悉刀尖 | | | |
| | | | 熟悉修光刃 | | | |
| | | 熟悉确定<br>车刀角度<br>的辅助<br>平面 | 熟悉基面 | | | |
| | | | 熟悉切削平面 | | | |
| | | | 熟悉主剖面 | | | |
| | | 熟悉车刀<br>切削部分<br>的几何<br>角度 | 主剖面内测量<br>的角度 | 前角 | | | |
| | | | | 后角 | | | |
| | | | 基面内测<br>量的角度 | 主偏角 | | | |
| | | | | 副偏角 | | | |

续表

| 任务三 | | | 使用加工轴类零件的常用刀具 | | | |
|---|---|---|---|---|---|---|
| 学习内容 | | | 学习的内容 | 掌握程度（学生填写） | | |
| | | | | 好 | 一般 | 差 |
| 学习过程 | 车刀的组成 | 熟悉车刀切削部分的几何角度 | 刃倾角 | | | |
| | | | 负后角 | | | |
| | | | 楔角 | | | |
| | | | 刀尖角 | | | |
| | | 熟悉车刀几何角度的选择方法 | 前角的选择 | | | |
| | | | 后角的选择 | | | |
| | | | 主偏角的选择 | | | |
| | | | 副偏角的选择 | | | |
| | | | 刃倾角的选择 | | | |
| | 刃磨车刀 | 熟悉刃磨车刀的原因 | | | | |
| | | 熟悉刃磨车刀的类型 | | | | |
| | | 熟悉手工刃磨车刀的设备 | 熟悉砂轮 | | | |
| | | | 熟悉砂轮粗细的表示方法 | | | |
| | | | 熟悉砂轮的选择方法 | | | |
| | | | 熟悉砂轮机 | | | |
| | | 熟悉刃磨车刀的方法 | 熟悉刃磨车刀的姿势和方法 | | | |
| | | | 熟悉刃磨车刀的次序 | | | |
| | | | 熟悉刃磨车刀的注意事项 | | | |
| | | 刃磨车刀的技能训练 | 熟悉图样 | | | |
| | | | 实训准备 | | | |
| | | | 刃磨步骤 — 粗磨刀体 | | | |
| | | | 刃磨步骤 — 粗磨切削部分主后面 | | | |
| | | | 刃磨步骤 — 粗磨切削部分副后面 | | | |
| | | | 刃磨步骤 — 粗磨前面 | | | |
| | | | 刃磨步骤 — 磨断屑槽 | | | |
| | | | 刃磨步骤 — 精磨主、副后面 | | | |
| | | | 刃磨步骤 — 磨负倒棱 | | | |
| | | | 检查方法 | | | |
| | 车削轴类零件常用刀具 | 外圆车刀 | 90°车刀 | | | |
| | | | 45°车刀 | | | |
| | | | 75°车刀 | | | |
| | | | 粗车刀 — 粗车刀的要求 | | | |
| | | | 粗车刀 — 选择粗车刀的一般原则 | | | |
| | | | 精车刀 — 粗车刀的要求 | | | |
| | | | 精车刀 — 选择精车刀的一般原则 | | | |
| | | 切槽、切断刀 | 高速钢切断刀 | | | |
| | | | 硬质合金切断刀 | | | |

续表

| 任务三 | | | 使用加工轴类零件的常用刀具 | | | |
|---|---|---|---|---|---|---|
| 学习<br>内容 | | | 学习的内容 | 掌握程度（学生填写） | | |
| | | | | 好 | 一般 | 差 |
| 学习<br>过程 | 车削轴<br>类零件<br>常用刀<br>具的使<br>用及车<br>削方法 | 外圆车刀<br>的使用 | 安装外圆车刀 | | | |
| | | | 安装工件 | | | |
| | | | 试切外圆 | | | |
| | | | 车削外圆 | | | |
| | | | 使用刻度盘 | | | |
| | | 端面车刀<br>的使用 | 安装端面车刀 | | | |
| | | | 车削端面 | | | |
| | | 车台阶 | 安装车台阶车刀 | | | |
| | | | 车台阶 | | | |
| | | 车槽与<br>切断 | 安装切刀 | | | |
| | | | 车削外<br>沟槽　车削直沟槽 | | | |
| | | | 　　　　车削斜沟槽 | | | |
| | | | 切断工件 | | | |

**2．思考练习题**

① 车刀有哪些类型及用途？

② 车刀由哪几部分组成，各有何功用？

③ 硬质合金可转位车刀刀片的常用形状有哪些？

④ 为满足车削加工要求，车刀切削部分的材料应具备什么要求？

⑤ 常用刀具的材料有哪些？

⑥ 车刀切削部分有几条切削刃，由几个刀面构成，有几个几何角度？它们对切削过程各有何作用？

⑦ 为了使切削能顺利进行并保证加工质量，应如何合理地选择车刀的几何角度？

⑧ 为何要刃磨车刀？常见的刃磨类型有哪几种？

⑨ 常用砂轮有哪几种，如何选用？

⑩ 刃磨车刀的姿势、方法和顺序怎样？

⑪ 如何刃磨车刀？

⑫ 磨硬质合金刀具为什么要用氧化铝砂轮或碳化硅砂轮？

⑬ 用油石条研磨车刀的原因是什么？

⑭ 如何安排刃磨车刀的先后顺序？

⑮ 粗车刀和精车刀的几何参数有何区别？

⑯ 粗车刀、精车刀各有什么特点，如何选择其几何参数？

⑰ 常用的车削轴类零件的车刀有哪些？

⑱ 切断刀、切槽刀的几何角度是怎样的？

⑲ 装夹外圆车刀时，应注意哪些问题？

⑳ 车削外圆的方法是什么？

㉑ 车削端面时，车刀与零件轴线不等高会出现什么情况？

㉒ 车端面的方法有哪些？

㉓ 在车削阶台，主切削刃与零件的轴线的夹角小于90°时，会出现什么情况？

㉔ 车阶台时正确控制阶台长度尺寸的方法有哪些？

㉕ 怎么安装切断和切槽刀的？

㉖ 直槽的车削方法有哪些？

㉗ 斜槽刀与直槽刀有什么区别？

# 任务四　使用检测轴类零件的常用量具

## 一、钢直尺

### 1．钢直尺的规格

钢直尺是一种简单的量具，如图2-71所示。尺面上刻有公制或英制两种刻度，公制钢直尺的分度值是1mm，常用规格有150mm、200mm、300mm、500mm等多种。

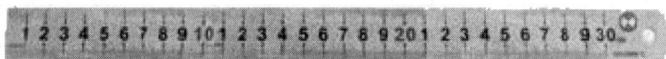

图2-71　钢直尺

### 2．钢直尺的用途

钢直尺主要用来测量长度尺寸，也可以用做画直线时的导向工具，如图2-72所示。

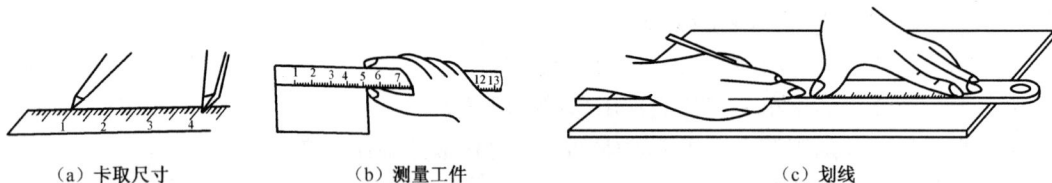

（a）卡取尺寸　　　　　　　　（b）测量工件　　　　　　　　（c）划线

图2-72　钢直尺用途

### 3．钢直尺维护保养

钢直尺使用时必须经常保持良好的状态，尺身不能弯曲，尺端、尺边不能有损伤，且应相互垂直。

## 二、游标卡尺

### 1．游标卡尺的结构

游标卡尺的外形结构种类较多，图2-73（a）所示是常用的带有深度尺的游标卡尺。

### 2．游标卡尺的类型

根据游标卡尺的分度值的不同，游标卡尺可分为3种。

游标为10个刻度，其分度值是0.1mm的游标卡尺。

游标为20个刻度，其分度值是0.05mm的游标卡尺。

游标为50个刻度，其分度值是0.02mm的游标卡尺。

### 3．游标卡尺的读数方法

（1）整数部分

游标零刻线左边主尺上的读数。

（2）小数部分

游标尺上第几条刻度线与主尺上的某刻线对齐，这"第几条刻度线"的"几"换成数字乘以游标卡尺的分度值。

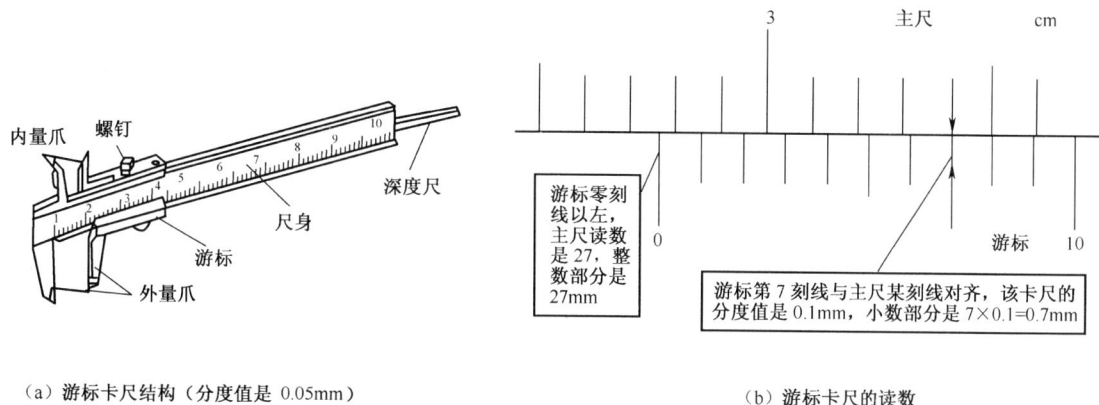

（a）游标卡尺结构（分度值是 0.05mm）　　　　　　　（b）游标卡尺的读数

**图 2-73　游标卡尺的结构和游标卡尺的读数方法**

（3）结果

结果=整数部分+小数部分。

**4．例题**

用分度值为 0.1mm 的游标卡尺测量某一工件，其读数形式如图 2-73（b）所示。

则其结果=27+0.7=27.7mm。

**5．游标尺没有刻线刚好与主尺某刻线对齐的的读数方法**

如果游标尺没有与主尺某刻线刚好对齐的刻线，则选游标尺与主尺上某刻线最接近的那条刻线（指游标尺的刻线）是多少，小数部分仍是"多少"的数值乘以游标卡尺的分度值。

如图 2-74 所示，在图 2-74（a）中，游标零刻线左边主尺的读数为 52mm，游标第 7 刻线与主尺某刻线最接近，小数部分是 $7 \times 0.1 = 0.7$mm，则其读数为 52+0.7=52.7mm。

在图 2-74（b）中，游标为 20 分度，则其分度值为 0.05mm。游标零刻线的左边，主尺的读数为 15mm，游标第 7 刻线与主尺某刻线最接近，小数部分为 $7 \times 0.05 = 0.35$mm，则其读数为 15+0.35=15.35mm。

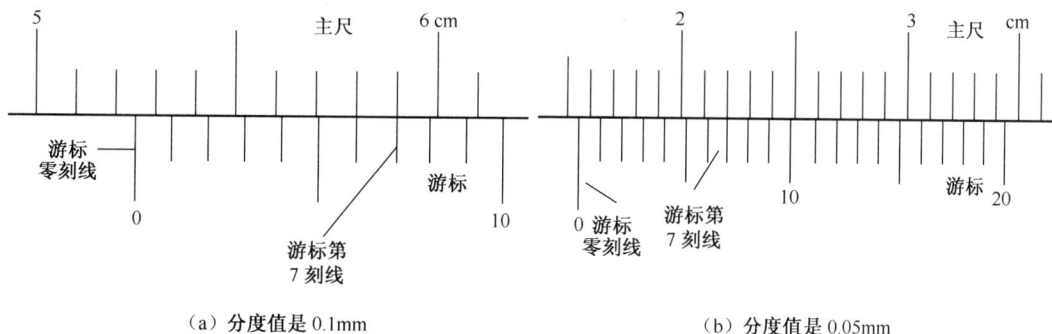

（a）分度值是 0.1mm　　　　　　　　　　（b）分度值是 0.05mm

**图 2-74　游标卡尺没有刚好对齐刻线的读数方法**

**6．游标卡尺的读数示例**

（1）分度值为 0.05mm 的游标卡尺读数示例，如图 2-75 所示（有黑色三角形符号处的游标刻线为对齐的刻线）。

① 图 2-75（a）的读数是 0.1mm（$0+0.05 \times 2 = 0.1$）。

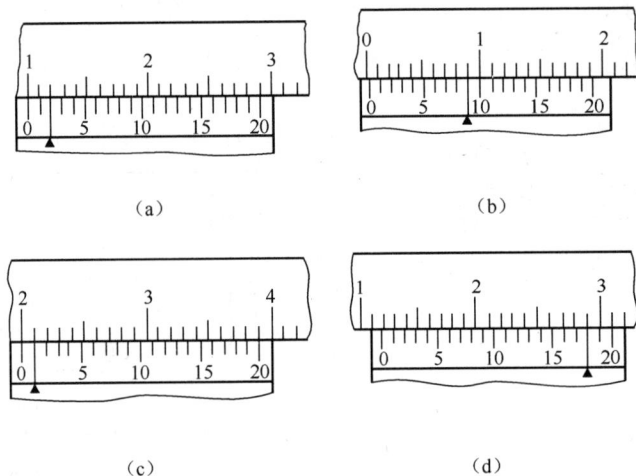

（a）　　　　　　　　　　（b）

（c）　　　　　　　　　　（d）

**图 2-75　分度值为 0.05mm 的游标卡尺读数示例**

② 图 2-75（b）的读数是 0.45mm（0+0.05×9=0.45）。

③ 图 2-75（c）的读数是 20.05mm（20+0.05×1=20.05）。

④ 图 2-75（d）的读数是 10.9mm（10+0.05×18=10.9）。

（2）分度值为 0.02mm 的游标卡尺读数示例，如图 2-76 所示（有黑色三角形符号处的游标刻线为对齐的刻线）。

① 图 2-76（a）的读数是 0.22 毫米（0+0.02×11=0.22）。

② 图 2-76（b）的读数是 7.02 毫米（7+0.02×1=7.02）。

③ 图 2-76（c）的读数是 10.14 毫米（10+0.02×7=10.14）。

④ 图 2-76（d）的读数是 19.98 毫米（19+0.02×49=19.98）

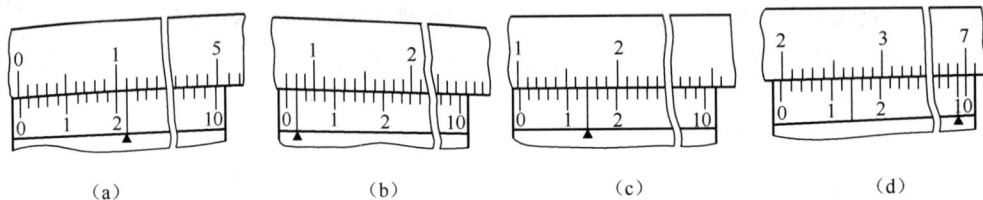

（a）　　　　　　（b）　　　　　　（c）　　　　　　（d）

**图 2-76　分度值为 0.02mm 的游标卡尺读数**

**7．游标卡尺的测量步骤**

① 清洁。擦净工件的测量面和游标卡尺两测量面，不要划伤游标卡尺的测量面。

② 检查尺框。拉动尺框，尺框在尺身上滑动应灵活平稳，不得有晃动或卡滞现象。

③ 选用合适的游标卡尺。根据被测尺寸的大小，选用合适规格的游标卡尺。

④ 对零。测量工件前，将游标卡尺的两测量面合拢，游标卡尺的游标零刻线与主尺零刻线应对正，并且，两测量面接触后不得有明显的漏光。否则，应送有关部门修理，如图 2-77 所示。

⑤ 测量。调整游标卡尺两测量面的距离，大于被测尺寸。右手握游标卡尺，移动游标尺，

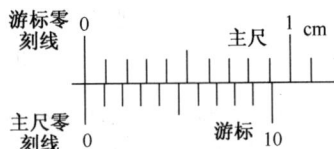

**图 2-77　游标卡尺对零**

当游标卡尺的量爪测量面与工件被测量面将要接触时，慢慢移动游标尺，或使用微调装置进行移动，直至接触工件被测量面，切忌量爪的测量面与工件发生碰撞。多测几次，取其平均数作为测量的最后值，如图 2-78 所示。

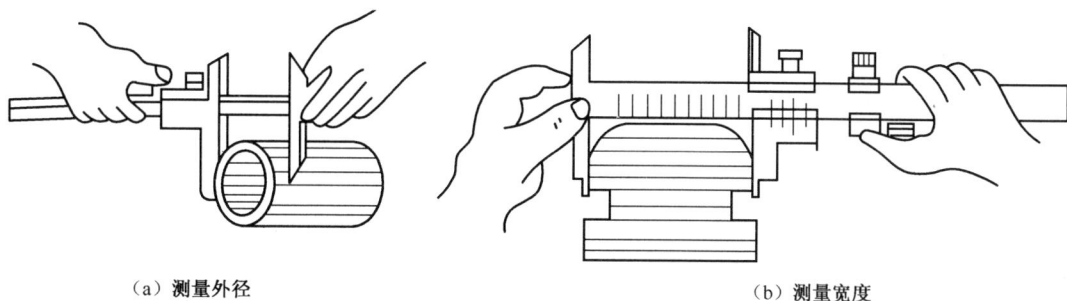

（a）测量外径　　　　　　　　　　　　　　　　（b）测量宽度

图 2-78　游标卡尺测量外径和宽度示意图

### 8．游标卡尺维护保养

① 按游标卡尺操作规程使用。
② 禁止把游标卡尺当板手、画线工具、卡钳、卡规使用。
③ 不能使用游标卡尺测毛坯件。
④ 游标卡尺损坏后，应送有关部门修理，并经检验合格后才能使用。
⑤ 不能在游标卡尺尺身处作记号或打钢印。
⑥ 游标卡尺不能放在磁场附近。
⑦ 不用的游标卡尺应上防锈油，放入量具盒中。
⑧ 游标卡尺及量具盒应平放。

### 9．游标卡尺的用途

游标卡尺可以测量外尺寸、内尺寸、深度等，如图 2-79 所示。

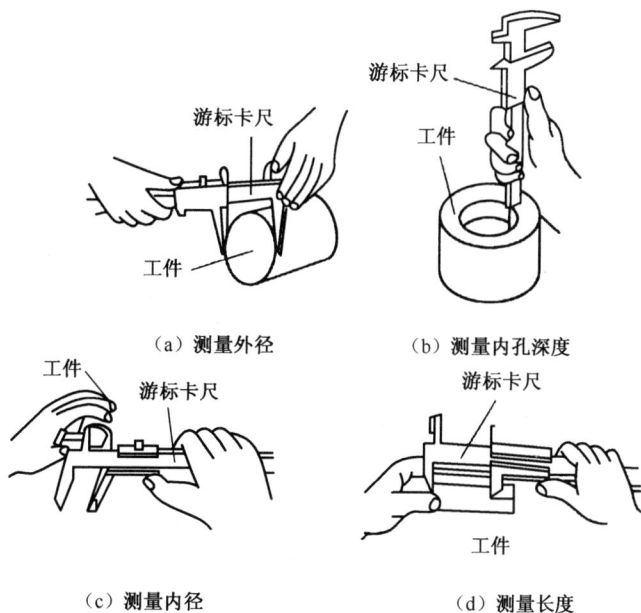

（a）测量外径　　　　　　　　　　　（b）测量内孔深度

（c）测量内径　　　　　　　　　　　（d）测量长度

图 2-79　游标卡尺的用途

### 10．其他游标类量具

游标卡尺属于游标类量具，游标类量具都是利用主尺与游标相互配合进行测量和读数的量具。其结构简单，操作方便，维护保养容易，在车工中广泛使用。游标类量具除游标卡尺外，常用的还包括测量高度的游标高度尺、测量深度的游标深度尺、测量齿轮的齿厚游标卡尺、测量角度的万能角度尺等。

（1）游标高度尺（高度规）

游标高度尺，如图 2-80（a）所示。游标高度尺主要用于测量工件的高度和划线用，但一般限于半成品的测量，其读数原理与游标卡尺相同。下面讲一下其划线功能，如图 2-80（b）所示。

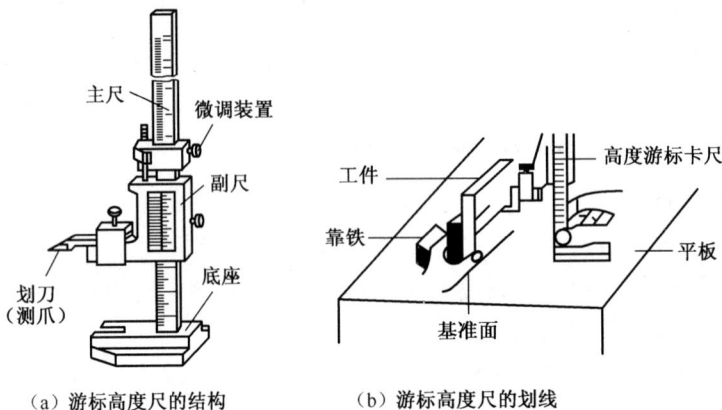

（a）游标高度尺的结构      （b）游标高度尺的划线

图 2-80　高度游标卡尺的结构及其用途

① 调高度。划线前，根据工件的划线高度，调好游标高度尺刻度，锁紧。

② 划线。用高度游标卡尺的划刀划直线。注意：在划线时，应使划刀垂直于工件表面，一次划出。

（2）游标深度尺

游标深度尺的构造如图 2-81（a）所示，游标深度尺主要用于测量工件的沟槽、台阶、孔的深度尺寸等，如图 2-81 所示。其读数方法、注意事项与游标卡尺相同。

（3）齿厚游标卡尺

齿厚游标卡尺，如图 2-82 所示，其结构好像是两把游标卡尺垂直组装而成，两把卡尺的游标刻度值都是 0.02mm，用来测量齿轮或蜗杆的弦齿厚或弦齿高。这类游标卡尺有两种规格：一种用来测量模数为 1～18mm 齿轮的齿厚游标卡尺；另一种用来测量模数为 5～36mm 齿轮的齿厚游标卡尺。齿厚游标卡尺的读数方法与游标卡尺相同，其测量齿轮的方法如下。

齿厚游标卡尺的垂直卡尺是用来在齿顶圆上定位的，水平卡尺则是用来测量该部位的弦齿厚。测量时，先确定固定弦到齿顶的高度 $A$，把垂直尺调到 $A$ 处的高度，并用游标的紧固螺钉将其固定住，然后将其端面靠在齿顶上。右手移动水平卡尺游标，当活动卡脚快接近被测齿的侧面时，拧紧辅助游标螺钉，慢慢转动微动螺母，使卡脚轻轻地与齿的侧面接触，这时从水平尺上读得的数，就是固定弦齿的厚度 $B$。

由于齿厚游标卡尺的卡脚与齿轮侧面的接触面较窄，容易磨损，齿顶圆的误差也比较大，这些都要影响到测量精度，所以一般只用于测量精度要求不高的齿轮。

（4）万能角度尺

万能角度尺的结构，如图 2-83（a）所示。

(a) 测量台阶深度　　　(b) 测量沟槽深度

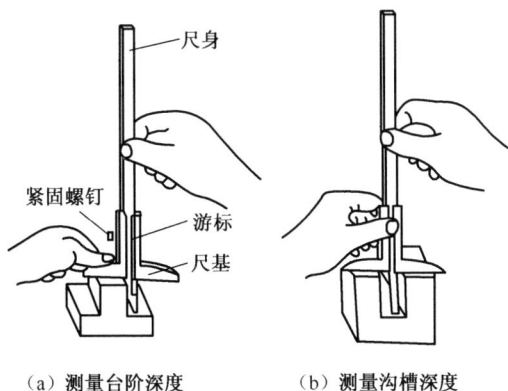

图 2-81　游标深度尺

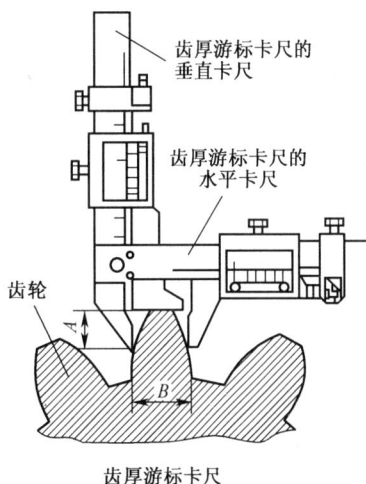

图 2-82　齿厚游标卡尺

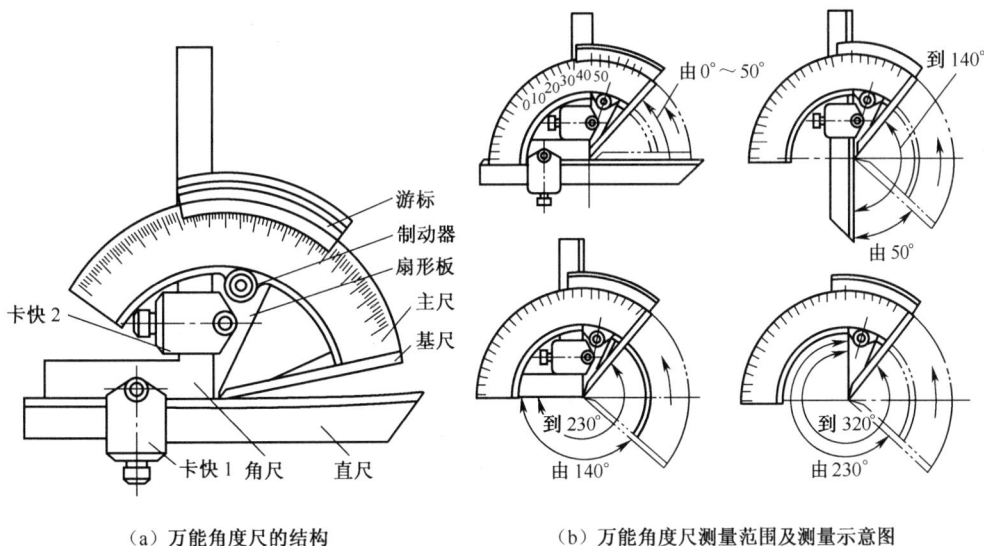

(a) 万能角度尺的结构　　　　(b) 万能角度尺测量范围及测量示意图

图 2-83　万能角度尺

　　万能角度尺是用来测量工件内外角度的量具，常用的万能角度尺的游标刻度值是 2 分，其读数原理与游标卡尺相同，只是万能角度尺读出来的数是角度，从主尺（尺伸）上读出整度数，从游标上读对齐的刻线，乘以分度值，两者相加就是被测工件的读数。改变直尺和直角尺的组合位置，可以测量 0°～320°的角度，其组合方式如图 2-83（b）所示。其测量步骤如下。

　　① 清洁。测量前，将基尺、角尺、直尺等各工作面擦净。

　　② 对零位。把基尺与直尺合拢，看游标 0 线与主尺 0 线是否对齐，零位对正后，才能进行测量。如果不能对正，应送有关部门修理。

　　③ 测量。根据被测角度的大小，调整万能角度尺的结构。

　　被测角度为 0°～50°，应装上角尺和直尺。

　　被测角度为 50°～140°，应装上直尺。

　　被测角度为 140°～230°，应装上角尺。

被测角度为 230°～320°，应不装角尺和直尺。

使万能角度尺的两个测量面与工件被测面，在全长上保持良好的接触，拧紧制动器上螺母进行读数。

### 三．外径千分尺（简称千分尺）

#### 1．千分尺的构造

千分尺的构造，如图 2-84（a）所示。

#### 2．千分尺的读数方法

如图 2-84（b）所示。主尺基准线以上为半刻度线，以下为主尺整刻度线，每格为 1mm；右边为微分筒刻度线，每格为 0.01mm。

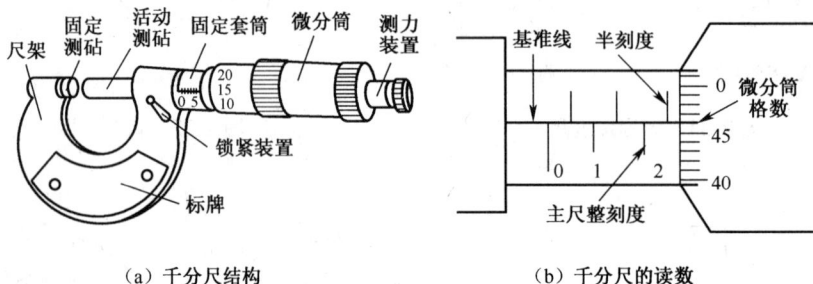

（a）千分尺结构　　　　　　　　　（b）千分尺的读数

图 2-84　千分尺的构造及其读数方法

测量读数=主尺读数+微分筒读数。

主尺读数=主尺整刻度+半刻度。

微分筒读数=微分筒对准基准线的格数（+估读位）乘以 0.01。

① 主尺整刻度读数。微分筒左边，最靠近微分筒的格数。

② 半刻度读数。在主尺最靠近微分筒的整刻线与微分筒之间，如果出现半刻度，则加 0.5mm；如果不出现半刻度，则不加 0.5mm。

③ 微分筒读数。微分筒对准主尺基准线的格数乘以 0.01（微分筒的格数由下向上数）。如果不是刚好对准，就要估读。

如图 2-84（b）所示，微分筒左边，最靠近微分筒主尺的格数是 2，即主尺整刻度读数是 2mm；在主尺与微分筒之间，出现了半刻度，则加 0.5mm；微分筒对准主尺基准线的格数是 46，乘以 0.01，就为 0.46，即微分筒读数是 0.46mm。

图 2-84（b）中的读数为 2+0.5+0.46=2.966mm。

#### 3．千分尺的读数示例

（1）读数示例 1

如图 2-85（a）所示，主尺整刻度为 2mm，主尺与微分筒之间，没有半刻度，则不加 0.5mm，主尺基准线在微分筒 34 格与 35 格之间，估读为 0.4（1 格的 10 等分），微分筒读数为（34+0.4）×0.01=0.344mm。

如图 2-85（a）所示的读数是 2+0.344=2.344mm。

（2）读数示例 2

如图 2-85（b）所示，主尺整刻度是 0mm，主尺与微分筒之间有半刻度，加 0.5mm，主尺基准线在微分筒 0 格与 1 格之间，估读为 0.6，微分筒读数为（0+0.6）×0.01=0.006mm。

如图 2-85（b）所示的读数是 0+0.5+0.006=0.506mm。

（3）读数示例 3。如图 2-85（c）所示，主尺整刻度为 0mm，主尺与微分筒之间无半刻度，不加 0.5mm，主尺基准线在微分筒 49 格与 0 格（50 格）之间，估读为 0.6，微分筒读数为（49+0.6）×0.01=0.496mm。

如图 2-85（c）所示的读数为 0+0.496=0.496mm。

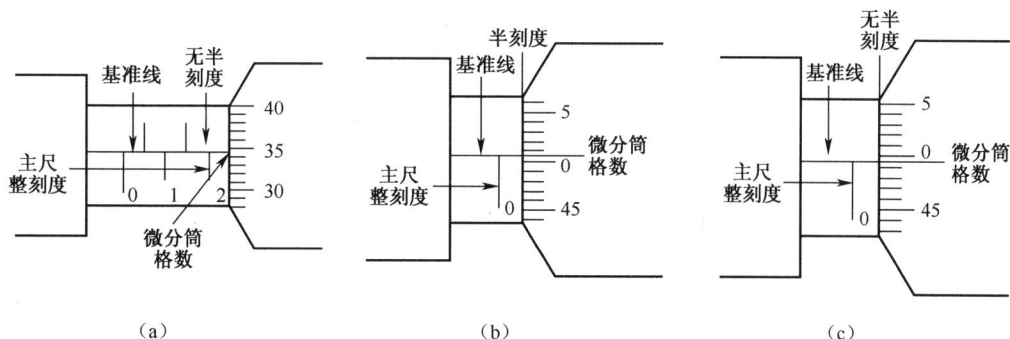

图 2-85　千分尺读数示例

### 4．千分尺测量步骤及测量方法

① 清洁。擦净工件的测量面和千分尺两测量面。不要划伤千分尺测量面。

② 选择合适的千分尺。根据被测尺寸的大小，选用合适规格的千分尺。

③ 夹牢或放稳被测工件。

④ 对零。如是 0~25mm 的千分尺，则左手握在千分尺的标牌处，右手旋转微分筒，缓缓转动微分筒，千分尺两测量面将要接触时，转动棘轮，到棘轮发出声音为止，此时主尺上的基准线与微分筒的零刻线应对正。否则，应先调零或送有关部门修理。

如图 2-86 所示，图（a）为已对零，图（b）与图（c）都未对零。其他规格的千分尺，用校对棒（或量块）对零，方法与 0~25mm 的千分尺相同。

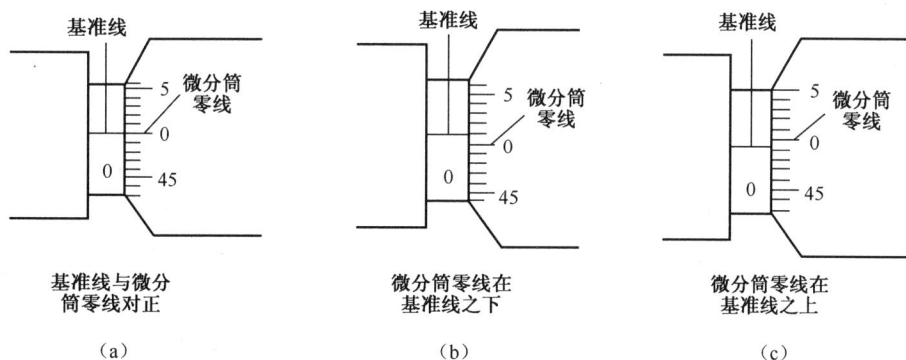

图 2-86　千分尺对零

⑤ 测量。调整千分尺两测量面的距离，大于被测尺寸。左手握在千分尺的标牌处，右手旋转微分筒，转动微分筒，千分尺两测量面将要接触工件时，转动棘轮，到棘轮发出声音为止，读出千分尺的读数。多测几次，取其平均数作为测量的最后值。

注意：两手要端平千分尺，眼睛正对千分尺读数。

### 5．千分尺常用用途

千分尺常用来测量外尺寸，如图 2-87 所示。

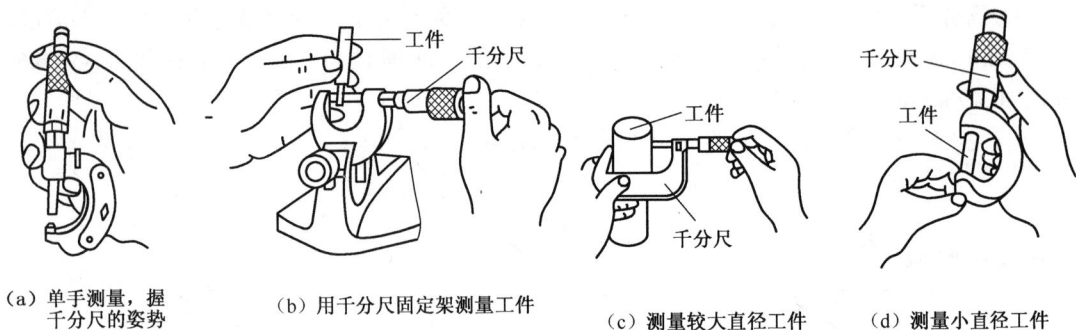

（a）单手测量，握　　　（b）用千分尺固定架测量工件　　（c）测量较大直径工件　　（d）测量小直径工件
　　千分尺的姿势

图 2-87　千分尺测量外尺寸

### 6．使用千分尺的注意事项

① 严格按照千分尺的测量步骤操作。

② 不允许测量运动的工件和粗糙的工件。

③ 最好不取下千分尺，而直接读数，如果非要取下读数，应先锁紧，并顺着工件滑出。

④ 轻拿轻放，防止掉落摔坏。

⑤ 用毕放回盒中，不要接触两测量面，长期不用时，要涂油防锈。

### 7．其他螺旋测微类量具简介

千分尺属于螺旋测微类量具，螺旋测微量具是一种较为精密的量具，其分度值为 0.01mm，测量精度比游标卡尺高，而且比较灵敏。

螺旋测微类量具除千分尺外，根据其用途不同，螺旋测微类量具可分为外径千分尺、内测千分尺、壁厚千分尺、杠杆千分尺、公法线千分尺、深度千分尺、螺纹千分尺等；按测量范围来划分，有 0～25mm、25～50mm、50～75mm、75～100mm、100～125mm 等，规格太大的螺旋测微量具，由于本身误差的原因，在测量精度方面有所欠缺。

（1）内测千分尺

内测千分尺的构造，如图 2-88（a）所示。内测千分尺用来测量工件的内径和槽宽，如图 2-88（b）所示。其测量方法如下。

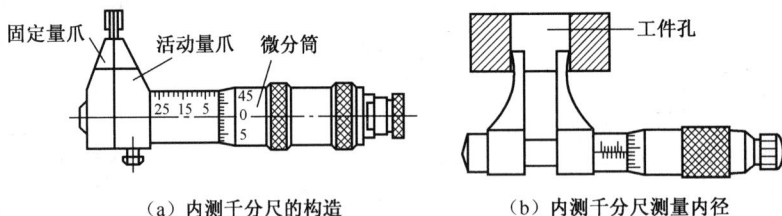

（a）内测千分尺的构造　　　　　（b）内测千分尺测量内径

图 2-88　内测千分尺的构造和测孔径的方法

① 内测千分尺两测量爪在孔内摆动，使卡爪与内孔紧靠，尺寸达到最大值时读数。

② 内测千分尺的读数方法与外径千分尺相同。

（2）公法线千分尺

公法线千分尺的构造，如图 2-89（a）所示。它用来测量齿轮的公法线长度，其测量方法，如图 2-89（b）所示。公法线千分尺的结构和读数方法，与普通千分尺基本相同，所不同的只是把两个测量面做成两个相互平行的圆盘。其测量方法如下。

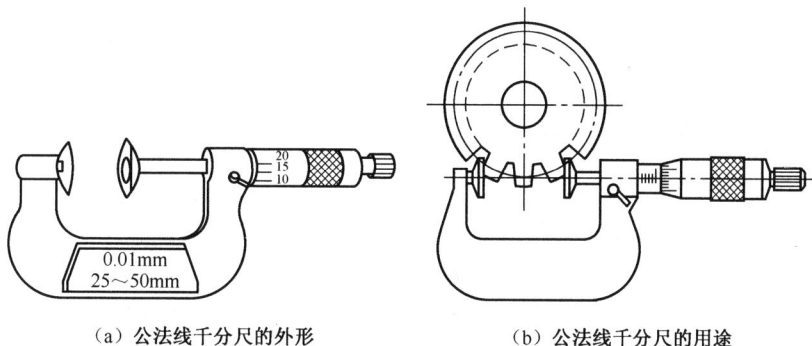

(a) 公法线千分尺的外形　　　　　　　(b) 公法线千分尺的用途

**图 2-89　公法线千分尺的形状及测量示意图**

测量齿轮公法线时,先计算跨测齿数 $n$, $n$ 可从有关表中查到。如果模数大于 1mm,根据齿轮齿数 $Z$,在表中查出公法线长度后,乘以被测齿轮的模数,即得到该齿轮的公法线长度。将测得的实际值与理论值相比较,就得出公法线长度偏差。

测量时,把公法线千分尺调到比被测尺寸略大,然后把两个盘形卡脚插到被测齿轮的齿槽中,旋转棘轮,使两个盘形卡脚的测量面与齿的侧面相切。当棘轮发出"咔,咔"的响声时,即可进行读数,取得公法线的实际长度。

(3) 螺纹千分尺

螺纹千分尺的构造,如图 2-90 (a) 所示。螺纹千分尺用来测量螺纹中径尺寸,如图 2-90 (b) 所示。螺纹千分尺的两个测量头可以调换,在测量时,换上与被测螺纹有相同牙形角的测量头,所得千分尺读数就是螺纹中径。

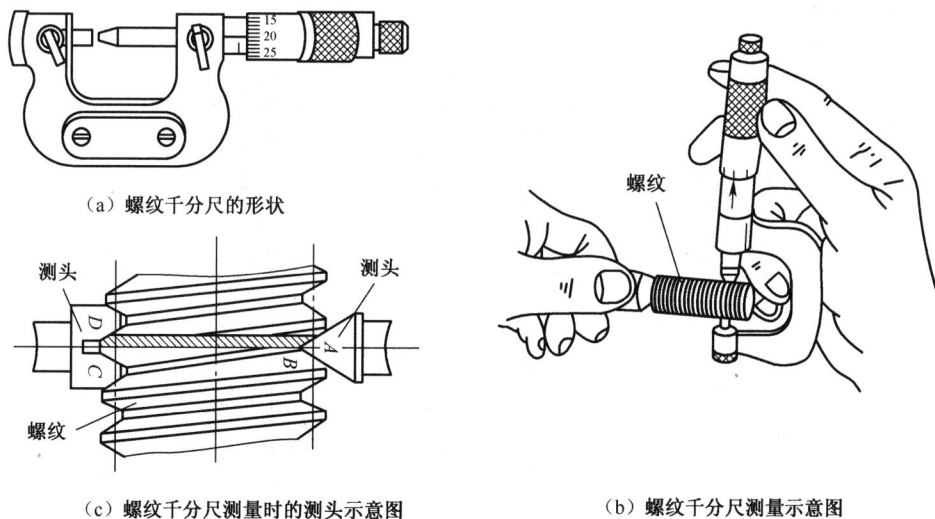

(a) 螺纹千分尺的形状

(c) 螺纹千分尺测量时的测头示意图　　　　　　(b) 螺纹千分尺测量示意图

**图 2-90　螺纹千分尺的构造及测量示意图**

(4) 杠杆千分尺

杠杆千分尺的构造,如图 2-91 (a) 所示,杠杆千分尺用来测量批量大、精度较高的中小型零件。

(5) 壁厚千分尺

壁厚千分尺的构造,如图 2-91 (b) 所示,壁厚千分尺用来测量精度较高管形件的壁厚。

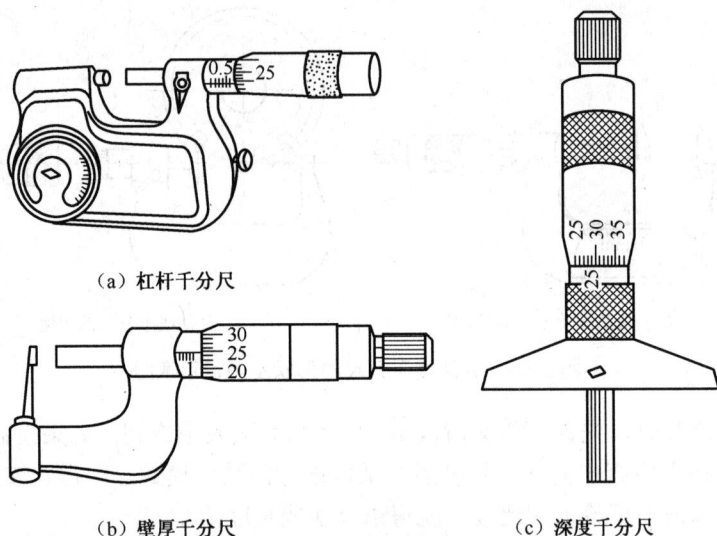

（a）杠杆千分尺

（b）壁厚千分尺

（c）深度千分尺

图2-91　杠杆千分尺、壁厚千分尺、深度千分尺

（6）深度千分尺

深度千分尺的构造，如图2-91（c）所示，深度千分尺用来测量孔深、槽深等尺寸。

**四、百分表**

**1．百分表的构造**

百分表的构造，如图2-92所示。百分表是利用机械结构将被测工件的尺寸放大后，通过读数装置来读取数值的一种量具。

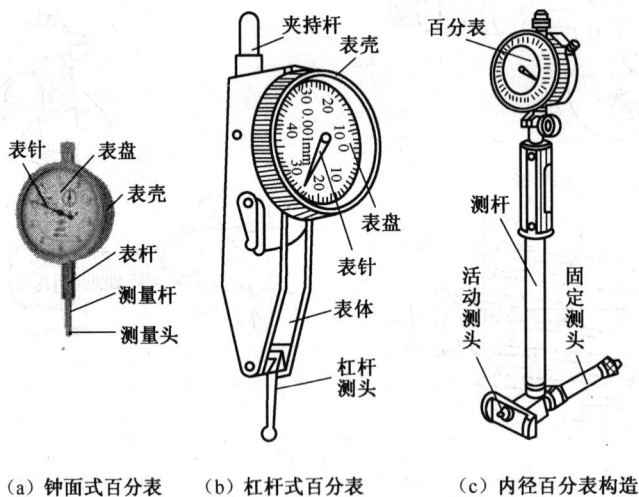

（a）钟面式百分表　　（b）杠杆式百分表　　（c）内径百分表构造

图2-92　百分表的构造及类型

**2．百分表的特点**

百分表具有体积小、结构简单、使用方便、价格便宜等优点。

**3．百分表的用途**

百分表主要用来测量零件的形状公差和位置公差，也可用比较测量的方法，测量零件的几何尺寸。

**4．百分表的类型**

百分表类型常用的有钟面式百分表、杠杆百分表、内径百分表等。

**5．百分表的使用**

（1）百分表的安装

百分表要安装在表座上，才能使用，百分表表座如图 2-93（a）、图 2-93（b）、图 2-93（c）所示，钟面式百分表一般安装在万能表座或磁性表座上，杠杆百分表一般安装在专用表座上。

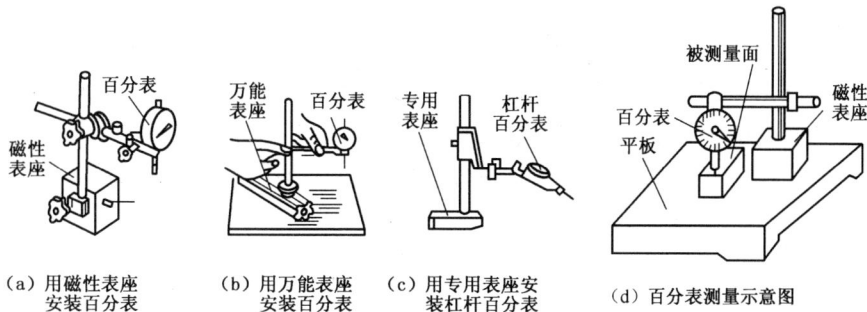

（a）用磁性表座  （b）用万能表座  （c）用专用表座安  （d）百分表测量示意图
安装百分表      安装百分表       装杠杆百分表

**图 2-93　百分表的安装及测量示意图**

（2）百分表的读数

百分表短指针每走一格为 1mm，百分表长指针每走一格为 0.01mm。读数时，先读短指针与其起始位置"0"之间的整数，再读长指针与其起始位置"0"之间的格数，格数乘以 0.01mm，就得到长指针的读数，短指针读数与长指针的读数相加，就得百分表的读数。

（3）百分表的测量方法

图 2-93（d）所示为利用百分表测量工件表面直线度的示意图。以此为例简要介绍百分表的测量方法。

① 清洁

清洁工作台、工件的上表面及下表面、磁性表座等。

② 检查百分表是否完好

③ 安装百分表

按图 2-93（d）所示的方式装好百分表。注意要打开磁性表座开关，使磁性表座固定在平板上，以免表座倾斜，损坏百分表测量杆，百分表要夹牢在磁性表座上。

④ 预压

测量头与被测量面接触时，测量杆应预先压缩 1～2mm。

⑤ 调零位

百分表零位的调整方法如图 2-94 所示，（不一定非要对准零位，根据实际情况，指针对准某一整刻线就行）。调好后，提升测量杆几次。

⑥ 测量

拖动工件，读出百分表读数的变化范围，即百分表的最大读数减去百分表的最小读数，就是测得值。

⑦ 取下百分表，擦拭干净，放回盒内，使测量杆处于自由状态。

**6．百分表的用途示例**

（1）利用百分表测量工件表面直线度和平面度

图 2-93（d）所示为利用百分表测量工件表面直线度和平面度的示意图。

（2）用内径百分表检测孔的内径

主要用于测量精度较高且较深的孔径和孔的形状误差。内径百分表用于测量深度极为方便，通过更换可换触头，可以调整内径百分表的测量范围。其测量方法如下。

① 选取并调节可换测头

根据被测孔的基本尺寸选取并调节可换测头，在自由状态下，使两测头之间距离比被量孔径大 0.5mm 左右。

② 校对内径百分表的零位

校对内径百分表零位时，一般需使用量块和量块附件，也可以不用量块而使用标准环规来校对内径百分表的零位。用量块校对零位的具体操作为：将量块放到量块夹持器中，如图 2-95 所示，并调节到孔的基本尺寸后锁紧，把内径百分表的两测头压入测量面间，微微摆动内径百分表，将百分表长指针顺时针转动最多时的位置调整成零位。如图 2-96 所示，为量块夹持器。

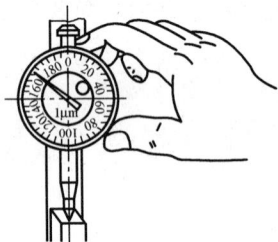

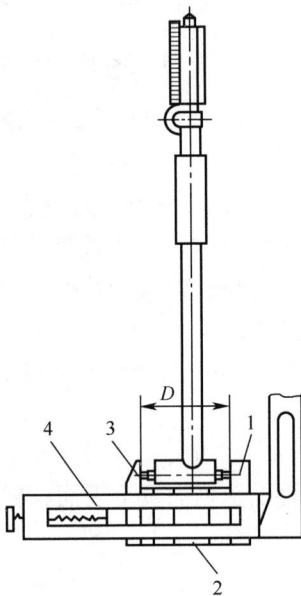

1、3—量爪；2—量块组；4—量块夹持器

图 2-94　百分表零位的调整　　图 2-95　用量块校对内径百分表零位示意图

③ 粗测孔径

用内径千分尺或其他测量孔径的量具测出孔径，记下读数。

④ 精测孔径

用内径百分表测偏差。小心压住定心装置和活动测头，将内径百分表放入被测孔内，摇动内径百分表，找出长指针顺时针转动最大的数值（因为两测头之间的最短距离必定垂直于孔壁，而两测头间距离最短时，必是百分表压缩最多时，即长指针转动最多时）。如图 2-97 所示读出的百分表中的最大值，加上"（2）"的读数值就是孔的实际尺寸。

用内径百分表测量孔径时，应注意如下事项。

① 按被测内径尺寸选用可换测头，用标准环规或量块校对好内径百分表的零位。在校对零位和测量内径时，一定要找准正确的直径测量位置。摆动内径百分表，在轴向截面内找最小示值的转折点（摆动内径表，示值由大变小再由小变大）。

图 2-96　量块夹持器

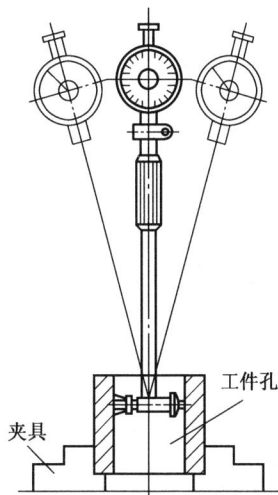

图 2-97　内径百分表测量方法

② 使用内径百分表时，还必须记住测头在自由状态下长指针的读数，以便于观察表面刻度盘是否"走动"。如多次使用内径百分表后，发现自由状态下长指针读数变了，则必须重校零位。否则，测量结果是不准的。

③ 将内径百分表伸入或拉出量块组及被测孔时，应将活动测头压离孔壁，使可换测头与孔壁脱离接触，以减小磨损。对定位装置，在放入和拉出离开时，应用两个手指将其压缩并扶稳，轻轻放入或拉出，以免离开孔口时突然弹开，擦伤定位装置的工作面和被测孔口。内径百分表需要在孔中摆动，所以，用旧的内径百分表，其固定量杆、活动量杆的球形测量头常会被磨平，这时，测量就有误差。因此，使用前先要检查两量杆的球形测量头是否完好。

④ 定位装置和测头、量块及量块夹持器在使用前要清洗干净，用完后再次清洗擦干，并涂上防锈油，收放在专用的木盒内。被测孔壁在测量前也要清洗干净。

（3）在偏摆仪上测量圆跳动

在偏摆仪上测量圆跳动的示意图，如图 2-98 所示。

（4）测量工件两边是否等高

测量工件两边是否等高的示意图，如图 2-99 所示。

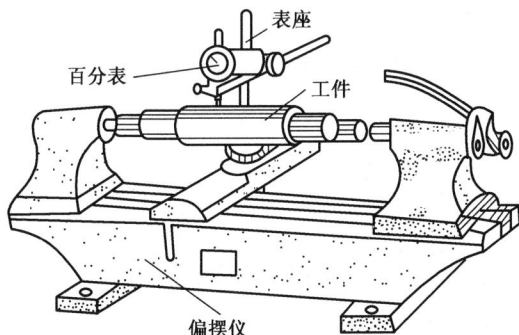

图 2-98　在偏摆仪上测量圆跳动

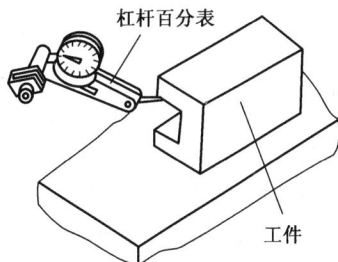

图 2-99　测量工件两边是否等高

（5）测量工件径向圆跳动

测量工件径向圆跳动的示意图，如图 2-100 所示。

（6）测量零件孔的轴线对底面的平行度

测量零件孔的轴线对底面的平行度的示意图，如图 2-101 所示。

（7）测量零件孔的轴线对底面的高度及平行度

测量零件孔的轴线对底面的高度及平行度的示意图，如图 2-102 所示。其测量结果=百分表读数+量块值−芯轴半径。

**7．百分表的维护保养**

① 拉压测量的次数不宜过频，距离不要过长，测量的行程不要超过测量范围。

② 使用百分表测量工件时，不能使触头突然放在工件的表面上。

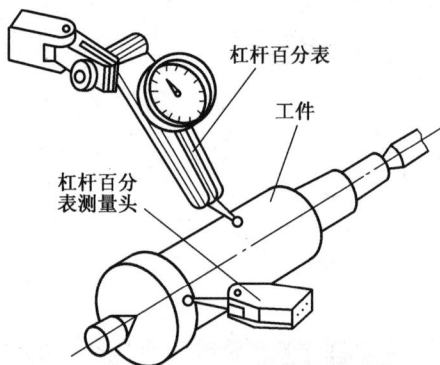

图 2-100　测量工件径向圆跳动

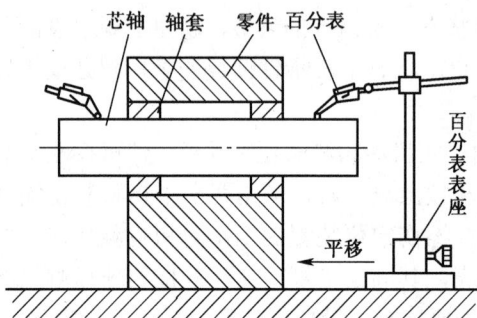

图 2-101　测量零件孔的轴线对底面的平行度

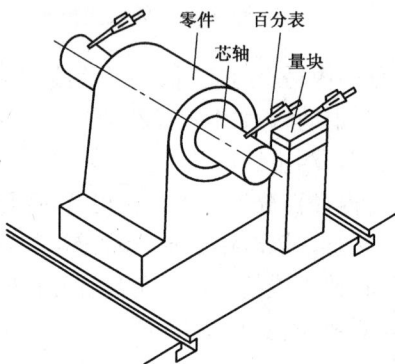

图 2-102　测量零件孔的轴线对底面的高度及平行度

③ 不能用手握测量杆，也不要把百分表同其他工具混放在一起。

④ 使用表座时，要将表座安放平稳牢固。

⑤ 严防水、油液、灰尘等进入表内。

⑥ 用后擦净、擦干放入盒内，使测量杆处于非工作状态，避免表内弹簧失效。

**五、刀口尺、塞尺、直角尺**

**1．定量测量和定性测量的含义**

能读出具体数字的测量称为定量测量，如游标卡尺、千分尺的测量；不能读出具体数字的测量称为定性测量，如刀口尺、塞尺、直角尺等属于定性测量量具。

**2．刀口尺**

刀口尺结构，如图 2-103（a）所示，主要是以透光法来测量工件表面的直线度、平面度，如图 2-103（b）、图 2-103（c）所示。

用刀口尺沿加工面的纵向、横向和对角方向做多处检查，根据被测量面与刀口尺之间的透光强弱是否均匀，来判断平面度的误差。若透光微弱而且均匀，则表明表面已较平直；若透光强弱不一，则表明表面不平整，光强处凹，光弱处凸。

**3．塞尺**

塞尺如图 2-104 所示，由不同厚度的金属薄片组成。

塞尺是用来检测两个接合面之间间隙大小的量具，其测量方法如图 2-105 所示。

（a）刀口尺外形

刀口尺
工件

（b）用刀口尺检查平面度

平　凹　凸

（c）刀口尺测量工件情况

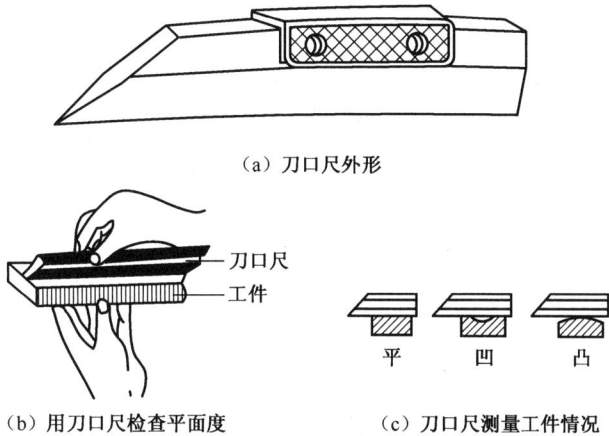

图 2-103　刀口尺及测量示意图

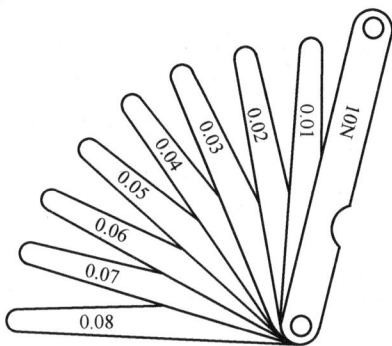

图 2-104　塞尺

标准平板

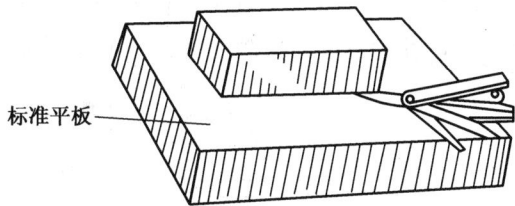

图 2-105　塞尺测量方法示意图

使用塞尺时，根据间隙的大小，可用一片或数片叠合在一起插入间隙内。如用 0.4mm 的塞尺能插入工件间隙，用 0.45mm 的塞尺不能插入工件间隙，说明工件间隙为 0.4～0.45mm。

塞尺的片有的很薄，易弯曲和折断，测量时不能用力太大，不能测量温度较高的工件。

**4．直角尺**

直角尺如图 2-106（a）所示。直角尺主要用于定性测量工件的垂直度。测量方法如图 2-106（b）所示。

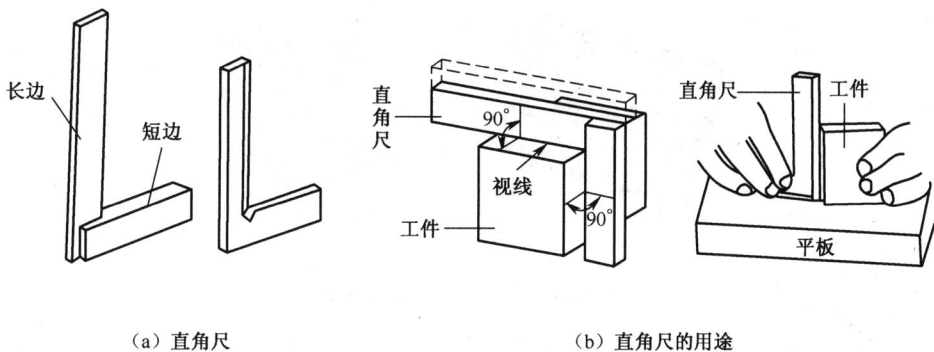

长边
短边

（a）直角尺

直角尺
90°
视线
工件
90°

直角尺　工件
平板

（b）直角尺的用途

图 2-106　直角尺及其用途

在图 2-106（b）中，左边是以直角尺为基准，用透光法来检测工件上面和右面的垂直度；

右边是以平板为基准，用透光法来检测工件的垂直度。

### 六、量块

#### 1．长度计量基准

1983 年，第 17 届国际计量大会规定了米的定义："米"是光在真空中在 1/299792458s 的时间间隔内行进路程的长度，并将其作为长度基准。使用波长作为长度基准，不便在生产中直接用于尺寸的测量。因此，需要将基准的量值按照定义的规定，复现在实物计量标准器上。常见的实物计量标准器有量块（块规）和线纹尺。

量块是机械制造中精密长度计量应用最广泛的一种实体标准，是没有刻度的平面平行端面量具，是以两个相互平行的测量面之间的距离来决定其长度的一种高精度的单值量具。

量块用铬锰钢等特殊合金钢或线膨胀系数小、性质稳定、耐磨以及不易变形的其他材料制成。其形状有立方体和圆柱体两种，常用的是立方体。

#### 2．量块的构成、用途及选用

#### （1）量块的构成

立方体的量块有两个平行的测量面，其余为非测量面。测量面极为光滑、平整，其表面粗糙度 $Ra$ 值达 0.012μm 以上，两个测量面之间的距离即为量块的工作长度（标称长度）。标称长度小于 5.5mm 的量块，其公称值刻印在上测量面上；标称长度大于 5.5mm 的量块，其公称长度值刻印在上测量面左侧较宽的一个非测量面上，如图 2-107（a）、图 2-107（b）所示。

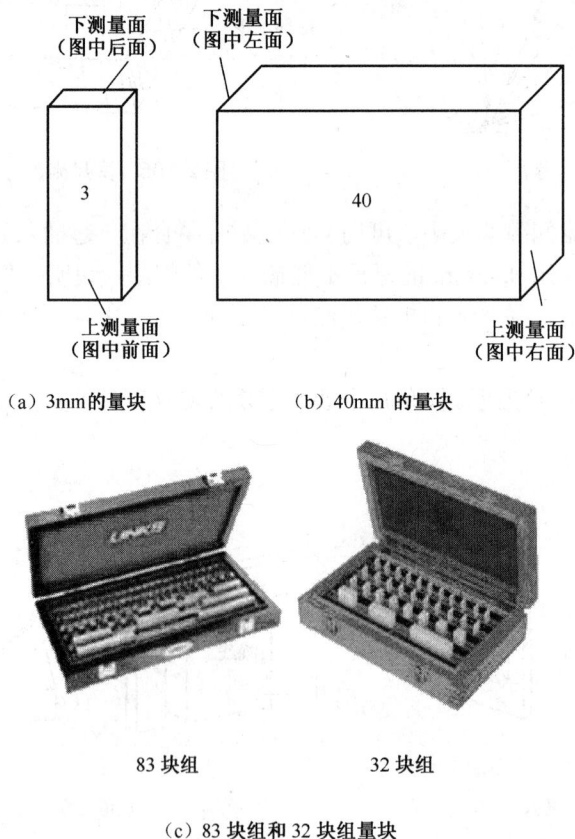

（a）3mm 的量块　　　　（b）40mm 的量块

83 块组　　　　　32 块组

（c）83 块组和 32 块组量块

**图 2-107　量块的构成（3mm 和 40mm 的量块）和量块的类型（83 块组和 32 块组块）**

（2）量块的用途

① 作为长度尺寸标准的实物载体，将国家标准规定的长度基准，按照一定的规范，逐级传递到机械产品制造环节，实现量值的统一。

② 作为标准长度，标定量仪，检定量仪的示值误差，如检定千分尺、游标卡尺的示值误差。

③ 相对测量时，以量块为标准，用测量器具比较量块与被测尺寸的差值。

④ 也可直接用于精密测量、精密划线和精密机床的调整。

（3）量块的选用

量块是定尺寸量具，一个量块只有一个尺寸。为了满足一定范围的不同要求，量块可以利用其测量面的高精度所具有的粘合性，将多个量块黏合在一起，组合使用。根据国家标准GB6093—1985 的规定，我国成套生产的量块共有 17 种套别。如常用的 83 块组（尺寸不同的83 块量块）、32 块组（尺寸不同的 32 块量块）等。

量块测量层表面，有一层极薄的油膜，在切向推合力的作用下，由于分子间吸引力，使两个量块黏合在一起，就可以把量块组合成一个尺寸，用于测量。

**3．量块的组合**

（1）量块的组合方法

如从 83 块组的量块中，组合 36.745 毫米的尺寸，其组合方法如下。

```
      36.745  …………所需尺寸
  —    1.005  …………第一块量块尺寸
      35.74
  —    3.24   …………第二块量块尺寸
      32.5
  —    2.5    …………第三块量块尺寸
      30      …………第四块量块尺寸
```

即从 83 块组的量块中，选尺寸为 1.005、3.24、2.5、30 的 4 块量块，黏合在一起，就组成了 36.745mm 的尺寸。

就可用 36.745mm 的量块组，作为标准，与其他量具（常用百分表或千分表）配合，测量与 36.745mm 相近的长度尺寸，读出的数是量块与被测尺寸的差值，其测量结果=36.745+读出的"差值"。

按此方法，可组合其他所需尺寸的量块组，用来检测被测尺寸。

（2）量块的组合原则

① 组合量块的块数尽可能少

为了减少量块的组合误差，应尽量减少量块的组合块数，一般不超过 4 块。选用量块时，应从所需组合尺寸的最后一位数开始，每选一块至少应减去所需尺寸的一位尾数。

② 从同一套量块中选取量块

必须从同一套量块中选取，决不能在两套或两套以上的量块中混选。

③ 测量面与测量面相黏合

组合时，不能将测量面与非测量面相黏合。

④ 测量面朝下

组合时，测量面一律朝下。

**4．使用量块的注意事项**

① 量块必须在有效期内使用，否则应及时送专业部门检定。

② 使用环境良好，防止各种腐蚀性物质及灰尘对测量面的损伤，影响其粘合性。

③ 所选量块应用航空汽油清洗、洁净软布擦干，待量块温度与环境温度相同后，方可使用。

④ 轻拿、轻放量块，杜绝磕碰、跌落等情况的发生。

⑤ 不得用手直接接触量块，以免造成汗液对量块的腐蚀及手温对测量精确度的影响。

⑥ 使用后应用航空汽油清洗所用量块，并擦干后涂上防锈油，存于干燥处。

**七、专用量具**

**1．量规概述**

在生产现场，大批量生产零件时，用千分尺等量具测量工件，就不太方便，常常使用量规来检测。量规是一种无刻度值的专用量具，用量规来检验工件时，只能判断工件是否在允许的极限尺寸范围内，而不能测出工件的实际尺寸。

检验孔用的量规，称塞规，多为圆柱形，有通端与止端之分，成对使用；检验轴用的量规，称卡规或环规。形式较多，多以片状卡规为常见，也是通端与止端成对使用，如图 2-108（a）、图 2-108（b）所示。

光滑极限量规的国家标准是 GB1957—1981，适用于检测国家标准《极限与配合》（GB/T 1800—1997）规定零件的基本尺寸 500mm，公差等级 IT6～IT16 孔与轴量规结构设计简单，使用方便、可靠，检验零件的效率高。

**2．量规的使用方法**

以塞规检验孔为例，讲述量规的一般用法，如图 2-108（c）所示。

塞规是用来判断孔是否合格的量具。每一个尺寸的孔，就有一个对应的塞规。塞规有两个端，其直径不相等，大端的直径等于孔的最大直径，称为止端，用代号用"Z"表示；小端的直径等于孔的最小直径，称为通端，用代号用"T"表示，如图 2-108（b）所示。

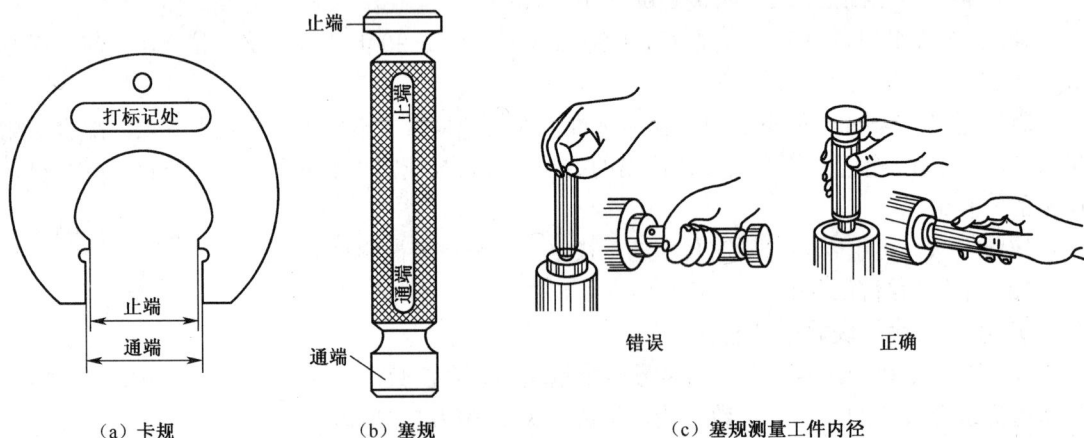

（a）卡规　　　　（b）塞规　　　　（c）塞规测量工件内径

图 2-108　量规及其使用方法

被加工的孔，用对应的塞规去塞，如果止端塞不进孔（称为止端不通），通端能塞进孔（称为通端通），则被加工的孔是合格的。否则，被加工的孔就不合格。如果止端与通端都不通，则孔小了；如果止端与通端都通，则孔大了。

卡规是用来判断轴是否合格的量具，其使用方法与塞规类似。

**3．使用量规的注意事项**

量规是专用没有示值的量具，所以使用量规进行检验要特别注意按下列规定的程序进行。

（1）使用前的注意事项

① 选用的量规要与图样相符合，要检查量规上的标记是否与被检验工件的图样上标注的标记相符。

② 要使用合格的量规。量规是实行定期检定的量具，经检定合格发给检定合格证书，并在量规上做标志。因此在使用量规前，应该检查是否有检定合格证书或标志等证明文件，如果有，且能证明该量规是在检定期内，才可使用，否则不能使用该量规检验工件。

③ 量规要成对使用。即通规和止规要配对使用。有的量规把通端（T）与止端（Z）制成一体，有的是制成单头的。对于单头量规，使用前要检查所选取的量规是否是一对，是一对才能使用。从外观看，通端的长度一般比止端长 1/3～1/2。

④ 检查外观质量。量规的工作面不得有锈迹、毛刺和划痕等缺陷。

（2）使用中的注意事项

① 量规的使用条件。量规的使用条件是温度为 20℃，测量力为 0。

② 量规的操作方法。操作量规检测工件时，应减少测量力的影响。对于卡规来说，当被测件的轴心线是水平状态时，基本尺寸小于 100mm 的卡规，其测量力等于卡规的自重（当卡规从上垂直向下卡时）；基本尺寸大于 100mm 的卡规，其测量力是卡规自重的一部分。所以在使用大于 100mm 的卡规时，应想办法减少卡规本身的一部分质量。为减少这部分质量所需施加的力，应标注在卡规上。而现在在实际生产中很少有这样做，所以，要凭经验操作，如图 2-109 所示，是正确或错误使用卡规的示意图。

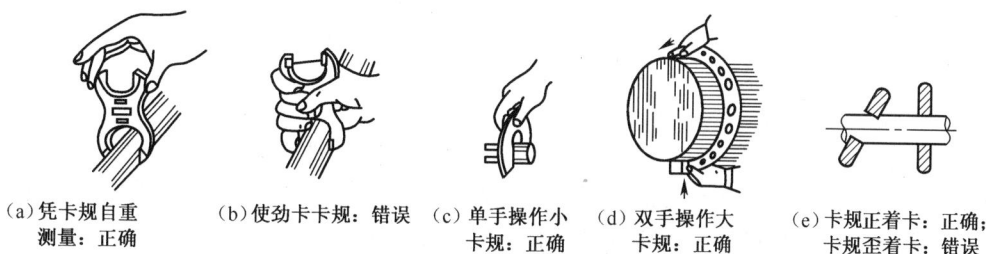

(a)凭卡规自重  (b)使劲卡卡规：错误  (c)单手操作小  (d)双手操作大  (e)卡规正着卡：正确；
 测量：正确          卡规：正确  卡规：正确  卡规歪着卡：错误

图 2-109　正确或错误使用卡规的示意图

使用塞规检验孔时，如果孔的轴心线是水平的，将塞规对准孔后，用手稍推塞规即可，不得用大力推塞规，如果孔的轴心线是垂直于水平面的，对塞规而言，当塞规对准孔后，用手轻轻扶住塞规，凭塞规的自重进行检验，不得用手使劲推塞规；对止规而言，当塞规对准孔后，松开手，凭塞规的自重进行检验。如图 2-110 所示，是正确或错误使用塞规的示意图。

正确操作量规不仅能获得正确的检验结果，而且能保持量规不受损伤。塞规的通端要在孔的整个长度上检验，而且在 2～3 个轴向截面内检验；止端要尽可能在孔的两头（对通孔而言）进行检验。卡规的通端和止端，都要围绕轴心的 3～4 个横截面。量规要成对使用，不能只用一端检验就匆忙下结论。使用前，将量规的工作表面擦净后，可以在工作表面上涂一层薄薄的润滑油。

（3）量规要定期校对

塞规在制造或使用过程中，常会发生碰撞变形，且通端经常通过零件，易磨损，所以要定期校对。

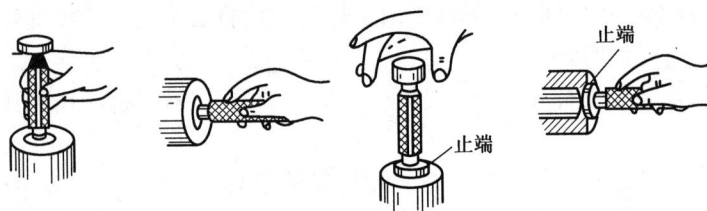

（a）正确使用塞规通端的方法　　（b）正确使用塞规止端的方法

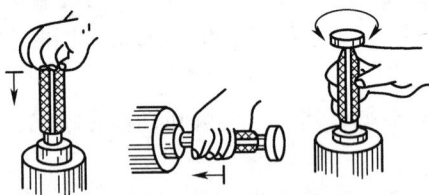

（c）错误使用塞规通端的方法

**图 2-110　正确或错误使用塞规的示意图**

卡规虽也需定期校对，但它可很方便地用通用量仪检测，故不规定专用的校对量规。

**4．量规的种类**

量规按用途不同分为工作量规、验收量规和校对量规，量规的通规和止规分别用代号 T 和 Z 表示。

（1）工作量规

工作量规是生产过程中操作者检验工件时所用的量规。

（2）验收量规

验收量规是验收工件时，检验人员或用户所用的量规。工厂检验工件时，工人应使用新的或磨损较少的工作量规"通规"；检验部门应使用与加工工人用的量规型式相同但已磨损较多的通规。

用户所使用的验收量规，通规尺寸应接近被检工件的最大实体尺寸，止规尺寸应接近被检工件的最小实体尺寸。

（3）校对量规

校对量规是校对轴用工作量规的量规，以检验其是否符合制造公差和在使用中是否达到磨损极限。只有轴用工作量规才设计和使用校对量规。

**八、普通计量器具的维护和保养**

① 测量前应将量具的测量面和工件被测量面擦拭干净，以免脏物影响测量精度和加快量具磨损。

② 根据精度、测量范围、用途等选择量具，测量时不允许超出测量范围。

③ 量具在使用过程中，不要和工具、刀具放在一起，以免碰坏。

④ 机床开动时，不能用量具测量工件。

⑤ 温度对量具精度的影响很大，因此，量具不应放在热源附近，以免受热变形。

⑥ 量具用完后，应该及时擦拭干净，涂油，放在专用盒中，保持干燥，以免生锈。

⑦ 精密量具应该计时定期检定、保养和检修。

⑧ 应避免游标卡尺被磁化，卡尺放置应远离磁场。

## 九、学习与思考

### 1．学习过程记录单

学习过程记录单

| 任务四 | | | | 使用检测轴类零件的常用量具 | | 掌握程度（学生填写） | | |
|---|---|---|---|---|---|---|---|---|
| 学习内容 | | | 学习的内容 | | | 好 | 一般 | 差 |
| 学习过程 | 熟悉钢直尺 | | 钢直尺的规格 | | | | | |
| | | | 钢直尺的用途 | | | | | |
| | | | 钢直尺维护保养 | | | | | |
| | 熟悉游标卡尺 | | 游标卡尺的结构 | | | | | |
| | | | 游标卡尺的类型 | | | | | |
| | | 游标卡尺的读数方法 | 游标卡尺的读数 | 整数部分 | | | | |
| | | | | 小数部分 | | | | |
| | | | | 结果 | | | | |
| | | | | 游标尺没有刻线刚好与主尺某刻线对齐的读数 | | | | |
| | | | | 分度值为0.05mm的游标卡尺读数实训 | | | | |
| | | | | 分度值为0.02mm的游标卡尺读数实训 | | | | |
| | | | 游标卡尺的测量步骤 | 清洁 | | | | |
| | | | | 检查尺框 | | | | |
| | | | | 选用合适的游标卡尺 | | | | |
| | | | | 对零 | | | | |
| | | | | 测量 | | | | |
| | | | 游标卡尺维护保养 | | | | | |
| | | | 游标卡尺的用途 | | | | | |
| | 熟悉其他游标类量 | | 游标高度尺 | | | | | |
| | | | 游标深度尺 | | | | | |
| | | | 齿厚游标卡尺 | | | | | |
| | | | 万能角度尺 | | | | | |
| | 熟悉外径千分尺（千分尺） | | 千分尺的构造 | | | | | |
| | | 千分尺的读数方法 | 主尺读数 | 微分筒读数 | | | | |
| | | | | 主尺整刻度的读数 | | | | |
| | | | | 主尺半刻度的读数 | | | | |
| | | | 结果 | | | | | |
| | | | 千分尺的读数实训 | 主尺与微分筒之间，没有半刻度 | | | | |
| | | | | 主尺与微分筒之间，有半刻度 | | | | |
| | | | | 读数为0～0.01的读数 | | | | |

续表

| 任务四 | | | 使用检测轴类零件的常用量具 | | | |
|---|---|---|---|---|---|---|
| 学习内容 | | | 学习的内容 | 掌握程度（学生填写） | | |
| | | | | 好 | 一般 | 差 |
| 学习过程 | 熟悉外径千分尺（千分尺） | 千分尺测量步骤及测量方法 | 清洁 | | | |
| | | | 选择合适的千分尺 | | | |
| | | | 夹牢或放稳被测工件 | | | |
| | | | 对零 | | | |
| | | | 测量 | | | |
| | | 千分尺的常用用途 | | | | |
| | | 千分尺使用注意事项 | | | | |
| | 熟悉其他螺旋测微类量具 | 内测千分尺 | | | | |
| | | 公法线千分尺 | | | | |
| | | 螺纹千分尺 | | | | |
| | | 杠杆千分尺 | | | | |
| | | 壁厚千分尺 | | | | |
| | | 深度千分尺 | | | | |
| | 熟悉百分表 | 百分表的构造 | | | | |
| | | 百分表的作用 | | | | |
| | | 百分表的用途 | | | | |
| | | 百分表的类型 | | | | |
| | | 百分表的使用 | 安装百分表 | | | |
| | | | 百分表的读数 | | | |
| | | | 百分表的测量方法 | | | |
| | | 百分表的用途举例 | 利用百分表测量工件表面的直线度和平面度 | | | |
| | | | 用内径百分表，检测孔的内径 | | | |
| | | | 测量工件两边是否等高 | | | |
| | | | 测量工件径向圆跳动 | | | |
| | | | 测量零件孔的轴线对底面的平行度 | | | |
| | | | 测量零件孔的轴线对底面的高度及平行度 | | | |
| | | 百分表的维护保养 | | | | |
| | 熟悉刀口尺、塞尺、直角尺 | 理解定量测量和定性测量 | | | | |
| | | 刀口尺 | | | | |
| | | 塞尺 | | | | |
| | | 直角尺 | | | | |
| | 熟悉量块 | 理解长度计量基准 | | | | |
| | | 量块的构成、用途及选用 | 量块的构成 | | | |
| | | | 量块的用途 | | | |
| | | | 量块的选用 | | | |

续表

| 任务四 | 使用检测轴类零件的常用量具 | | | | |
|---|---|---|---|---|---|
| 学习内容 | 学习的内容 | | | 掌握程度（学生填写） | |
| | | | 好 | 一般 | 差 |
| 学习过程 | 熟悉量块 | 量块的组合 | 量块的组合方法 | | | |
| | | | 量块的组合原则 | | | |
| | | | 量块的组合实训 | | | |
| | | 使用量块的注意事项 | | | | |
| | 熟悉专用量具 | 理解量规 | | | | |
| | | 使用塞规检验孔 | | | | |
| | | 使用卡规检验轴 | | | | |
| | | 使用量规的注意事项 | | | | |
| | | 量规的种类 | | | | |
| | 熟悉普通计量器具的维护和保养方法 | | | | | |

**2．思考练习题**

① 简述游标卡尺的测量步骤。

② 简述使用游标卡尺的注意事项。

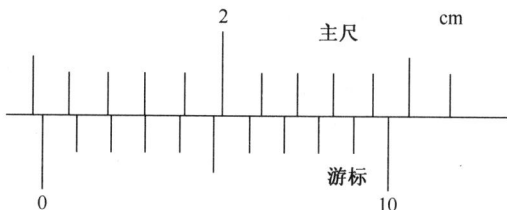

③ 图 2-111 所示为用游标卡尺测量某物体的长度示意图，则该物体长为_____mm。

④ 图 2-112 所示为用游标卡尺测量某物体的长度示意图，则该物体长为_____mm。

图 2-111　用游标卡尺测量　　　　　　　图 2-112　用游标卡尺测量

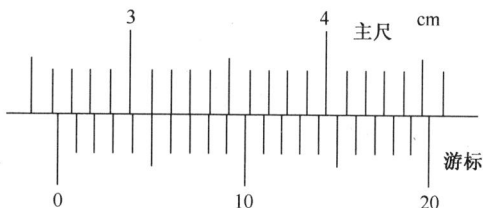

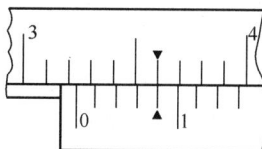

⑤ 图 2-113 所示为游标卡尺读数示意图，右图为左图的放大图（放大快对齐的那一部分），其读数是_____mm

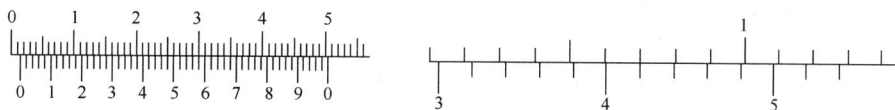

图 2-113　游标卡尺读数示意图

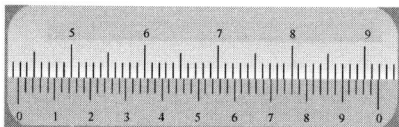

⑥ 图 2-114 所示为用游标卡尺测量某物体的长度示意图，则该物体长为_____mm。

⑦ 图 2-115 所示为用游标卡尺测量某物体的长度示意图，则该物体长为_____mm。

图 2-114　用游标卡尺测量　　　　　　图 2-115　用游标卡尺测量（分度值为 0.02）

⑧ 简述千分尺的测量步骤。

⑨ 简述使用千分尺的注意事项。

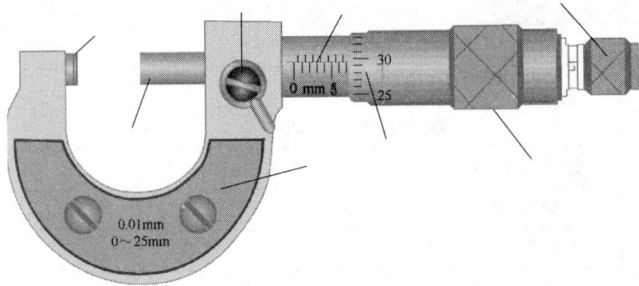

⑩ 如图 2-116 所示的千分尺，标出指引线所指的名称。

图 2-116　千分尺

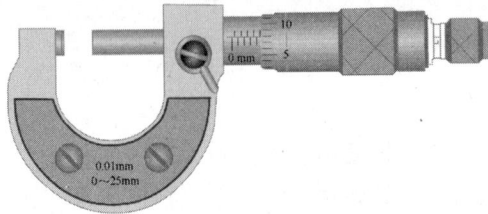

⑪ 图 2-117 所示为用千分尺测量某物体的长度示意图，则该物体长为_____mm。

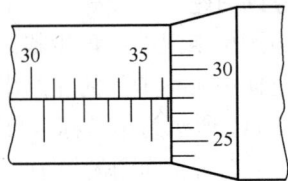

⑫ 图 2-118 所示为用千分尺测量某物体的长度示意图，则该物体长为_____mm。

图 2-117　用千分尺测量　　　　　　　图 2-118　用千分尺测量

# 任务五　掌握加工阶梯轴的常规方法

**一、阶梯轴图样**

阶梯轴图样如图 2-1 所示。

**二、阶梯轴工艺分析**

**1．确定工件毛坯**

工件各阶台之间直径差较小，毛坯可采用棒料，这样毛坯切除的余量较少，下料后便可加工，因此工件毛坯为 45# 棒料，规格为 $\phi45\times118$。

**2．确定定位基准**

由于两端同轴度有一定要求，因此可用两端中心孔作为定位基准。

**3．确定最后精车内容**

由于两端同轴度有要求，因此可采用最后精车有精度要求的外径。

**4．确定工艺流程卡**

工艺流程卡为：配料——车削端面和钻中心孔——粗车 $\phi34$ 外圆——车削端面、总长和钻中心孔——粗车削 $\phi38$、$\phi28$、$\phi22$ 外圆——切槽——粗车、精车 $\phi34$ 外圆——精车 $\phi22$ 外圆——检验入库。

**5．确定车刀**

所需要的车刀有 90° 硬质合金右偏刀、45° 硬质合金车刀、高速钢切槽刀、精车车刀。

6．确定检测量具

需要的检测量具有游标卡尺、千分尺、钢直尺、百分表及其表座。

### 三、阶梯轴的加工工艺

1．配料

① 检查坯料材料、直径和长度是否符合各料的要求。

② 检查车床的各个手柄是否复位。

③ 开启电源开关。

④ 夹毛坯外圆，留在卡盘外的长度约 50 mm。

⑤ 安装 90°硬质合金右偏刀、45°硬质合金车刀、高速钢切槽刀。

2．车端面和钻中心孔

① 启动车床，转速调到 735r/min，自动走刀量为 0.15mm/r。

② 用 45°车刀车端面，采用手动进给，直到端面车平为止。

③ 停车。

④ 把 $\phi$2.5 的 A 型中心钻用鸡心钻头夹夹持，装入车床尾座的套筒内。

⑤ 移动尾座，使中心钻距零件约 10mm，锁紧尾座。

⑥ 启动车床。

⑦ 摇动尾座的手柄钻中心孔，深度为 5mm。

⑧ 把尾座移回车床尾部，停车。

3．粗车 $\phi$34 外圆

① 启动车床。

② 使用 90°右偏刀粗车。

③ 摇动大溜板使 90°右偏刀到零件的端面处。

④ 摇动中溜板使 90°右偏刀刚好车削到零件表面，大滑板、中滑板的刻度拨到"0"，再摇动大溜板退回车刀，不能移动中溜板。

⑤ 摇动中溜板的手柄使背吃刀量为 1.5mm，然后启动自动纵向走刀，车削长度约 38mm，横向退出车刀，再纵向退回车刀与零件端面齐平，第一次粗车完毕，开始第二次粗车。

⑥ 摇动中溜板使 90°右偏刀粗车刚好车削到零件表面，再摇动大溜板，车削的长度约 3mm，退回车刀，不能移动中溜板。

⑦ 停车。

⑧ 量出刚车好的 3mm 长的外圆的外径，这个外数值减去 36mm 后除以 2，所得的数值就是背吃刀量，摇动中溜板的手柄进给中滑板确定背吃刀量。

⑨ 启动车床，启动自动纵向走刀，车削长度约 38mm，横向退出车刀，再纵向退回车刀离开零件。这样车出了 $\phi$34 外圆，留有 2mm 余量，长度为 38 mm。

4．车端面、总长和钻中心孔

① 零件调头，夹持 $\phi$34 外圆，夹持长度 25 mm 左右。

② 启动车床，用 45°车刀车端面，采用手动进给。

③ 移动大溜板使车刀与零件端面齐平，把大溜板、中溜板上的刻度调到"0"。

④ 进给中溜板，把端面车平后移动中溜板退出车刀，不能移动大溜板。

⑤ 停车，量出零件的长度，这一数值减去 115mm，这一差值就是进给大溜板的进给量，即背吃刀量。

⑥ 启动车床，手动或自动进给中溜板车削端面，保证轴总长达到图样要求的尺寸。

⑦ 停车。

⑧ 移动尾座，使中心钻距零件约 10mm，锁紧尾座。

⑨ 启动车床。

⑩ 摇动尾座的手柄钻中心孔，深度为 5mm。

⑪ 把尾座移回车床尾部，停车。

**5．粗车 $\phi38$、$\phi28$、$\phi22$ 外圆**

① 取出中心钻，把顶尖装入尾座的套筒内，移动尾座使顶尖顶在零件的中心孔里，注意松紧适当，然后锁紧尾座。（采用一夹一顶装夹）

② 使用 90° 外圆粗车偏刀。

③ 与前面粗车 $\phi34$ 外圆的方法类似，粗车 $\phi38$ 外圆，留 0.5mm 余量；粗车 $\phi28$ 外圆，留 0.5mm 余量，长度留 0.5mm 余量；粗车 $\phi22$ 外圆，留 1～2mm 余量，长度留 0.5mm 余量。

**6．精车 $\phi38$ 外圆**

① 调节主轴转速和纵向走刀量（走刀量调到 0.05mm/r，如果使用高速钢刀，速度调到 51r/min；如果使用硬质合金刀，则速度调到 1165r/min，顶尖应为回转式顶尖），换用精车车刀。

② 精车 $\phi38$ 外圆至要求尺寸，精车 $\phi28$ 外圆至要求尺寸，从端面到 $\phi38$ 外圆处的长度 47mm。车削方法与粗车类似，采用自动走刀。

**7．切槽和倒角**

① 调节主轴转速为 209r/min，换用高速钢切槽刀，采用手动进给。

② 移动大滑板在 $\phi38$ 外圆处，保证 9mm 尺寸，摇动中滑板使车刀刚好在外圆面时，调节中滑板和大滑板的刻度盘使读数都为 "0"，摇动中滑板退出车刀。

③ 开启车床，分几次切槽，使槽宽 9.6mm，槽深 3.8mm，停车，退回车刀到开始切槽的位置。

④ 测量槽的尺寸，算出进给数值，开启车床，移动大滑板、中滑板一次车出切槽 $\phi30$、宽 10mm 至图纸要求的尺寸，保证旁边 $\phi40$ 的 9mm 宽度，停车。

⑤ 同前面的方法，切槽 6×2 至要求尺寸。

⑥ 调节主轴转转速为 735r/min，换用 45° 车刀，开启车床。

⑦ 手动倒角 2-1.5×45° 并去毛刺，停车。

**8．精车 $\phi34$ 外圆**

① 加装前顶尖，用两顶尖装夹工件。

② 装上鸡心夹头。

③ 粗车、精车 $\phi34$ 外圆，注意保证 30mm 和 40mm 长度尺寸。方法与精车 $\phi38$ 外圆相同。

**9．精车 $\phi22$ 和倒角**

① 调头，用两顶尖装夹，装上鸡心夹头。

② 半精车、精车 $\phi22$ 外圆至要求尺寸，保证长度 17mm。方法和精车 $\phi38$ 的相同。

③ 调节转速为 735r/min，换用 45° 车刀，开启车床。

④ 手动倒角 1×45°，停车。

**10．检验入库**

① 检验，上油。

② 入库。

## 四、选择加工工艺的原则

车轴类工件时，如果轴的毛坯余量较大又不均匀或精度要求较高，应粗加工与精加工分别进行。另外根据工件的形状特点、技术要求、数量的多少和工件的安装方法，轴类工件的车削工艺应考虑下面几个方面。

### 1．用双顶尖装夹车削轴类工件

用双顶尖装夹车削轴类工件时，一般至少要装夹 3 次，即粗车第一端，调头再粗车和精车另一端，最后再精车第一端。

### 2．车短小的工件

车短小的工件时，一般先车端面，这样便于确定长度方向的尺寸。车铸件时，最好先倒角再车削，刀尖就不会遇到外皮和型砂，避免损坏车刀。

### 3．工件车削后还需磨削

当工件车削后还需磨削时，这时只需粗车和半精车，但要注意留磨削余量。

### 4．车削阶台轴

车削阶台轴时，应先车削直径较大的一端，以避免过早降低工件的刚性。

### 5．轴上车槽

在轴上车槽，一般安排在粗车和半精车之后，精车之前。如果工件的刚性好或精度要求不高，也可在精车以后再车槽。

## 五、学习与思考

### 1．学习过程记录单

学习过程记录单

| 任务五 | 掌握加工阶梯轴的常规方法 | | | | |
|---|---|---|---|---|---|
| 学习内容 | 学习的内容 | | 掌握程度（学生填写） | | |
| | | | 好 | 一般 | 差 |
| 学习过程 | 熟悉阶梯轴图样 | | | | |
| | 熟悉阶梯轴的加工工艺 | 确定工件毛坯 | | | |
| | | 确定定位基准 | | | |
| | | 确定最后精车内容 | | | |
| | | 确定工艺流程卡 | | | |
| | | 确定车刀 | | | |
| | | 确定检测量具 | | | |
| | 阶梯轴的加工工艺 | 配料 | | | |
| | | 车端面和钻中心孔 | | | |
| | | 粗车 $\phi34$ 外圆 | | | |
| | | 车端面、总长和钻中心孔 | | | |
| | | 粗车 $\phi38$、$\phi28$、$\phi22$ 外圆 | | | |
| | | 精车 $\phi38$ 外圆 | | | |
| | | 切槽和倒角 | | | |
| | | 精车 $\phi34$ 外圆 | | | |
| | | 精车 $\phi22$ 和倒角 | | | |
| | | 检验入库 | | | |

续表

| 任务五 | | 掌握加工阶梯轴的常规方法 | | | |
|---|---|---|---|---|---|
| 学习内容 | | 学习的内容 | 掌握程度（学生填写） | | |
| | | | 好 | 一般 | 差 |
| 学习过程 | 选择加工工艺的原则 | 用双顶尖装夹车削轴类工件 | | | |
| | | 车短小的工件 | | | |
| | | 工件车削后还需磨削 | | | |
| | | 车削阶台轴 | | | |
| | | 轴上车槽 | | | |

**2．思考练习题**

选择加工工艺的原则是什么？

# 任务六　轴类零件质量的分析

**一、圆度不合格的原因与解决的措施**

① 车床主轴的间隙太大。进行车削前，应检查主轴的间隙，并调整合适。如因轴承磨损太多，则需更换轴承。毛坯余量不均匀，切削过程中切削深度发生变化。

② 用双顶尖装夹工件时，中心孔接触不良，或后顶尖顶得不紧，或前后顶尖产生径向圆跳动。用双顶尖装夹工件时，必须松紧适当。若回转顶尖产生径向圆跳动，须及时修理或更换。

**二、圆柱度不合格的原因与解决的措施**

① 用一夹一顶或双顶尖装夹工件时，后顶尖轴线与主轴轴线不同轴。车削前，应找正后顶尖，使之与主轴轴线同轴。

② 用卡盘装夹工件纵向进给车削时，产生锥度是由于车床床身导轨跟主轴轴线不平行，应调整车床主轴与床身导轨的平行度。

③ 用小滑板车外圆时，圆柱度超差是由于小滑板的位置不正，即小滑板刻线与中滑板的刻线没有对准"0"。必须先检查小滑板的刻线是否与中滑板刻线的"0"线对准。

④ 工件装夹时悬伸较长，车削时因切削力影响使前端让开，造成圆柱度超差。应尽量减少工件的伸出长度或另一端用顶尖支承，增加装夹刚性。

⑤ 车刀中途逐渐磨损，应选择合适的刀具材料或适当降低切削速度。

**三、尺寸精度不合格的原因与解决的措施**

① 看错图样或刻度盘使用不当。应认真看清图样中的尺寸要求，正确使用刻度盘，看清刻度值。

② 没有进行试切削。应根据加工余量算出切削深度，进行试切削，然后修正切削深度。

③ 由于切削热的影响，使工件尺寸发生变化。不能在工件温度较高时测量，如测量应掌握工件的收缩情况，或浇注切削液，降低工件温度。

④ 测量不正确或量具有误差。应正确使用量具，使用量具前，必须检查和调整零位。

⑤ 尺寸计算错误，槽深度不正确。应仔细计算工件的各部分尺寸，对留有磨削余量的工件，车槽时应考虑磨削余量。

⑥ 没及时关闭机动进给，使车刀进给长度超过阶台长度。注意及时关闭机动进给或提前关闭机动进给，用手动进给到长度尺寸。

### 四、表面粗糙度不合格的原因与解决的措施

① 车床刚性不足，如滑板塞铁太松，传动零件（如带轮）不平衡或主轴太松引起震动。应消除或防止由于车床刚性不足而引起的震动（如调整车床各部件的间隙）。

② 车刀刚性不足或伸出太长而引起振动。应增加车刀刚性和正确装夹车刀。

③ 工件刚性不足引起振动。应增加工件的装夹刚性。

④ 车刀几何参数不合理，如选用过小的前角、后角和主偏角。应合理选择车刀角度（如适当增大前角，选择合理的后角和主偏角）。

⑤ 切削用量选用不当。进给量不宜太大，精车余量和切削速度应选择恰当。

### 五、学习与思考

**1．学习过程记录单**

学习过程记录单

| 任务六 | 轴类零件质量的分析 | | | |
|---|---|---|---|---|
| 学习内容 | 学习的内容 | 掌握程度（学生填写） | | |
| | | 好 | 一般 | 差 |
| 学习过程 | 理解圆度不合格的原因与解决的措施 | | | |
| | 理解圆柱度不合格的原因与解决的措施 | | | |
| | 理解尺寸精度不合格的原因与解决的措施 | | | |
| | 理解表面粗糙度不合格的原因与解决的措施 | | | |

**2．思考练习题**

① 车削轴类零件时，尺寸精度不合格的原因是什么，如何预防？

② 车削轴类零件时，圆柱度超差的原因是什么，如何预防？

③ 车削轴类零件时，表面粗糙度差的原因是什么，如何预防？

## 项目学习评价

| 学习收获 | |
|---|---|
| 不足之处 | |
| 改进方法 | |
| 教师评语 | |
| 评　分 | |

# 项目三　套类零件的加工

项目情境创设

加工如图 3-1 所示的轴承套零件。

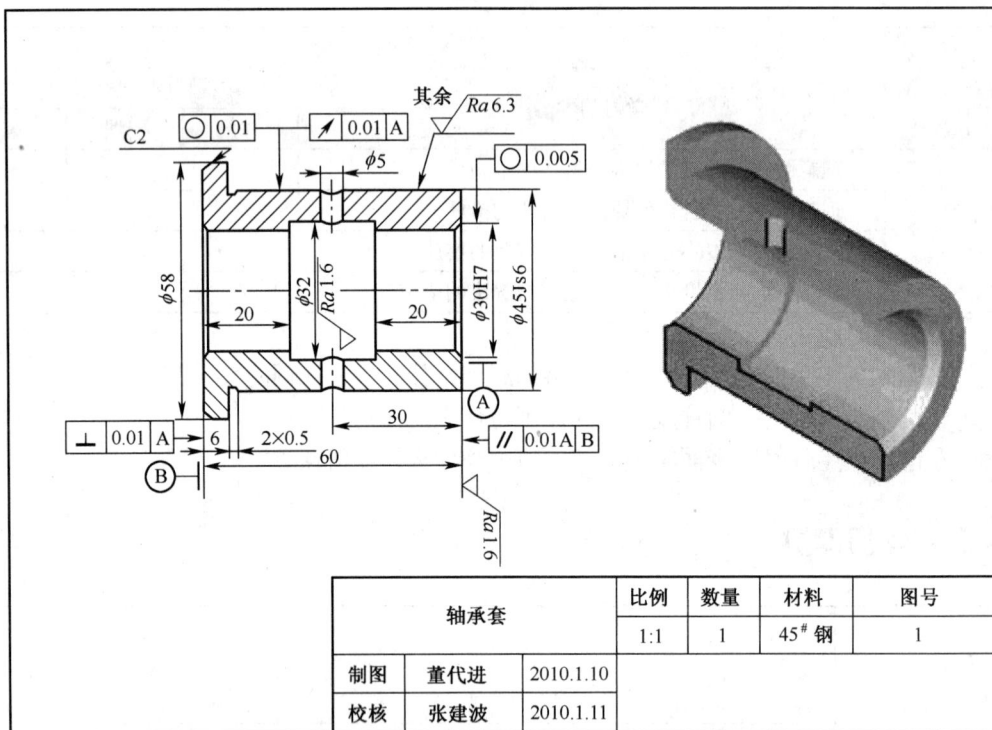

图 3-1　轴承套零件图及零件形状示意图

项目学习目标

| 学习目标 | 学习方式 | 学时 |
|---|---|---|
| （1）熟悉套类零件的含义和分类<br>（2）掌握套类零件的装夹方法<br>（3）掌握检测套类零件常用量具的使用方法<br>（4）熟悉车削套类零件常用的刀具及其使用<br>（5）掌握钻孔、扩孔、车孔、铰孔、内沟槽和端面沟槽的车削加工方法 | 实训+理论（在实训中学习） | 36 |

项目基本功

分析图 3-1 所示的图样，加工轴承套零件需要用到的知识点见表 3-1。

表 3-1 加工轴承套零件需要用到的知识点

| 序号 | 项 目 | 内 容 | 引出的知识点与技能 |
|---|---|---|---|
| 1 | 套类零件 | 套类零件的特点、加工套类零件主要技术要求 | 套类零件的含义 |
| 2 | 装夹 | ① 保证套类零件同轴度和垂直度的装夹方法<br>② 薄壁型套类零件内孔的装夹方法 | 套类零件常用装夹方法 |
| 3 | 检测 | ① 用游标卡尺、内测千分尺、内径千分尺、内径百分表、塞规、内卡钳测量套类零件尺寸<br>② 内孔形状位置精度的测量<br>③ 内沟槽的测量 | 测量套类零件尺寸的方法 |
| 4 | 加工 | 加工内容有钻孔、扩孔、车孔、铰孔、内沟槽和端面沟槽等 | 加工套类零件的常用刀具及其使用 |

# 任务一 认识套类零件

## 一、套类零件的概念

### 1．套类零件的含义

由同一轴线的内孔和外圆为主或外表面由其他结构（如齿、槽等）组成的零件统称为套类零件，如图 3-1 所示。

由于齿轮、带轮等的加工工艺与套类零件类似，在车削加工时，也将这些作为轴套类零件对待。

### 2．套类零件的特点

（1）受力特点

套类零件主要是作为旋转零件的支承，在工作中承受进给力和背向力。如车床主轴的轴承孔、床尾套筒孔、齿轮和带轮的孔等。

（2）车削加工的主要特点

车削套类零件比车削轴类零件困难得多，套类零件的车削工艺主要是指对工件上圆柱孔的加工工艺。其加工特点有以下几点。

① 孔加工在工件内部进行，切削情况看不清楚，观察、测量较困难，尤其是对深度较深、孔径较小的孔的加工。

② 车孔时，刀杆受孔直径和深度的影响，刀具结构复杂、难磨，刀杆尺寸较细、较长，从而降低刀杆的强度和刚性。

③ 由于是在零件内部进行加工，切屑不容易排出且易拉毛加工表面，切削液不容易进入切削区内，故而对刀具的要求较高。

④ 有些套类零件壁厚较薄，受夹紧力、切削力的作用，易产生变形。

### 二、套类零件车削加工主要技术要求与实例

### 1．套类零件主要技术要求

套类零件是与轴配合，其孔的要求就较高，尺寸精度为 7～8 级，表面粗糙度 $Ra$ 值可达到 0.8～

1.6μm，有些套类零件还有形状与位置公差的要求。具体来说套类零件的精度有下列几个项目。

（1）孔的位置精度

同轴度、平行度、垂直度、径向圆跳动和端面圆跳动等。

（2）孔的尺寸精度

孔径和长度的尺寸精度。

（3）孔的形状精度

如圆度、圆柱度、直线度等。

（4）表面粗糙度

要达到哪一级的表面粗糙度，一般按加工图样上的规定。

**2．套类零件车削加工技术要求实例**

如图 3-1 所示，简要说明孔在精度方面一些要求。

（1）尺寸精度

$\phi30$ 的孔要求较高，外圆 $\phi45$ 的要求较高。

（2）形状精度

$\phi30$ 的圆度不能超过 0.01mm，$\phi45$ 的圆度不能超过 0.005mm。

（3）位置精度

$\phi45$ 的侧面对 $\phi30$ 的轴线的圆跳动不能超过 0.01mm，右端面对左端面的平行度不能超过 0.01mm，左端面对 $\phi30$ 轴线的垂直度不能超过 0.01mm。

（4）表面粗糙度

$\phi45$ 侧面的表面粗糙度最高，其 $Ra$ 值是 0.8μm。其次是两个端面，其 $Ra$ 值是 1.6μm。其余各面的表面粗糙度最低，其 $Ra$ 值都是 6.3μm。

（5）基准

轴向基准是左端面，径向基准是轴线。

**三、学习与思考**

**1．学习过程记录单**

学习过程记录单

| 任务一 | | 熟悉套类零件 | | | |
|---|---|---|---|---|---|
| 学习内容 | | 学习的内容 | 掌握程度（学生填写） | | |
| | | | 好 | 一般 | 差 |
| 学习过程 | 掌握套类零件的概念 | 套类零件的含义 | | | |
| | | 套类零件的受力特点 | | | |
| | | 套类零件的加工特点 | | | |
| | 熟悉套类零件车削加工主要技术要求 | 孔的尺寸精度 | | | |
| | | 孔的形状精度 | | | |
| | | 孔的位置精度 | | | |
| | | 孔的表面粗糙度 | | | |
| | 理解套类零件车削加工技术要求实例 | | | | |

2．思考练习题

① 什么是套类零件？

② 简述套类零件的加工特点。

③ 套类零件车削加工主要技术要求有哪些？

# 任务二　掌握装夹套类零件的常用方法

由于套类零件有各种不同的形状和尺寸，精度要求也不相同，所以有各种不同的装夹方法。

## 一、保证套类零件同轴度和垂直度的装夹方法

### 1．在一次装夹中完成车削加工

此方法是在一次安装中，把工件全部或大部分尺寸加工完的一种装夹方法，如图 3-2 所示。适用于单件、小批量生产，常用卡盘或花盘装夹。

这种方法没有定位误差，如果车床精度较高，可获得较高的形位精度，但需要经常转换刀架，变换切削用量，尺寸较难控制。

### 2．零件以外圆定位

如果零件的外圆已经过精加工，而只要求加工内孔，并要求内外圆同轴，这时可用未经淬火的软卡爪装夹零件来车内孔。

如图 3-3 所示，使用时，将硬卡爪上半部拆下，换上软卡爪，用螺钉紧固在卡爪的下半部上，然后把软卡爪车成需要的形状和尺寸，再安装工件。这种方法可以保证装夹精度，且不易夹伤零件表面。

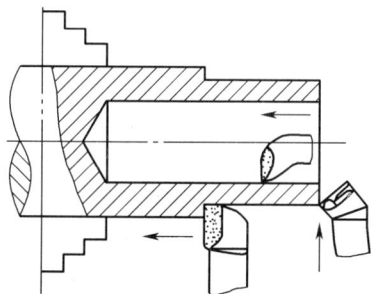

图 3-2　一次安装加工法

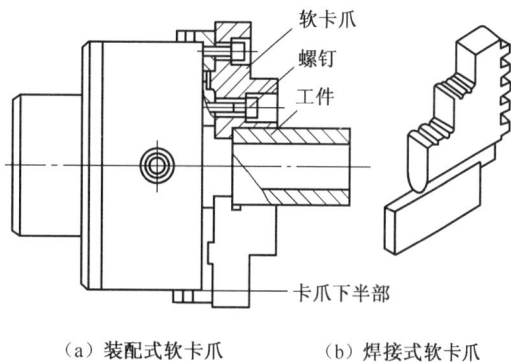

（a）装配式软卡爪　　（b）焊接式软卡爪

图 3-3　应用反卡爪夹工件

### 3．零件以内孔定位

如零件先车内孔，再车外圆，这时就可以应用芯轴，用已加工好的内孔定位进行车削。常用的芯轴有下列几种。

（1）实心芯轴

实心芯轴有小锥度芯轴和圆柱芯轴两种。

① 小锥度芯轴，如图 3-4（a）所示。小锥度芯轴的锥度 $C$ 为 $1：1000\sim1：5000$。

小锥度芯轴的特点是制造容易，定心精度高，但轴向无法定位，承受切削力小，装卸不太方便。

② 圆柱芯轴，如图 3-4（b）所示。圆柱芯轴一般都带阶台面，芯轴与零件孔是较小的间隙配合，零件用螺母压紧。

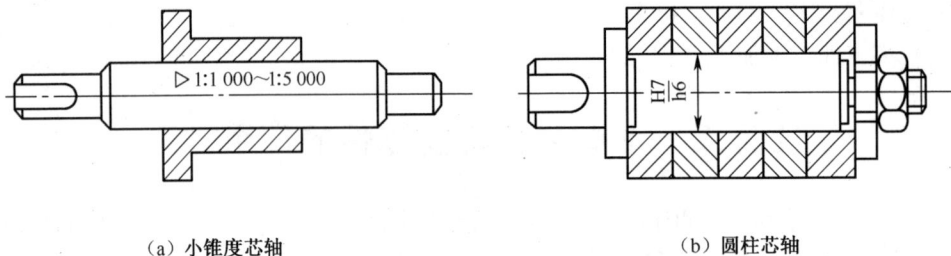

（a）小锥度芯轴                           （b）圆柱芯轴

图 3-4　实心芯轴

圆柱芯轴的特点是一次可以装夹多个零件，为了装卸零件方便，最好采用开口垫圈，但定心精度较低。

（2）胀力芯轴

胀力芯轴依靠材料弹性变形所产生的胀力来固定零件。

如图 3-5 所示，为装夹在机床主轴锥孔中的胀力芯轴。

如图 3-5（b）所示，是为了使胀力均匀，槽可做成 3 等分。

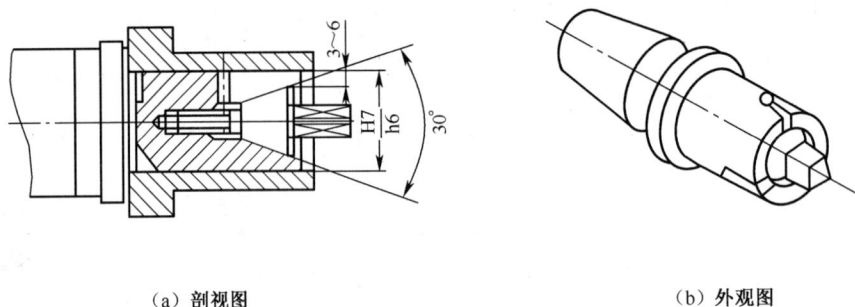

（a）剖视图                           （b）外观图

图 3-5　胀力芯轴

胀力芯轴装夹工件方便，精度较高，应用广泛。但夹紧力较小，多用于位置精度要求较高工件的精加工。

中小型轴套、带轮、齿轮等零件，常以工件内孔作为定位基准，安装在芯轴上，以保证工件的同轴度和垂直度。

**二、薄壁型套类零件内孔的装夹方法**

车削薄壁套筒的内孔时，由于零件的刚性差，在夹紧力的作用下容易产生变形，所以必须特别注意装夹问题。

**1．工件分粗车和精车**

粗车时，夹紧力大些；精车时，夹紧力小些，在精车以前把卡爪略微放松一下，使其恢复原状，然后再轻轻夹紧。

**2．用开缝套筒**

用开缝套筒来增大装夹的接触面积，使夹紧力均匀地分布在零件的外圆上，可减小夹紧变形。在使用时，先把开缝套筒装在零件外圆上，如图 3-6 所示，然后再和零件一起夹紧在三爪自定心卡盘上。

### 3．用轴向夹紧夹具

用轴向夹紧夹具夹紧零件时，可使夹紧力沿零件轴向分布，防止夹紧变形，如图 3-7 所示。

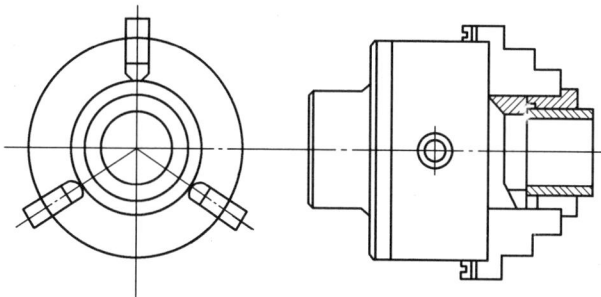

1—螺母；2—零件

图 3-6 用开缝套筒装夹薄壁型套类零件          图 3-7 轴向夹紧夹具

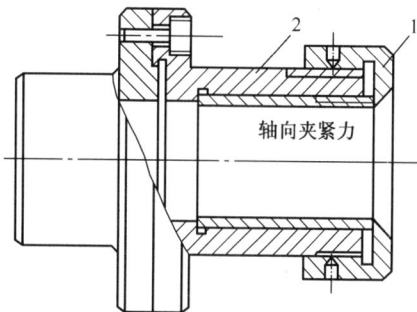

## 三、学习与思考

### 1．学习过程记录单

学习过程记录单

| 任务二 | 装夹套类零件的常用方法 | | | | |
|---|---|---|---|---|---|
| 学习内容 | | 学习的内容 | 掌握程度（学生填写） | | |
| | | | 好 | 一般 | 差 |
| 学习过程 | 熟悉保证套类零件同轴度和垂直度的装夹方法 | 在一次装夹中完成车削加工 | | | |
| | | 零件以外圆定位 | | | |
| | | 零件以内孔定位 | | | |
| | | 实心芯轴定位：小锥度芯轴、圆柱芯轴 | | | |
| | | 胀力芯轴 | | | |
| | 熟悉薄壁型套类零件内孔的装夹方法 | 用开缝套筒 | | | |
| | | 用轴向夹紧夹具 | | | |

### 2．思考练习题

① 简述保证套类零件同轴度和垂直度的装夹方法。

② 简述薄壁型套类零件内孔的装夹方法。

③ 简述零件以内孔定位时可采用哪些芯轴定位？各有什么特点？

# 任务三　使用检测套类零件的常用量具

## 一、用游标卡尺测量

用游标卡尺可以测量孔的深度及内径。其测量方法，如图 3-8 所示。

## 二、用内测千分尺测量

当孔的尺寸小于 25mm 时，可用内径千分尺测量孔径，如图 3-9 所示。

(a) 测量内孔深度　　　　(b) 测量内径

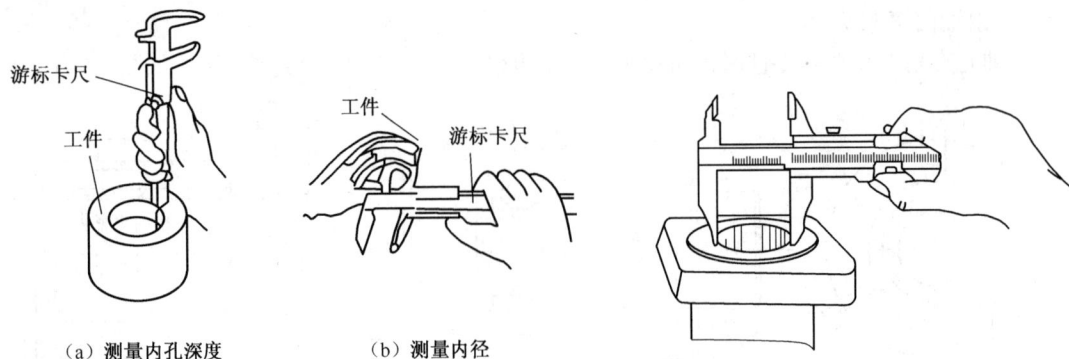

图 3-8　用游标卡尺测量孔的深度及内径

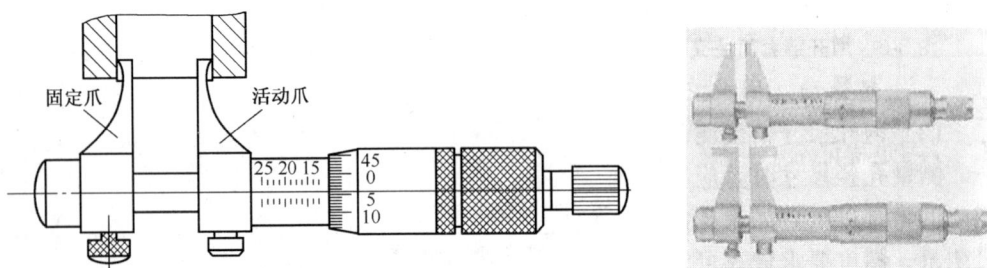

固定爪　　　　活动爪

25 20 15

45
0
5
10

图 3-9　内径千分尺测量孔径

### 三、用内径百分表测量

采用内径百分表测量零件时,应根据零件内孔直径,用外径千分尺将内径百分表对"零"后,进行测量,如图 3-10 所示。取测得的最小值为孔的实际尺寸。

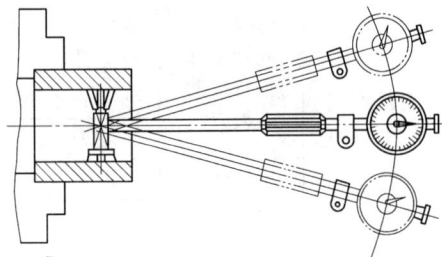

### 四、塞规测量

塞规由通端 1、止端 2 和柄部 3 组成,如图 3-11 所示。测量时,当通端可塞进孔内,而止端进不去时,孔径为合格。

图 3-10　内径百分表测量孔径

### 五、用内卡钳测量

内孔工件的粗加工阶段,尺寸要求不高。以及因为某些结构的限制,可能只能使用钢直尺、游标卡尺、内卡钳测量,如图 3-12 所示。

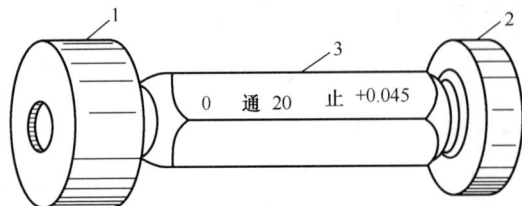

0　通 20　止 +0.045

1—通端;2—止端;3—柄部

图 3-11　塞规

内卡钳

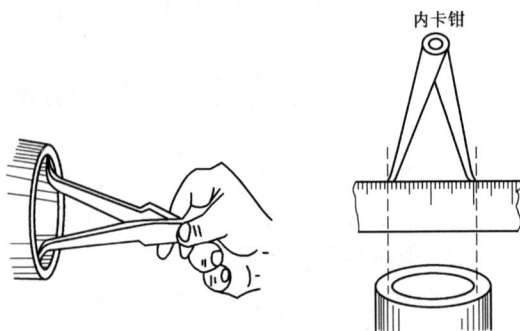

图 3-12　内卡钳测量内孔

## 六、用内径千分尺测量

用内径千分尺可测量孔径。内径千分尺外形如图 3-13 所示，由测微头和各种尺寸的接长杆组成。其测量范围为 50～1500mm，其分度值为 0.01mm。每根接长杆上都注有公称尺寸和编号，可按需要选用。

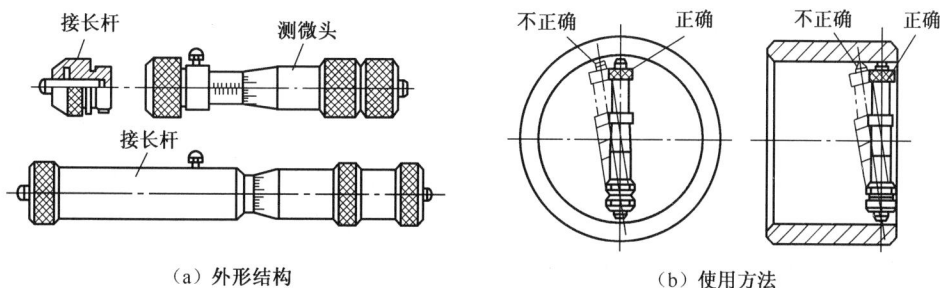

（a）外形结构 （b）使用方法

图 3-13 内径千分尺及使用方法

内径千分尺的读数方法和外径千分尺相同，但由于内径千分尺无测力装置，因此测量误差较大，一般只在特殊场合使用。

## 七、内孔形状位置精度的测量

### 1．形状误差的测量

在车床上加工圆柱孔时，其形状精度一般只测量圆度和圆柱度误差。

（1）孔圆度误差测量

孔的圆度误差可用内径百分表或内径千分表测量。测量前应先用环规或外径千分尺将内径百分表调到零位，将测量头放入孔内，在各个方向上测量，在测量截面内取最大值与最小值之差的一半即为单个截面上的圆度误差。按上述方法测量若干个截面，取其中最大的误差作为该圆柱孔的圆度误差。

（2）孔的圆柱度误差的测量

孔的圆柱度误差可用内径百分表在孔的全长上前、中、后各测量几个截面，比较各个截面测量出的最大值与最小值，然后取其最大值与最小值误差的一半为孔全长的圆柱度误差。

### 2．位置误差的测量

套类工件的位置精度要求有径向圆跳动、端面圆跳动、端面对轴线的垂直度及同轴度等。

（1）径向圆跳动的测量

一般的套筒类工件用内孔作为测量基准，把零件套在精度很高的芯轴上，再将芯轴安装在两顶尖之间，用百分表检测工件外圆圆柱面，如图 3-14 所示。

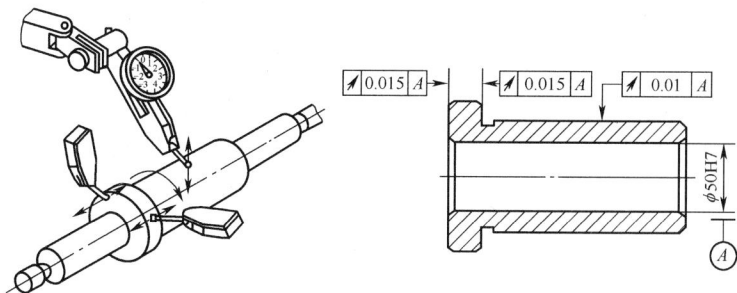

图 3-14 检查径向及端面圆跳动

在工件上转一周后百分表所得的最大读数差即为该测量面上径向圆跳动误差，取各截面上测量跳动量中的最大值，就为该工件的径向圆跳动误差。

如图 3-15（a）所示，对于外形简单而内部形状复杂的套类工件，不便装在芯轴上测量径向圆跳动量，可以把工件放在 V 形架上并进行轴向限位，工件以外圆作为测量基准，如图 3-15（b）所示。测量时，用杠杆百分表的测头与工件的内孔表面接触。工件转一周，百分表的最大读数差就是工件的径向圆跳动误差。

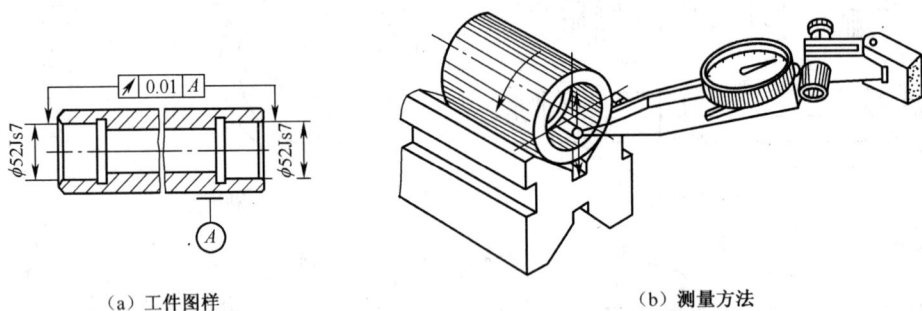

（a）工件图样　　　　　　　　　　　　　　（b）测量方法

图 3-15　工件放在 V 形架上检测径向圆跳动

（2）端面圆跳动的测量方法

套类工件端面圆跳动的测量方法，如图 3-16 所示，将杠杆百分表的测量头靠在所需测量的端面上，工件转一周，百分表的最大读数即为该直径测量面上的端面圆跳动。按上述方法在若干个直径处进行测量，其跳动量最大值为该工件的端面圆跳动误差。

（3）端面对轴线垂直度的测量

端面圆跳动是当零件绕基准轴线无轴向移动回转时，所要求的端面上任一测量直径处的轴向跳动，垂直度是整个端面的垂直误差。

如图 3-17（a）所示的工件，由于工件的端面是一个平面，其端面圆跳动量为 $\Delta$，垂直度也为 $\Delta$，两者相等。如端面不是一个平面，而是凹面，如图 3-17（b）所示，虽然其端面圆跳动量为零，但垂直度误差为 $\Delta L$。

端面圆跳动与端面对轴线的垂直度是两个不同的概念，不能简单地用端面圆跳动来评定端面对轴线的垂直度。

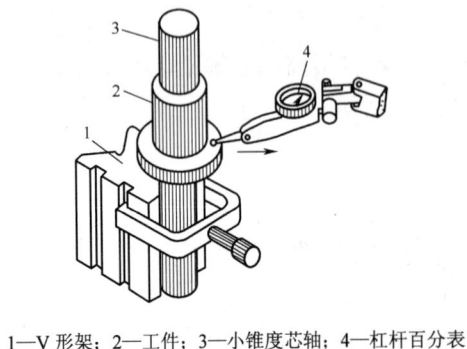

1—V 形架；2—工件；3—小锥度芯轴；4—杠杆百分表　　（a）倾斜　　（b）面　　（c）凸面

图 3-16　工件端面圆跳动的检测　　图 3-17　端跳与垂直度的区别

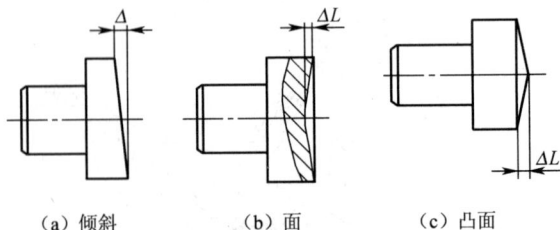

因此，测量端面垂直时，首先要测量端面圆跳动是否合格，如合格，再测量端面对轴线

的垂直度。对于精度要求较低的工件，可用刀口直尺或游标卡尺尺身侧面透光检查，端面对轴线的垂直度，如图3-18所示。

对精度要求较高工件来说，当端面圆跳动合格后，再把工件安装在V形架的小锥度芯轴上，并一同放在精度很高的平板上，测量时将杠杆百分表的测量头从端面的最内一点沿径向向外拉出，百分表指示的读数差就是端面对内孔轴线的垂直度误差。

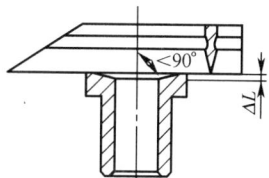

图3-18　刀口直尺检查垂直度

### 八、内沟槽的测量

（1）内沟槽深度的测量

内沟槽深度的测量，一般用弹簧内卡钳测量，如图3-19（a）所示。测量时，先将弹簧内卡钳收缩，放入内沟槽，然后调整卡钳螺母，使卡脚与槽底径表面接触。测出内沟槽直径，然后将内卡钳收缩取出，恢复到原来尺寸，再用游标卡尺或外径千分尺测出内卡钳的张开尺寸。当内沟槽直径较大时，可用弯脚游标卡尺测量，如图3-19（b）所示。

（2）内沟槽的轴向尺寸测量

内沟槽的轴向尺寸，可用钩形游标深度卡尺测量，如图3-19（c）所示。

（3）内沟槽的宽度测量

内沟槽的宽度，可用样板或游标卡尺（当孔径较大时）测量，如图3-19（d）所示。

### 九、学习与思考

#### 1．学习过程记录单

学习过程记录单

| 任务三 | | 熟悉检测套类零件的常用量具 | | | |
|---|---|---|---|---|---|
| 学习内容 | | 学习的内容 | 掌握程度（学生填写） | | |
| | | | 好 | 一般 | 差 |
| 学习过程 | 熟悉检测套类零件的常用量具及使用方法 | 用游标卡尺测量 | | | |
| | | 用内径千分表测量 | | | |
| | | 用内径百分表测量 | | | |
| | | 用塞规测量 | | | |
| | | 用内卡钳测量 | | | |
| | | 用内径千分尺测量 | | | |
| | 熟悉内孔形状位置精度的测量 | 孔的形状误差的测量：孔圆度误差测量 | | | |
| | | 孔的圆柱度误差的测量 | | | |
| | | 孔的位置误差的测量：径向圆跳动的测量 | | | |
| | | 端面圆跳动的测量 | | | |
| | | 端面对轴线垂直度的测量 | | | |
| | 熟悉内沟槽的测量 | 内沟槽深度的测量 | | | |
| | | 内沟槽的轴向尺寸测量 | | | |
| | | 内沟槽的宽度测量 | | | |

#### 2．思考练习题

① 检测套类零件的常用量具有哪些？

② 简述内孔形状位置精度的测量方法。

③ 简述内沟槽的测量。

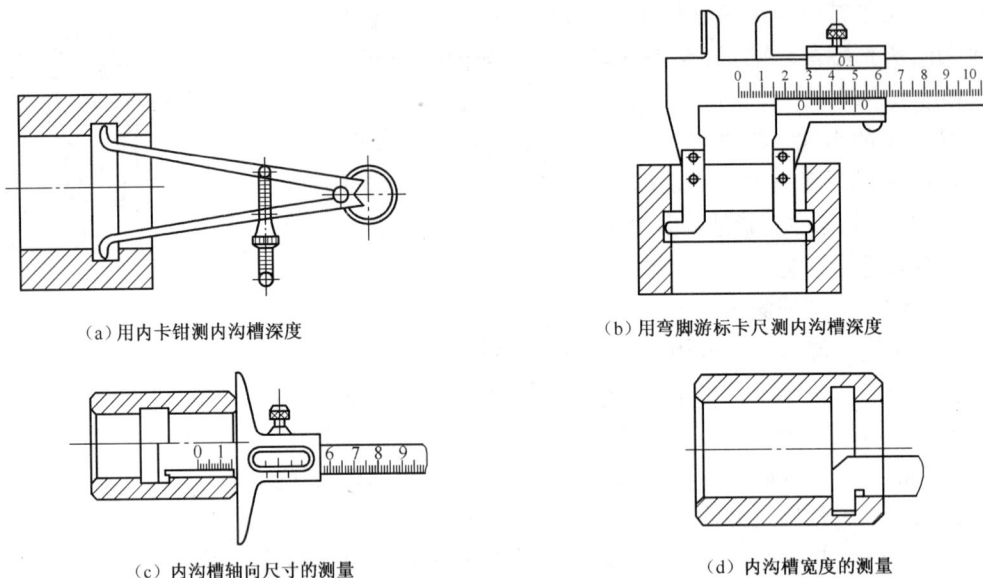

（a）用内卡钳测内沟槽深度

（b）用弯脚游标卡尺测内沟槽深度

（c）内沟槽轴向尺寸的测量

（d）内沟槽宽度的测量

图 3-19　内沟槽的测量

# 任务四　使用加工套类零件的常用刀具

## 一、钻头

用钻头在实心材料上加工孔的方法称为钻孔。

钻孔的尺寸精度可达 IT11～IT12，表面粗糙度值可达 $Ra12.5$～$25\mu m$。

钻孔使用的刀具就是钻头，根据形状和用途的不同，钻头有扩孔钻、麻花钻等多种，使用得最广泛的钻头是麻花钻。

## 二、麻花钻

### 1．麻花钻的材料

麻花钻通常由高速钢制成，在一些特定加工中，如高速钻削时，也使用硬质合金钢制成的麻花钻，因为硬质合金钢制成的麻花钻，其红硬性较好。

### 2．麻花钻的类型

麻花钻分为直柄麻花钻、锥柄麻花钻、镶硬质合金麻花钻 3 类，如图 3-20 所示。

### 3．麻花钻的组成及其作用

麻花钻由 3 个部分组成：工作部分、柄部和颈部。

（1）柄部

柄部是被机床或电钻夹持的部分，柄部装夹时起定心作用，切削时起传递转距的作用，柄部分为锥柄和直柄两种。一般 12mm 以下的麻花钻用直柄，12mm 以上用锥柄。

直柄麻花钻传递扭矩较小，用于直径在 13mm 以下的钻孔。

锥柄麻花钻采用莫氏锥度，锥柄的扁尾既能增加传递的扭矩，又能避免工作时钻头打滑，还能供拆卸钻头时敲击用。

（2）颈部

颈部位于柄部和工作部分之间，其作用是在磨削钻头时，供砂轮退刀用，还可用来刻印商标和规格说明。直径小的钻头没有颈部。

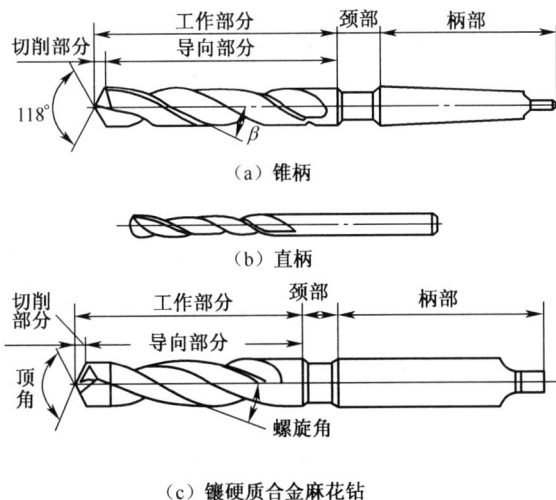

（a）锥柄

（b）直柄

（c）镶硬质合金麻花钻

图 3-20 麻花钻的类型及其结构

（3）工作部分

工作部分是钻头的主要部分，由切削部分和导向部分组成。

① 切削部分。切削部分承担主要的切削工作。

② 导向部分。导向部分在钻孔时，起引导钻削方向和修磨孔壁的作用，同时也是切削部分的备用段。

**4.麻花钻工作部分的几何形状**

麻花钻工作部分结构如图 3-21 所示，有两条对称的主切削刃、两条副切削刃和一条横刃。

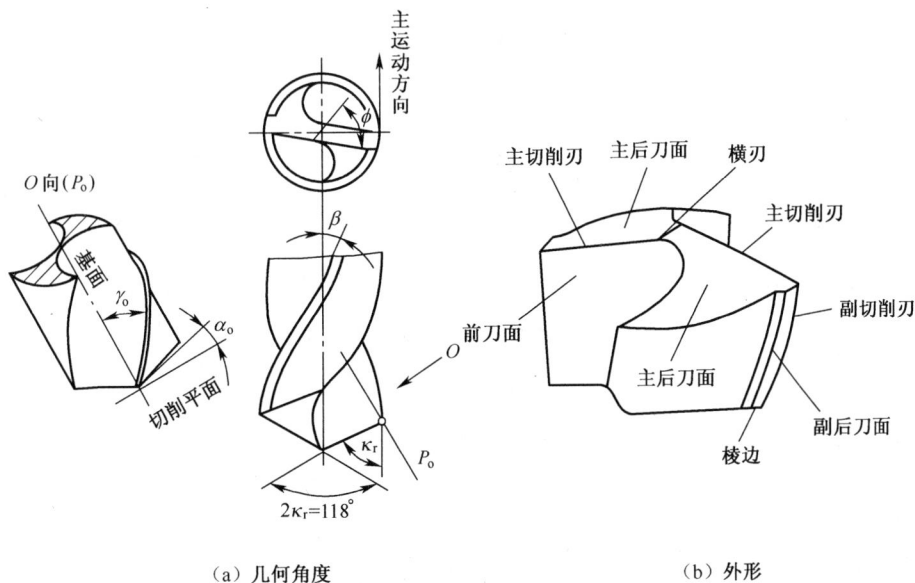

（a）几何角度　　　　　　　　　　（b）外形

图 3-21 麻化钻的几何形状

麻花钻钻孔时，相当于两把反向的车孔刀同时切削，所以其几何角度的概念与车刀基本相同，但也具有其特殊性。

（1）螺旋槽

钻头的工作部分有两条螺旋槽，其作用是构成切削刃、排除切屑和进入切削液。

（2）螺旋角（$\beta$）

位于螺旋槽内不同直径处的螺旋线展开成直线后与钻头轴线都有一定夹角，此夹角通称螺旋角。越靠近钻心处螺旋角越小，越靠近钻头外缘处螺旋角越大。标准麻花钻的螺旋角为18°～30°。钻头上的名义螺旋角是指外缘处的螺旋角。

（3）前刀面

前刀面指切削部分的螺旋槽面，切屑从此面排出。

（4）主后刀面

指钻头的螺旋圆锥面，即与工件过渡表面相对的表面。

（5）主切削刃

指前刀而与主后刀面的交线，担负着主要的切削工作。钻头有两个主切削刃。

（6）顶角（$2\kappa_r$）

顶角是两主切削刃之间的夹角。一般标准麻花钻的顶角为118°。

当顶角为118°时，两主切削刃为直线，如图3-22（a）所示。

当顶角大于118°时，两主切削刃为凹曲线，如图3-22（b）所示。

当顶角小于118°时，两主切削刃为凸曲线，如图3-22（c）所示。

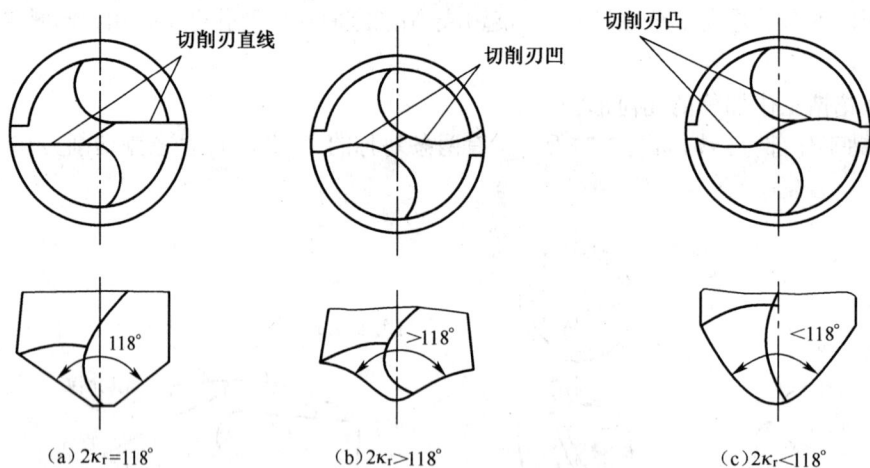

图3-22 麻花钻顶角与切削刃的关系

刃磨钻头时，可据此大致判断顶角大小。

顶角大，主切削刃短，定心差，钻出的孔径容易扩大。但顶角大时，前角也增大，切削省力。顶角小时则反之。

（7）前角（$\gamma_0$）

主切削刃上任一点的前角是过该点的基面与前刀面之间的夹角。

麻花钻前角的大小与螺旋角、顶角、钻头直径等因素有关，其中影响最大的是螺旋角。由于螺旋角随直径大小而改变，所以主切削刃上各点的前角也是变化的，如图3-23所示。靠近外缘处的前角最大，自外缘向中心逐渐减小，大约在1/3钻头直径以内开始为负前角，前角的变化范围为–30°～+30°。

（8）后角（$\alpha_o$）

主切削刃上任一点的后角是过该点切削平面与主后刀面之间的夹角。

后角也是变化的，靠近外缘处最小，接近中心处最大，变化范围为8°～14°。实际后角就在圆柱面内测量，如图3-24所示。

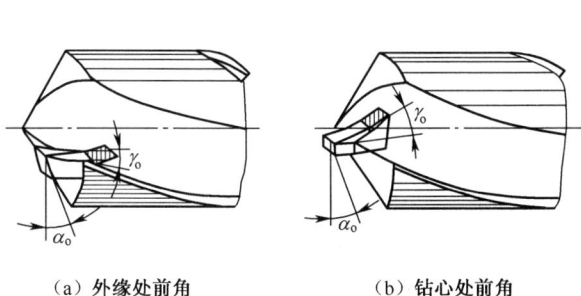

（a）外缘处前角      （b）钻心处前角

图3-23　麻花钻前角的变化    图3-24　在圆柱面内测量麻花钻的后角

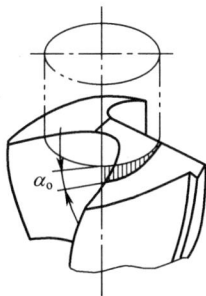

（9）横刃

横刃是两个主后刀面的交线，也就是两主切削刃连接线。

横刃太短会影响麻花钻的钻尖强度。横刃太长，会使轴向力增大，对钻削不利。试验表明，钻削时有1/2以上的轴向力是因横刃产生的。

（10）横刃斜角（$\psi$）

在垂直于钻头轴线的端面投影中，横刃与主切削刃之间所夹的锐角。横刃斜角的大小与后角有关。后角增大时，横刃斜角减小，横刃亦变长。后角小时，情况相反。横刃斜角一般为55°。

（11）棱边

棱边也称刃带，既是副切削刃，也是麻花钻的导向部分。在切削过程中能保持确定的钻削方向、修光孔壁，还可作为切削部分的后备部分。为了减小切削过程中棱边与孔壁的摩擦，导向部分的外径经常磨有倒锥。

**5．麻花钻的缺点**

麻花钻的结构特点存在以下缺点。

（1）主切削刃上各点的前角变化大

靠近边缘处的前角较大（+30°），切削刃强度差；横刃处前角为–54°～–60°。切削条件变差，挤压严重，增加功率消耗。

（2）横刃过长，并且横刃处有很大的负前角

钻削时横刃不是切削而是挤压和刮削，消耗能量大，产生的热量也大。而且由于横刃的存在使轴向力增大，定心差。

（3）排屑不顺利，切削液不易进入切削区

钻孔时，参加切削的主切削刃长、切屑宽，切削刃各点切屑排出速度相差很大。切屑占较大的空间，排屑不顺利，切削液不易进入切削区。

（4）产生的热量多，使外缘处磨损加快

棱边处后角为零度，棱边与孔壁摩擦，加之该处的切削速度又高，因此产生的热量多，使外缘处磨损加快。

针对上述缺点，麻花钻在使用时，应根据工件材料、加工要求，采用相应的修磨方法进行修磨。

刃磨麻花钻如同刃磨车刀一样，是车工必须熟练掌握的基本功。

**6．麻花钻的刃磨**

麻花钻的刃磨质量直接关系到钻孔的尺寸精度和表面粗糙度及钻削效率。

（1）对麻花钻的刃磨要求

麻花钻主要刃磨两个主后刀面，刃磨时除了保证顶角和后角的大小适当外；还应保证两条主切削刃必须对称（即其与轴线的夹角以及长短都应相等），并使横刃斜角为55°。

（2）麻花钻刃磨对钻孔质量的影响

① 麻花钻顶角不对称。当顶角不对称钻削时，只有一个切削刃切削，而另一个切削刃不起作用，两边受力不平衡，会使钻出的孔扩大和倾斜，如图 3-25（b）所示。

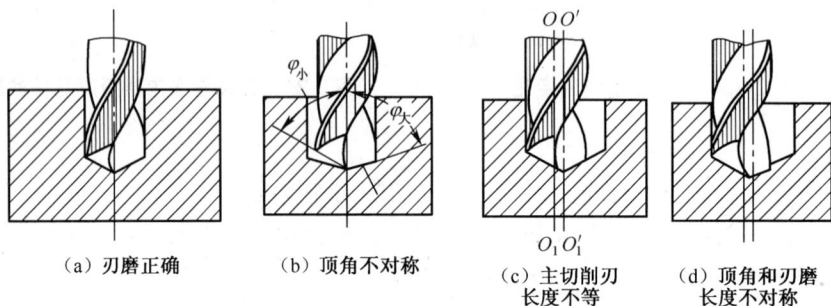

（a）刃磨正确　　（b）顶角不对称　　（c）主切削刃长度不等　　（d）顶角和刃磨长度不对称

**图 3-25　钻头刃磨对加工的影响**

② 麻花钻顶角对称但切削刃长度不等。当两切削刃长度不等时，使钻出的孔径扩大，如图 3-25（c）所示。

③ 顶角不对称且切削刃长度又不相等。当麻花钻的顶角不对称且两切削刃长度又不相等时，钻出的孔不仅孔径扩大，而且还会产生阶台，如图 3-25（d）所示。

（3）麻花钻的刃磨方法

① 握法。双手交叉握住钻头，右手握住钻头前端，在距钻尖 30mm 处为支承点。左手握住钻头柄部。

② 刃磨前钻头与砂轮的位置。麻花钻的中心略高于砂轮中心，主切削刃置于水平位置，麻花钻中心线与砂轮外圆表面母线的夹角约为 59°，同时使柄部向下倾斜，如图 3-26（a）所示。

③ 刃磨时，将主切削刃置于比砂轮中心稍高一点的水平位置接触砂轮，以钻头前端的支承点为圆心，右手缓慢地使钻头绕其轴线由下向上转动，同时施加适当的压力，这样可使整个后面都能磨到。右手配合左手向上摆动，作缓慢地同步下压运动（略带转动），刃磨压力逐渐增大，于是磨出后角，如图 3-26（b）所示。

注意左手的摆动幅度不能太大，以防磨出负后角或将另一面的主切削刃磨掉。其下压的速度和幅度随要求的后角而变。

为保证能在钻头近中心处磨出较大后角，还应作适当的右移运动。

④ 当一个左后刀面刃磨后，将钻头转过去 180° 刃磨另一个后刀面时，人和手要保持原来的位置和姿势，这样才能使磨出的两个主切削刃对称。

按此法不断反复，两个主后刀面经常交换磨，边磨边检查，直至达到要求为止。

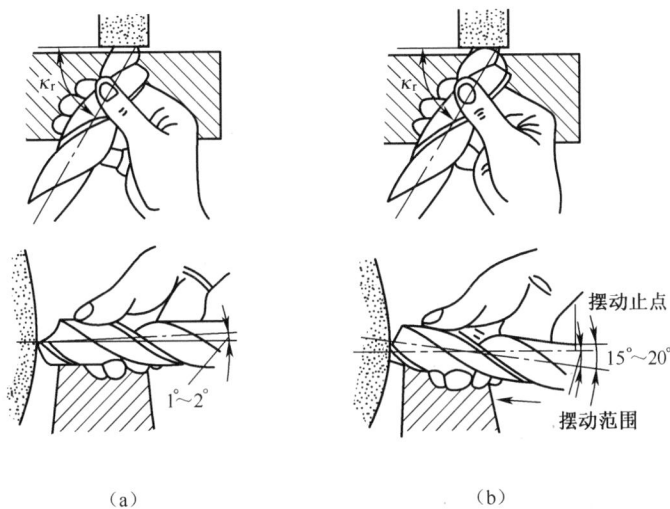

（a） （b）

图 3-26 麻花钻的刃磨方法

### 7. 麻花钻的修磨

（1）修磨横刃

修磨横刃就是要缩短横刃的长度，增大横刃处前角，减小轴向力，如图 3-27（a）所示。

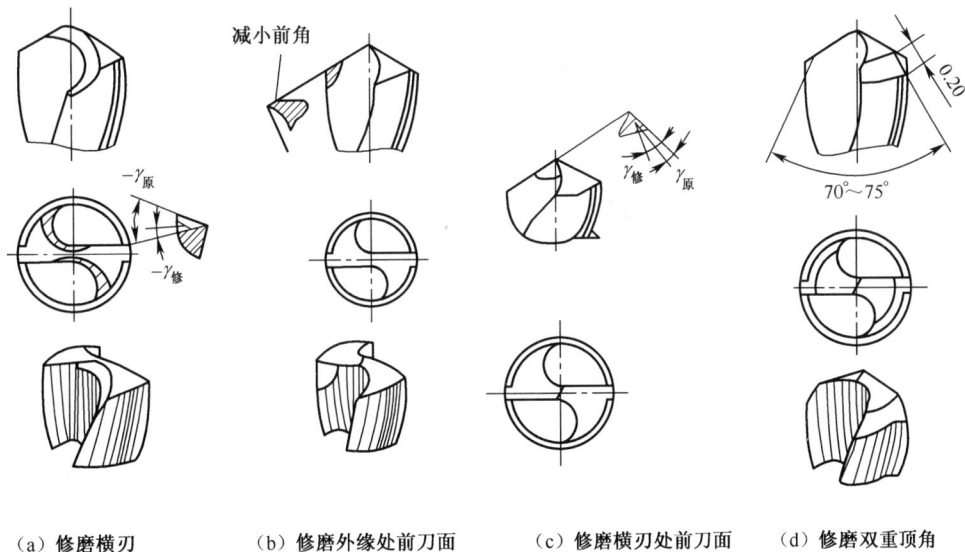

（a）修磨横刃 （b）修磨外缘处前刀面 （c）修磨横刃处前刀面 （d）修磨双重顶角

图 3-27 麻花钻的修磨

一般情况下，工件材料较软时，横刃可修磨得短些；工件材料较硬时，横刃可少修磨些。

修磨时，钻头轴线在水平面内与砂轮侧面左倾约 15°，在垂直平面内与刃磨点的砂轮半径方向约 55°。修磨后应使横刃长度为原长的 1/5～1/3，如图 3-28 所示。

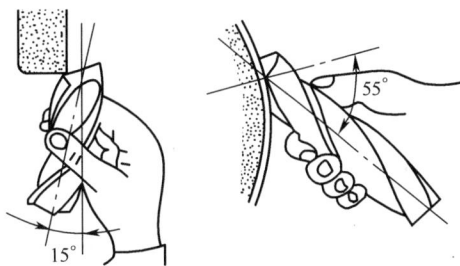

图 3-28 横刃修磨方法

（2）修磨前刀面

修磨外缘处前刀面和修磨横刃处前刀面。修磨外缘处前刀面是为了减小外缘处的前角，如图 3-27（b）所示；修磨横刃处前刀面是为了增加横刃处的前角，如图 3-27（c）所示。

一般情况下，工件材料较软时，可修磨横刃处前刀面，以加大前角减小切削力，使切削更轻快；工件材料较硬时，可修磨外缘处前刀面，以减小外缘处的前角，增加钻头的强度。

（3）双重刃磨

钻头外缘处的切削速度最高，磨损也最快，因此可磨出双重顶角，如图 3-27（d）所示，这样可以改善外缘转角处的散热条件，增加钻头的强度，并可减小孔的表面粗糙度值。

**8．麻花钻的角度检查**

（1）目测法

当麻花钻头刃磨好后，通常采用目测法检查。该方法是将钻头垂直竖在与眼睛等高的位置上，在明亮的阳光下观察两刃的长短和高低及后角等，如图 3-29 所示。由于视觉差异，往往会感到左刃高、右刃低，此时则应将钻头转过 180° 再观察，看是否仍然是左刃高、右刃低，这样反复观察对比，直到觉得两刃基本对称时方可使用，钻削时如发现有偏差，则需再次修磨。

（2）使用角度尺检查

使用角度尺检查时，只需将尺的一边贴在麻花钻的棱边上，另一边搁在主切削刃上，测量其刃长和角度，如图 3-30 所示，然后转过 180°，用同样的方法检查另一个主切削刃。

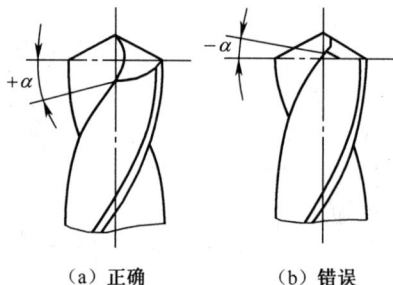

（a）正确　　　　（b）错误

图 3-29　目测法检查

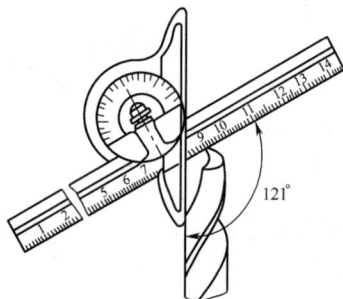

图 3-30　用角度尺检查

（3）用样板进行检测

把刃磨好的钻头与样板比对，看是否一致，如图 3-31 所示。

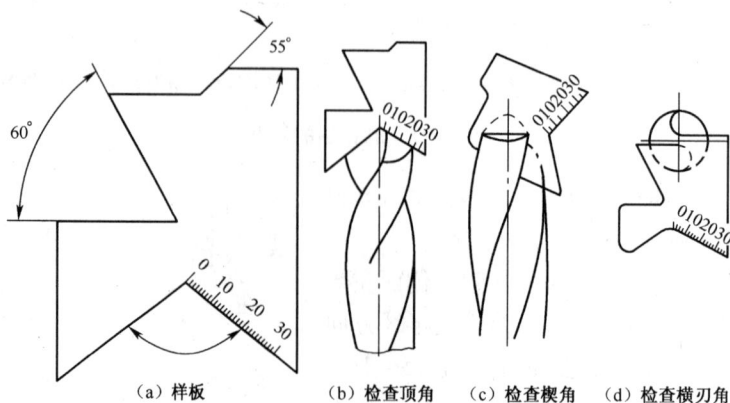

（a）样板　　　（b）检查顶角　　（c）检查楔角　　（d）检查横刃角

图 3-31　用样板检测麻花钻的角度

（4）在钻削过程中检查

若麻花钻的刃磨正确，切屑会从两侧的螺旋槽内均匀排出，如果两个主切削刃不对称，切屑则会从主切削刃较高的那一侧螺旋槽向外排出。据此可卸下钻头，将较高的主切削刃磨低一些，以避免钻孔尺寸变大。

### 9．麻花钻刃磨的注意事项

① 刃磨麻花钻时，要做到姿势正确、规范，安全文明操作。

② 刃磨时，用力要均匀，应经常检查，随时修正。

③ 刃磨时，主切削刃的位置应略高于砂轮中心平面，以免磨出负后角。

④ 根据麻花钻材料的不同来选择砂轮，刃磨高速钢麻花钻时要注意冷却，防止退火。

### 10．麻花钻的选用及安装

（1）麻花钻的选用

对于精度要求不高的内孔，可用麻花钻直接钻出；对于精度要求较高的内孔，钻孔后还要再经过车削或扩孔、铰孔才能完成，因此在选择麻花钻时应留出下道工序的加工余量。

选择麻花钻的长度时，一般应使麻花钻的螺旋槽部分略长于孔深；麻花钻过长则刚性差，麻花钻过短则排屑困难，也不利于钻穿孔。

（2）麻花钻的安装

一般情况下，直柄麻花钻用钻夹头装夹，再将钻夹头的锥柄插入尾座锥孔内；锥柄麻花钻可直接或用莫氏过渡锥套插入尾座锥孔中，如图 3-32 所示。

注意：锥柄麻花钻可用专用工具安装，如图 3-33 所示。

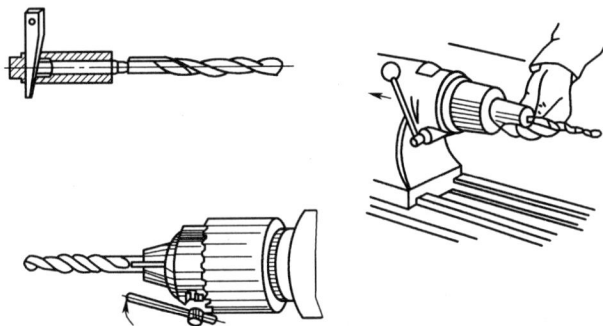

图 3-32　直柄与锥柄麻花钻的安装

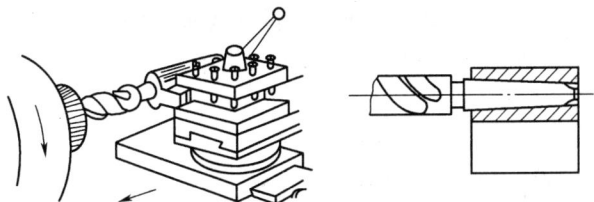

图 3-33　用专用工具安装锥柄麻花钻

### 11．刃磨麻花钻技能训练

（1）图样

麻花钻刃磨的图样如图 3-34 所示。

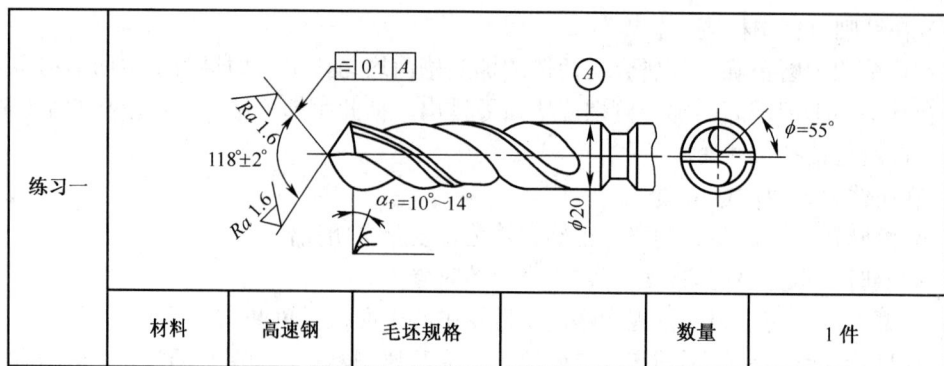

| 练习一 | | | | | |
|---|---|---|---|---|---|

| 材料 | 高速钢 | 毛坯规格 | | 数量 | 1 件 |
|---|---|---|---|---|---|

图 3-34　刀具图

（2）训练条件

① 设备：砂轮机及氧化铝砂轮。

② 刀具及材料：麻花钻、高速钢。

③ 量具：游标量角器，麻花钻样板。

④ 辅助工具：水盒及水。

（3）目的

① 通过刃磨麻花钻加深对麻花钻几何形状的理解。

② 掌握麻花钻的刃磨技能。

③ 进一步锻炼目测几何形状的能力。

（4）刃磨步骤指导

① 正确握住钻头。

② 摆正钻头与砂轮的位置。

③ 刃磨主切削刃、主后角、后角。

④ 修磨横刃。

（5）检查方法

用目测法和样板检测。

### 三、麻花钻的使用——钻孔方法

**1．准备工作**

（1）选择钻头

① 根据孔的直径和深度选择钻头，应根据设计要求来确定。

② 钻孔是粗加工，若孔的要求较高，应考虑留出下一工序的加工余量；若孔的要求不高，钻头的直径就是孔径。

③ 钻头的长度应大于孔深尺寸。

④ 若孔径较小，可直接按孔径选择钻头直径。

⑤ 若孔径超过 $\phi30$，可分两次钻出，先用一支较小的钻头，钻出底孔，再用较大的麻花钻钻出所需的尺寸。通常，钻底孔钻头的直径是第二次钻孔直径的 50%～70%。

（2）安装钻头

安装选择的钻头。

（3）装夹工件

将工件用卡盘装夹，找正、紧固。

（4）选择合适的切削用量

① 背吃刀量（切削深度 $a_p$）。钻孔时，背吃刀量是麻花钻直径的一半。

② 切削速度（$v_c$）。钻孔时，切削速度是指麻花钻主切削刃外缘处的线速度。即

$$v_c=\pi Dn/1000$$

式中，$v_c$——切削速度，m/min；

$D$——麻花钻直径，mm；

$n$——主轴转速，r/min。

切削速度的参考值，见表 3-2。

表 3-2　　　　　　　　　　切削速度的参考值

| 加工材料 | 切削速度（m/min） | 加工材料 | 切削速度（m/min） |
|---|---|---|---|
| 低碳钢 | 21～27 | 铸铁 | 75～90 |
| 中、低碳钢 | 12～22 | 铸钢 | 15～24 |
| 合金钢 | 10～18 | 其他合金 | 20～90 |

③ 进给量（$f$）。车床上钻孔时的进给量，是工件转一周，麻花钻沿轴向移动的距离。进给量的参考值，见表 3-3。

表 3-3　　　　　　　　　　进给量的参考值

| 钻头直径 $D$（mm） | <3 | 3～6 | 6～12 | 12～25 | >25 |
|---|---|---|---|---|---|
| 进给量 $f$（mm/r） | 0.025～0.05 | 0.05～0.10 | 0.10～0.18 | 0.18～0.38 | 0.18～0.60 |

（5）选择合适的切削液

切削液的选用，见表 3-4。

表 3-4　　　　　　　　　　切削液的选用

| 材料 | 钢料 | 铸料 | 铝材 | 镁合金 |
|---|---|---|---|---|
| 切削液 | 乳化液 | 一般不用，可用煤油 | 煤油或酒精 | 不用切削液 |

（6）车端面

钻孔前必须车平工件的端面，中心处不能留有凸台。

（7）钻头靠近工件端面

松开尾座，锁紧手柄，移动尾座，使钻头靠近工件端面，锁紧尾座。

（8）调整主轴转速

以钻头直径的大小为依据，调整主轴转速。钻头直径小，转速应高；钻头直径大，转速应低。用高速钢钻头钻钢件材料时，切削速度应小于或等于 20m/min；钻铸铁件材料，切削速度不大于 15m/min。

**2．钻通孔**

钻头装在车床尾座套筒内，并把尾座固定在适当位置上，这时开动车床就可以用手动进刀钻孔，如图 3-35 所示。

用较长钻头钻孔时，为了防止钻头跳动把孔钻大或折断钻头，可以在刀架上夹一铜棒或垫铁片，如图 3-36 所示，支住钻头头部（不能用力太大），然后钻孔。当钻头头部进入孔中时，立即退出铜棒。

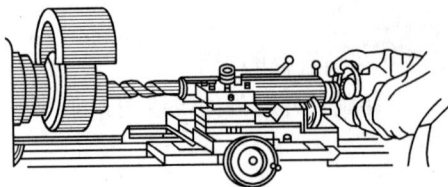

图 3-35　钻孔的方法

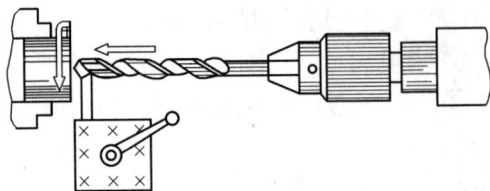

图 3-36　防止钻头跳动的方法

钻通孔的具体过程如下。

（1）钻孔开始

开动机床，主轴带动工件旋转，缓慢均匀地摇动尾座手轮，使钻头缓慢地切入工件，当两个切削刃完全切入工件时，加足切削液。

（2）钻孔过程

双手交替摇动手轮，钻头均匀地向前切削，并间断地减轻手轮压力，以便于排屑。当发现排屑困难时，应退出钻头，及时清除切屑后，再继续钻孔。

（3）钻孔结尾

当孔将要钻穿时，应减慢进给速度，以便孔能比较整齐地钻透，避免损坏钻头。孔一旦钻穿，应立即退出钻头。

**3．钻不通孔（盲孔）**

钻不通孔与钻通孔的方法基本相同，但钻不通孔时，要控制孔的深度，如图 3-37 所示。

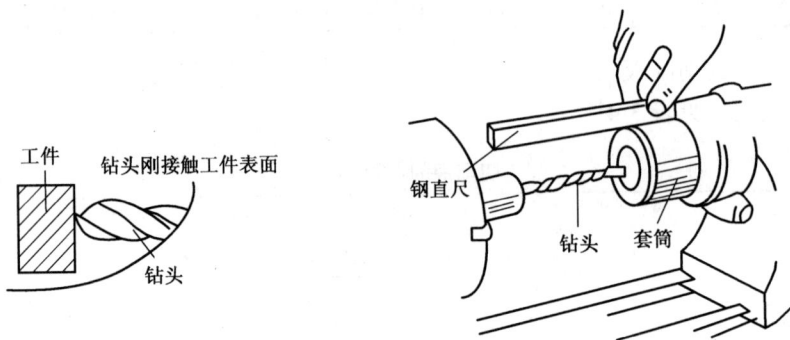

图 3-37　钻不通孔

（1）确定钻孔的深度

开动机床，缓慢均匀地摇动尾座手轮，当钻尖刚开始切入工件时，记下尾座套筒标尺上的读数或用钢直尺测出套筒伸出的长度。

钻孔时的深度尺寸=尾座套筒标尺上的读数（或测出套筒伸出的长度）+孔的深度尺寸

（2）钻盲孔

双手继续交替均匀地摇动手轮，达到孔的深度尺寸时，退出钻头。

**4．钻孔检查孔径的方法**

（1）使用游标卡尺检测

钻孔时检查孔径，可使用游标卡尺直接测量。

（2）使用内径千分尺检测

钻孔时检查孔径，可使用内径千分尺直接测量。

### 5．钻孔时的注意事项

① 钻孔前，必须将工件的端面车平，中心处不允许有凸台，否则麻花钻不能正确定心。

② 要找正尾座，以防孔径扩大和麻花钻折断。

③ 钻到一定的深度时，应退出麻花钻，停车测量孔径，以防孔径扩大。

④ 钻较深的孔时，应经常退出麻花钻，清除切屑。

⑤ 起钻时，进给量要小，待钻头进入工件后，才可正常钻削。

⑥ 当孔将要钻穿时，应减小进给量，以防麻花钻折断。

⑦ 钻钢件时，要充分浇注切削液，使麻花钻冷却。

⑧ 钻铸铁时，可以不用切削液。

⑨ 在用细长麻花钻钻孔时，要防止麻花钻晃动，避免所加工孔的轴心线歪斜。其方法有两个。

· 用中心钻先钻一个中心孔定位，再进行钻孔。

· 在刀架上夹一个挡铁，辅助钻头定心，如图3-38所示。

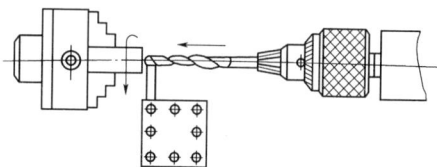

图3-38　用细长麻花钻钻孔时，在刀架上夹一个挡铁

### 6．钻孔的质量分析

钻孔产生的质量问题有孔歪斜和孔径扩大两种。其产生的质量问题和预防措施见表3-5。

表3-5　　　　　　　　　钻孔产生的质量问题和预防措施

| 问题种类 | 产 生 原 因 | 预 防 措 施 |
|---|---|---|
| 孔歪斜 | ① 工件端面不平或与轴线不垂直<br>② 尾座偏移<br>③ 麻花钻刚度低，初钻时进给量过大<br>④ 麻花钻顶角不对称 | ① 钻孔前车平端面，中心不能有凸台<br>② 找正、调整尾座<br>③ 选用较短的麻花钻或用中心钻钻出导向孔，初钻时进给量要小<br>④ 正确刃磨麻花钻 |
| 孔径扩大 | ① 麻花钻直径选错<br>② 麻花钻主切削刃不对称<br>③ 麻花钻未对准工件中心 | ① 看清图样，检查麻花钻直径<br>② 刃磨麻花钻使主切削刃对称<br>③ 检查麻花钻、钻夹头及莫氏锥套安装是否正确 |

### 7．钻孔技能训练

（1）图样

钻孔图样如图3-39所示。

（2）训练条件

① 设备：CA6140型卧式车床或同类车床。

② 刀具：外圆车刀、$\phi18$的麻花钻。

③ 量具：游标卡尺、刚直尺。

④ 辅助工具：切削液、钻夹头、莫氏锥套。

⑤ 材料：45#钢，$\phi36mm \times 31mm$。

（3）钻孔步骤

① 装夹工件。夹持工件外圆，找正夹紧，如图3-40（a）所示。

② 车端面、钻中心孔。车平端面，倒角，钻中心孔，如图3-40（b）所示。

③ 钻通孔。用$\phi18$的麻花钻钻通孔，如图3-40（c）所示。

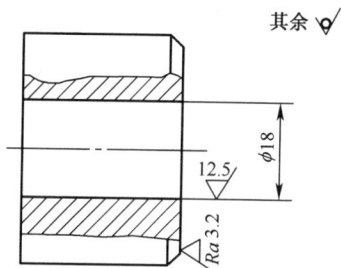

图3-39　钻孔图样

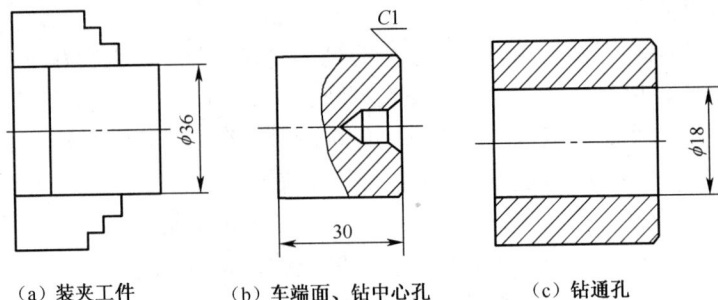

(a) 装夹工件　　(b) 车端面、钻中心孔　　(c) 钻通孔

图 3-40　钻孔步骤

（4）检测孔径

用游标卡尺检测孔径。

### 四、扩孔钻

#### 1．扩孔的概念

在实心工件上钻孔时，如果孔径较大，钻头直径也较大，横刃加长，轴向切削力增大，钻削时会很费力，这时可以钻削后用扩空钻对孔进行扩大加工。

扩孔是用扩孔钻对工件上已有的孔进行扩大加工。车床上的扩孔，一般分为粗加工和半精加工。

#### 2．扩孔所用的刀具及应用场合

扩孔常用的工具是扩孔钻或改制的麻花钻。

精度高的半精加工用扩孔钻，精度低的粗加工用麻花钻。

扩平底孔和台阶孔时，需将麻花钻磨成平头钻，当扩孔钻使用。

#### 3．磨花钻改制成平头扩孔钻的方法

刃磨方法与标准磨花钻相同，所不同的是平头扩孔钻的顶角要磨成 180°，主切削刃垂直于钻头轴心线，但应注意两个后角刃磨完以后，还应修磨前刀面，使主切削刃为直线，同时减小外缘处的前角，如图 3-41 所示。

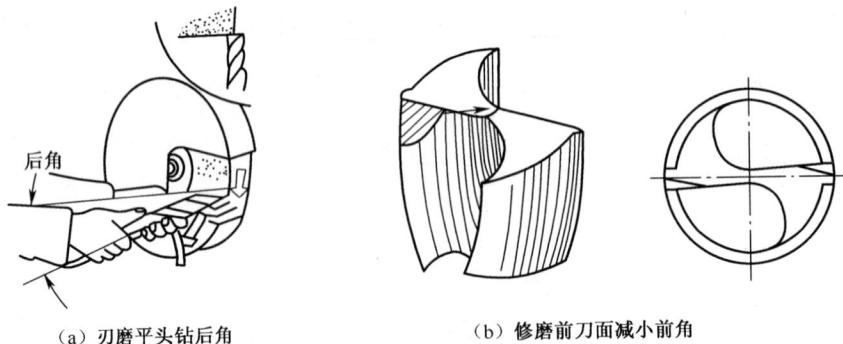

(a) 刃磨平头钻后角　　　　　　　　(b) 修磨前刀面减小前角

图 3-41　磨花钻改制成平头扩孔钻

#### 4．扩孔钻的类型

扩孔钻有高速钢扩孔钻和硬质合金扩孔钻两种，如图 3-42 所示。

#### 5．扩孔钻的结构

扩孔钻由工作部分、导向部分、颈部、柄部、扁尾 5 部分组成，如图 3-43 所示。

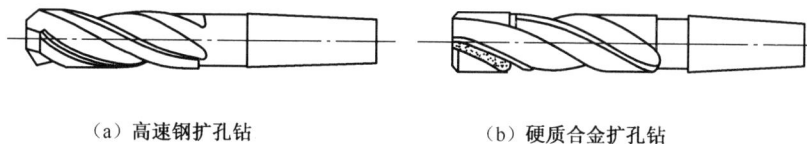

（a）高速钢扩孔钻　　　　　　　（b）硬质合金扩孔钻

图 3-42　扩孔钻

### 6．扩孔钻的特点

扩孔钻有较多的切削刃，既有较多的刀齿棱边刃，切削较为平稳，并且导向性好，扩孔质量比钻孔质量高。扩孔通常作为半精加工或铰孔前的预加工。

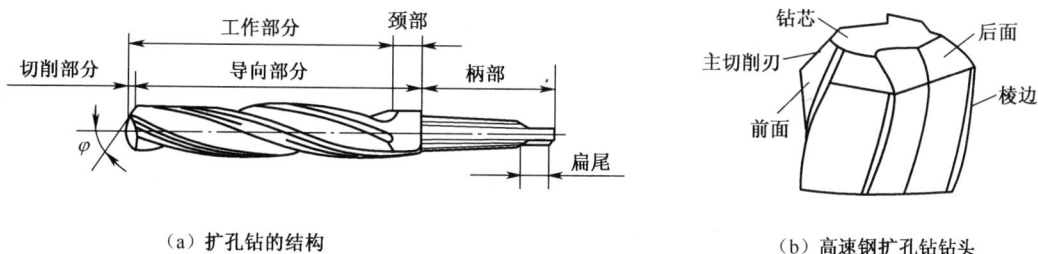

（a）扩孔钻的结构　　　　　　　（b）高速钢扩孔钻钻头

图 3-43　扩孔钻的结构及钻头形状

由于扩孔钻的钻心较粗，具有良好的刚度，加工时可增大进给量和改善加工质量。

在镗床和自动车床上，扩孔钻应用得较多，生产效率高，并且加工质量好，其精度可达 IT10～IT11，表面粗糙度值 $Ra$ 可达 6.3～12.5μm。

### 五、扩孔钻的使用——扩孔的方法

#### 1．扩孔的要求

如果孔径较小，可一次钻出。

如果孔径较大（30mm 以上），应先钻孔，后扩孔。

孔径较大，扩孔应分两次完成。第一次扩直径为（0.5～0.7 倍）$D$ 的孔（$D$ 是孔的直径），第二次扩削到需要的直径 $D$ 处。

扩孔的背吃刀量是扩孔余量的一半。

#### 2．扩孔的类型及方法

车床上常见的扩孔有扩台阶孔、扩盲孔两种，如图 3-44 所示。

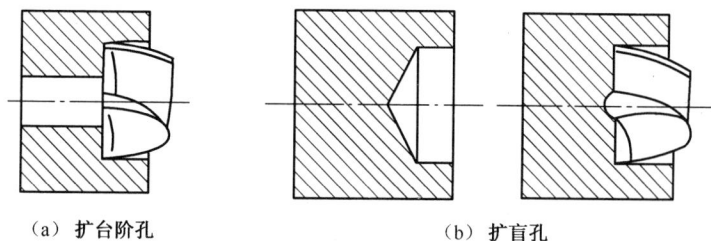

（a）扩台阶孔　　　　　　　　　（b）扩盲孔

图 3-44　用平头钻扩孔

（1）扩台阶孔的方法

① 先根据台阶孔小孔的直径，选择好钻头并正确装夹。

② 装夹工件，并车平工件的端面。

③ 钻出台阶孔的小孔。

④ 换上由麻花钻改制的、直径为所需孔径的扩孔钻。

⑤ 扩孔的方法与钻不通孔相同，但主轴转速应减慢。

（2）扩盲孔的方法

① 按所扩盲孔的直径，选择麻花钻。

② 钻出所扩盲孔的深度。用顶角为 118° 的麻花钻将孔钻出，孔深从钻尖算起，深度比实际孔深少 1～2mm。

③ 用与钻孔直径相同的平头钻扩盲孔底面。

④ 控制深度的方法与钻不通孔的方法相同。

### 3．扩孔切削用量的选择

扩孔时的切削用量，如图 3-45 所示。

（1）扩孔时的进给量和切削速度

扩孔时的进给量为钻孔的 1.5～2 倍，切削速度是钻孔的 1/2。

（2）扩孔时的背吃刀量

扩孔时的背吃刀量可用公式计算。

$$a_p=(D-d)/2$$

式中，$D$——扩孔后的直径（mm）；

$d$——欲加工孔的直径（mm）。

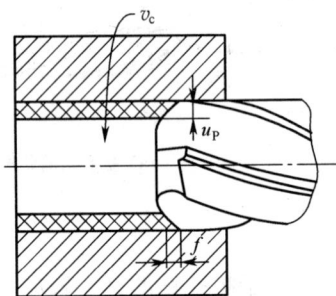

图 3-45　扩孔时的切削用量

### 4．扩孔的检测方法

扩孔的检测项目有孔径和粗糙度两项，其检测量具和方法见表 3-6。

表 3-6　　　　　　　　　　　　扩孔的检测方法

| 检 测 项 目 | 检 测 量 具 | 检 测 方 法 |
| --- | --- | --- |
| 孔径 | 游标卡尺 | 直接测量 |
| 粗糙度 | 粗糙度样板 | 对比法或目测 |

### 5．扩孔时的注意事项

① 由于平头钻扩孔时，会有晃动现象。因此，在改制钻头时，应在满足加工要求的前提下，选择尽量短的钻头，以保证工作时钻头有足够的刚性，避免孔径扩大。

② 用麻花钻扩孔时要注意控制好进给量，防止麻花钻在尾座套筒内打滑。

③ 扩孔时，应把外缘出前角修磨得小些。

④ 除铸铁、铸造青铜材料外，其他材料的工件加工时可使用切削液。

### 6．扩孔质量分析

扩孔产生的问题是孔径不对。其产生的原因及预防措施见表 3-7。

表 3-7　　　　　　　　　　　孔径不对产生的原因及预防措施

| 问 题 种 类 | 产 生 原 因 | 预 防 措 施 |
| --- | --- | --- |
| 孔径不对 | 扩孔钻直径选错尾座偏移 | 正确选择钻头的直径找正尾座 |

### 7．扩孔技能训练

（1）图样

扩孔图样如图 3-46 所示。

项目三

套类零件的加工

（2）训练条件

① 设备：CA6140 型卧式车床或同类车床。

② 刀具：外圆车刀、$\phi$18 的麻花钻、$\phi$20 扩孔钻。

③ 量具：游标卡尺、粗糙度样板。

④ 辅助工具：切削液、莫氏锥套等。

⑤ 材料：45# 钢。

（3）扩孔步骤

① 准备工作：装夹工件，找正夹紧，车平端面，钻中心孔，如图 3-47（a）所示。

② 钻通孔：用 $\phi$18 的麻花钻钻孔，如图 3-47（b）所示。

③ 扩孔：用 $\phi$20 的扩孔钻扩孔，如图 3-47（c）所示。

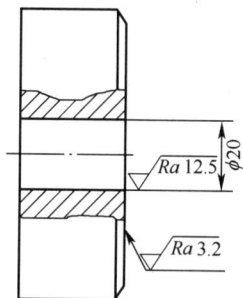

图 3-46　扩孔图样

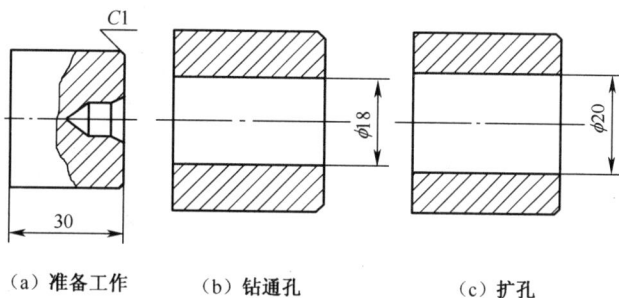

(a) 准备工作　　(b) 钻通孔　　(c) 扩孔

图 3-47　扩孔步骤

（4）检测孔径

① 用游标卡尺直接测量孔径。

② 用粗糙度样板测量对比粗糙度。

## 六、内孔车刀

### 1．内孔车刀的用途

内孔车刀的用途就是加工内孔。

### 2．车孔简述

用车刀车内孔的方法称为车孔。车孔是常用的孔加工方法，可作为半精加工，也可作为精加工，还可修正孔的直线度。

车孔精度一般为 IT7～TT8、表面粗糙度值 $Ra$ 可达 1.6～3.2μm，精车时可高达 0.8μm。车孔是对已有的孔进行再加工，为了使其达到所要求的尺寸精度、位置精度、表面粗糙度，为了满足对不同内孔加工的要求，对车刀有一定的要求。

### 3．内孔车刀的类型及作用

内孔的加工，按具体情况可分为车通孔和车盲孔。同样，对于车刀来说就有通孔车刀和盲孔车刀之分。如图 3-48 所示。

### 4．内孔车刀的结构

内孔车刀的结构有整体式和机夹式两种形式。机夹式的两种车刀形式，如图 3-49 所示。

### 5．内孔车刀刀杆的选择

在能伸进孔的前提下，刀杆应尽可能选择粗些；在保证加工孔深的前提下，刀杆应尽可能选择短些，以增强刀杆的刚性。

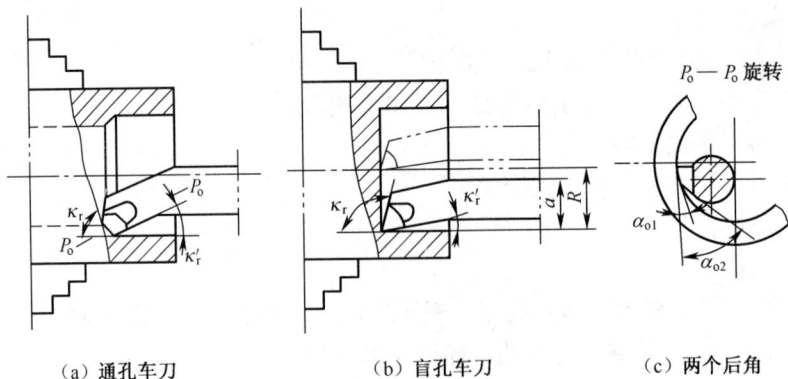

（a）通孔车刀　　　　（b）盲孔车刀　　　　（c）两个后角

图 3-48　内孔车刀

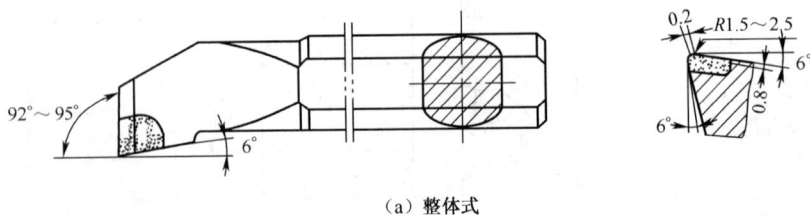

（a）整体式

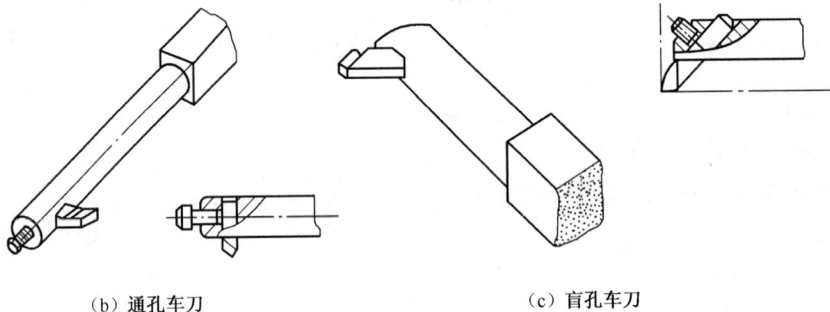

（b）通孔车刀　　　　　　　　（c）盲孔车刀

图 3-49　内孔车刀的结构

**6．车孔的关键技术**

车孔的关键技术是解决车孔刀的刚度和排屑问题。

（1）增强车孔刀刚度的措施

① 尽量增加刀柄的截面积，使车孔刀的刀尖位于刀柄的中心线，如图 3-50（a）和图 3-50（b）所示。

② 尽量缩短刀柄的伸出长度，如图 3-50（c）所示。

③ 车刀外形如图 3-50（d）所示。

（2）解决车孔的排屑问题

解决车孔的排屑主要是控制切屑流出的方向，精车时要求切屑流向待加工表面（前排屑），为此采用正刃倾角的车孔刀，如图 3-51 所示。加工不通孔时，采用负刃倾角的车孔刀，使切屑从孔口排出（后排屑），如图 3-52 所示。

**7．内孔车刀的角度选择**

内孔车刀的前角、后角等角度的选择，主要取决于所加工工件材料的硬度与韧性、粗车与精车工艺等。内孔车刀的角度选择见表 3-8 和如图 3-53 所示。

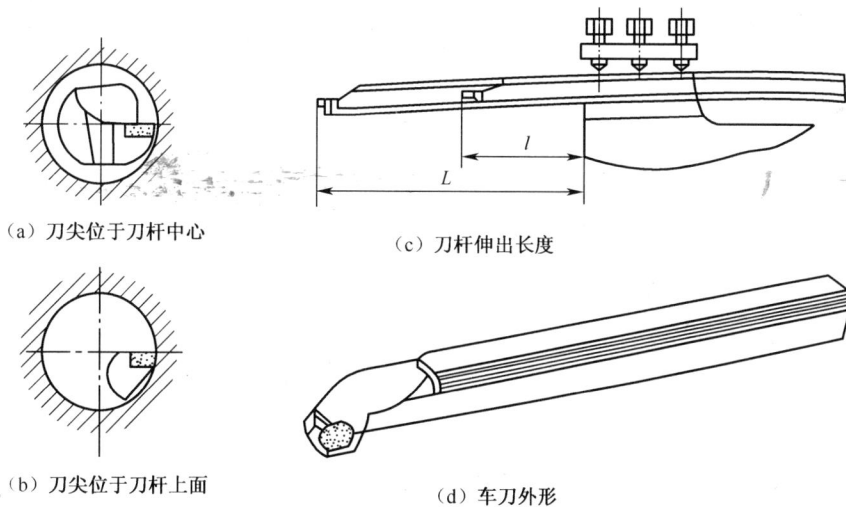

（a）刀尖位于刀杆中心

（c）刀杆伸出长度

（b）刀尖位于刀杆上面

（d）车刀外形

图 3-50　增强车孔刀刚度的措施

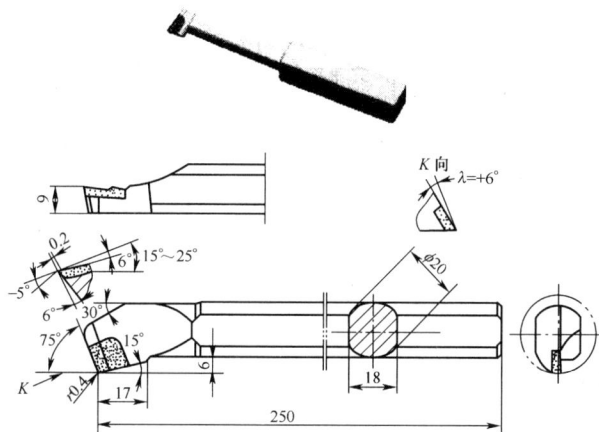

图 3-51　前排屑通孔车刀

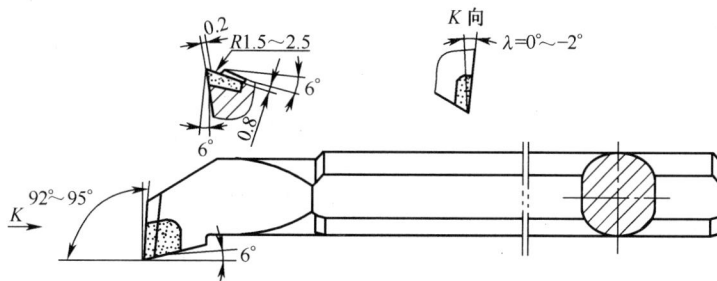

图 3-52　后排屑不通孔车刀

| 表 3-8 | | 内孔车刀的角度选择 | | 单位：度 |
| --- | --- | --- | --- | --- |
| | 前角 | 主偏角 | 副偏角 | 后角 |
| 通孔车刀 | 10～20 | 45～75 | 10～45 | 6～12 |
| 盲孔车刀 | 10～20 | 92～95 | 3～6 | 6～12 |

**8．内孔车刀的装夹**

**（1）刀尖的要求**

安装车刀时，使车刀刀尖对准工件的旋转中心，精车时，刀尖略高于旋转中心。

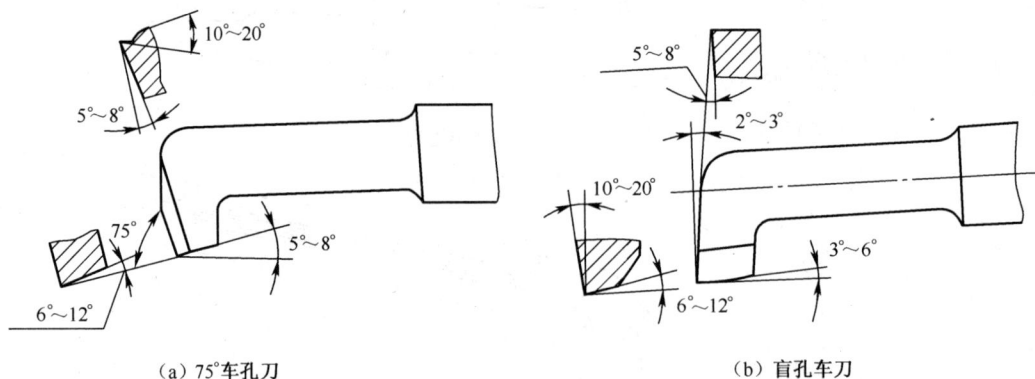

（a）75°车孔刀　　　　　　（b）盲孔车刀

图 3-53　内孔车刀的角度选择

**（2）刀杆的要求**

刀杆应平行于工件的轴心线，在满足加工要求的前提下，刀杆悬出长度尽量短，即悬出长度比工件长度长 5～10mm。刀杆和工件孔壁不能有擦碰。因此，装夹后，应摇动拖板使车刀在孔内试走一遍。

**（3）装夹盲孔车刀的要求**

盲孔车刀装夹时，内偏角的主切削刃与孔底平面成 3°～5°，并保证在车底面时有足够的横向退刀余地，如图 3-54 所示。

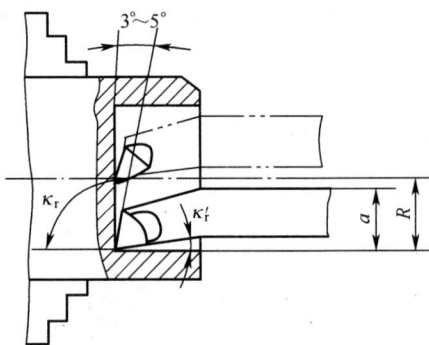

图 3-54　盲孔车刀的安装

**七、内孔车刀的使用——车孔方法**

**1．车通孔**

通孔的车削方法基本上与车外圆相似，只是进刀和退刀的方向相反，进刀深度小于车外圆。在粗车、精车时，要进行试切削、试测量，其横向吃刀量为径向余量的 1/2。其方法如下。

**（1）准备工作**

① 根据孔径、孔深，选择好车刀，并装夹好。

② 选择合理的切削速度，调整转速，车孔比车外圆的速度稍慢。切削用量的选择见表 3-9。

表 3-9　　　　　　　　　　　　　　切削用量的选择

| 性质 | $n$（r/min） | $a_p$（mm） | $F$（mm/r） |
|---|---|---|---|
| 粗车 | 400～600 | 1～3 | 0.2～0.3 |
| 精车 | 600～800 | 0.1～0.2 | 0.1～0.15 |

**（2）粗车孔**

① 对刀。开动机床，内孔车刀刀尖与工件孔壁接触，试车一刀，纵向退出车刀，中滑板刻度置零，如图 3-55 所示。

② 根据孔的加工余量，确定切削深度，一般取 2mm 左右，即中拖板操纵手柄处刻度盘

进 2mm。

③ 车削孔。摇动溜板箱的手轮，慢慢移动车刀至孔的边缘，合上纵向自动进给手柄，观察切屑能否顺利排出。当车削声停止时，立即脱开进刀手柄，停止进给。再摇动横向进给手柄，使内孔车刀刀尖脱离孔壁。摇动溜板箱手轮，快速退出车刀。

（3）精车孔

① 适当提高转速，精车刀刀尖与孔壁接触，进刀 0.1mm 试车削，切进深度约 3 mm 时，停止进给，停下车床。在卡盘停止转动前，快速退出车刀，如图 3-56 所示。

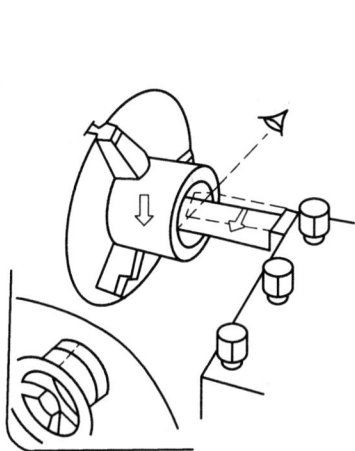

图 3-55　粗车孔的对刀

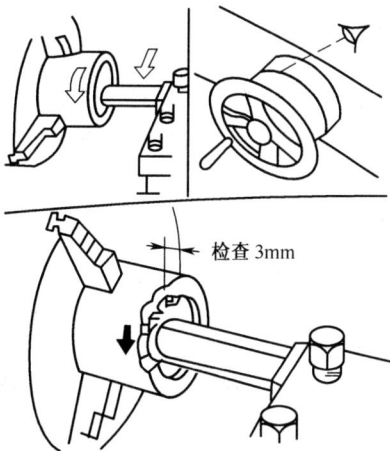

检查 3mm

图 3-56　精车孔试车削方法

② 用卡钳或卡尺测出正确的尺寸，最后一刀的进刀深度为 0.1～0.2mm，进给量是 0.08～0.15mm/r，精车至目标尺寸。

**2．车台阶孔**

车削直径较小的台阶孔时，由于观察困难，尺寸不易掌握，通常采用先粗车、精车小孔，再粗车、精车大孔的方法。

车削直径较大的台阶孔时，一般先粗车大孔和小孔，再精车大孔和小孔。

（1）准备工作

① 根据台阶孔的直径选用合适的钻头：钻底孔的钻头和平头钻。用钻头钻底孔，再用平头钻扩孔。

② 选择合适的盲孔车刀，装夹调试好。刀杆外侧与孔壁留有一定空隙，以防刀杆碰伤孔壁，如图 3-57（a）所示。

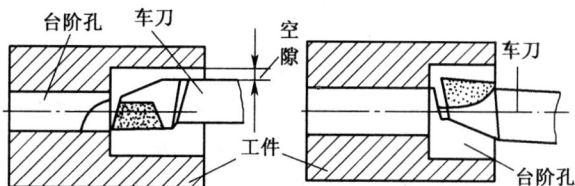

台阶孔　车刀　空隙　车刀

工件　台阶孔

（a）车台阶孔刀杆外侧位置　　（b）车台阶孔内端面

图 3-57　车台阶孔方法

（2）车削台阶孔（直径较小的台阶孔）

① 粗车小孔。车削方法与车通孔相同，精车余量为 0.3～0.5mm。

② 粗车大孔。具体方法如下。

开动机床，用内孔刀车平端面，小滑板刻度调至零件，床鞍刻度调零位。粗车用床鞍刻度盘控制，精车用小滑板刻度盘控制。

移动中滑板，刀尖与孔壁接触，纵向退出车刀，中滑板刻度置零位。

移动中滑板，调整好粗车切削深度，留 0.3～0.5mm 的精车余量，纵向自动进给粗车孔刀。床鞍刻度接近孔深时，停止自动进给，用手动进给至台阶孔的尺寸时进给停止，摇动中滑板手柄，横向进给，车台阶孔的内端面尺寸如图 3-57（b）所示。

（3）精车台阶孔

① 用车通孔的方法，精车小孔至目标尺寸。

② 精车大孔。先进行试车削，测量孔径，确定尺寸正确后，纵向自动进给，精车孔。当床鞍刻度值接近孔深时，改用手动进给，刀尖刚接触台阶面时退出车刀。

（4）倒角

用内孔车刀内外倒角。

（5）车台阶孔控制孔深度的方法

① 粗车时，在刀柄上刻线痕作记号，如图 3-58（a）所示。

② 粗车时，放限位铜片，如图 3-58（b）所示。

③ 粗车时，用床鞍刻度盘刻线来控制，如图 3-58（c）所示。

④ 精车时，用小滑板刻度盘或游标深度尺来控制。

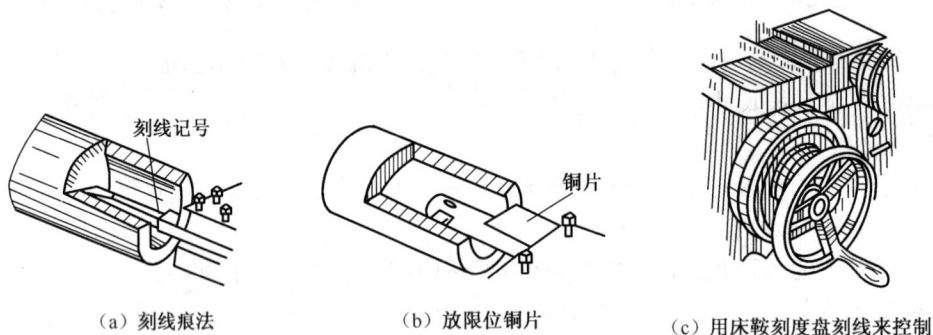

（a）刻线痕法　　　　　　　　　（b）放限位铜片　　　　　　　　（c）用床鞍刻度盘刻线来控制

图 3-58　车台阶孔控制孔深度的方法

### 3．车盲孔（平底孔）

（1）准备工作

① 装夹工件，并找正。

② 钻底孔。用比盲孔直径小 1～2mm 的钻头钻孔，深度从钻尖计算，留 1mm 的余量。用相同直径的平头钻扩孔底，其深度应比设计要求的深度浅 1mm，作为车削余量。

③ 装夹盲孔车刀。刀尖对准工件中心，刀尖到刀杆外侧的距离要小于孔径的一半，如图 3-59（a）所示。车削前，试移动车刀，当车刀刀尖过工件中心时，观察刀杆外侧与孔壁是否有擦碰。

④ 调整主轴转速。

（2）粗车盲孔

① 用粗车台阶孔的方法，粗车盲孔。但车孔底平面时，车刀一定要过工件的中心。留0.5～1mm 的孔径余量和 0.2mm 左右的孔深余量，如图 3-59（b）和图 3-59（c）所示。

② 车削盲孔。摇动溜板箱的手轮，慢慢移动车刀至孔的边缘，合上纵向自动进给手柄，观察切屑能否顺利排出。当车削至粗车深度时，立即脱开进刀手柄，停止进给，使内孔车刀刀尖脱离孔壁，快速退出车刀。

（3）精车盲孔

先进行试车削，测量孔径，确定尺寸正确后，自动进给精车盲孔。床鞍刻度值离孔深 2～3mm 时，改用手动进给，刀尖刚接触孔底时，用小滑板手动进给，当切削深度等于精车孔深余量时，用中滑板进刀车平盲孔底面，如图 3-59（d）所示。

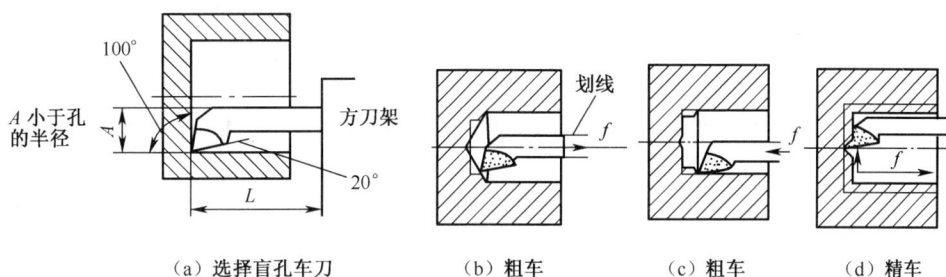

图 3-59　车盲孔

**4．检测方法**

车孔的检测项目有孔径、孔深、圆度、圆柱度、表面粗糙度 5 种，其检测项目和方法见表 3-10。

表 3-10　　　　　　　　　车孔的检测项目及检测方法

| 检测项目 | 检 测 量 具 | 检 测 方 法 |
| --- | --- | --- |
| 孔径 | 游标卡尺、塞规、内径百分表、千分尺 | 直接测量 |
| 孔深 | 深度游标卡尺 | 直接测量 |
| 圆度 | 内径百分表、杠杆百分表 | 同一截面内多点测量 |
| 圆柱度 | 内径百分表 | 不同截面内多点测量 |
| 表面粗糙度 | 表面粗糙度样板 | 比较法或目测 |

**5．车孔时的注意事项**

① 注意中滑板的进刀、退刀方向与车外圆时相反。

② 精车内孔时，应保持刀刃锋利，否则易产生扎刀。

③ 车刀装好后，应在孔内试走一遍，以防车刀与孔壁碰撞。

**6．车孔的质量分析**

车孔产生的问题有尺寸超差、内孔有锥度、内孔不圆、表面粗糙度达不到要求等 4 种。其产生原因及预防方法见表 3-11。

表 3-11                              车孔产生问题的原因及预防方法

| 问题种类 | 产 生 原 因 | 预 防 方 法 |
|---|---|---|
| 尺寸超差 | ① 测量不正确<br>② 车刀安装不对，刀柄与孔壁相碰<br>③ 产生积屑瘤，增加了刀尖强度，使孔车大 | ① 要仔细测量，并进行试车削<br>② 选择合理的刀杆直径，车刀装好后，最后将车刀在孔内走一遍，检查是否相碰<br>③ 研磨前面，使用切削液，增大前角，选择合理的切削速度 |
| 内孔有锥度 | ① 工件没找正中心<br>② 刀杆刚度低，产生"让刀"现象<br>③ 刀具加工时磨损 | ① 仔细找正工件的中心<br>② 增加刀杆的刚度<br>③ 选择合理的刀具，减小切削用量 |
| 内孔不圆 | ① 夹紧力太大，工件变形<br>② 轴承间隙太大<br>③ 工件加工余量不够 | ① 选择合理的装夹方法<br>② 调整机床轴承的间隙<br>③ 分粗车和精车 |
| 表面粗糙度达不到要求 | ① 切削用量的选择不当<br>② 刀具刃磨不良<br>③ 车刀几何角度不正确，车刀刀尖低于工件的中心 | ① 选择合理的切削用量<br>② 保证刀刃锋利，研磨车刀前刀面<br>③ 选择合理的刀具角度，装刀时使刀尖略高于工件中心 |

## 八、车孔技能训练

（1）图样

车孔图样如图 3-60 所示。

（2）训练条件

① 设备：CA6140 型卧式车床或同类车床。

② 刀具：$\phi$18 的麻花钻、通孔车刀和不通孔车刀。

③ 量具：游标卡尺、千分尺、塞规、内径百分表、游标深度尺。

④ 辅助工具：切削液。

⑤ 材料：45# 钢。

（3）车孔步骤

① 准备工作：装夹工件，找正夹紧，车平端面，用 $\phi$18 的麻花钻钻孔，如图 3-61（a）所示。

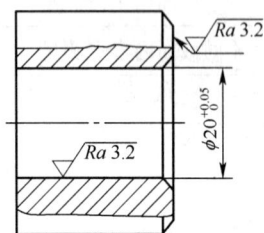

图 3-60  车孔图样

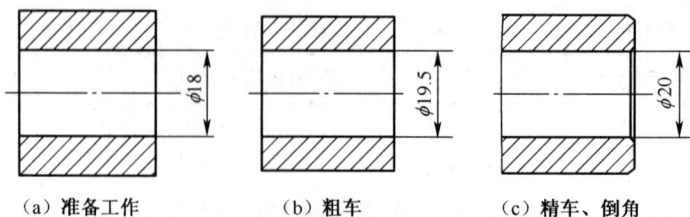

（a）准备工作    （b）粗车    （c）精车、倒角

图 3-61  扩孔步骤

② 粗车：粗车至尺寸 $\phi$19.5mm，溜 0.5 mm 的精车余量，如图 3-61（b）所示。

③ 精车、倒角：精车至尺寸 $\phi$20mm，达到图样要求，孔口倒角 C1，如图 3-61（c）所示。

④ 检测孔径。

按图样要求检测孔径。

**九、铰刀**

**1．铰刀的用途**

铰刀的用途就是铰孔。

**2．铰孔概述**

铰孔是用铰刀对未淬硬孔进行精加工的一种方法。铰刀是一种尺寸精确的多刃刀具。

铰孔加工精度高，尺寸精度可达 IT7～IT9，表面粗糙度值 $Ra$ 可达 0.4μm。铰孔具有效率高、质量好、操作方便等特点，在批量生产中得到广泛运用。

**3．铰刀的结构**

铰刀由工作部分、柄部和颈部组成，如图 3-62 所示。

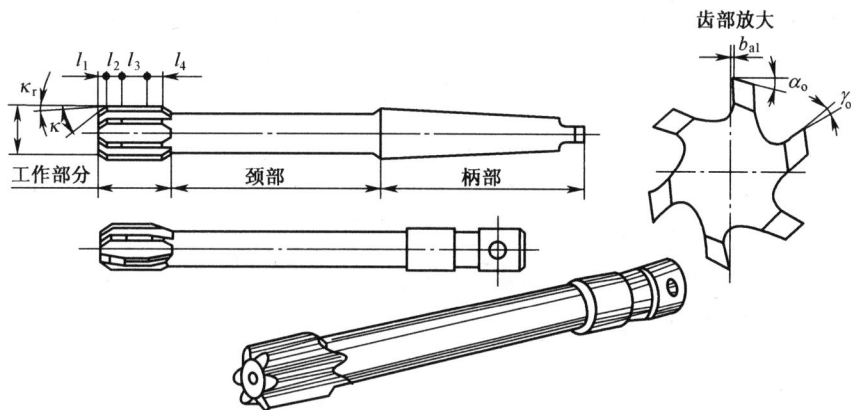

图 3-62　铰刀的结构

（1）柄部

柄部用来夹持和传递转柜。

（2）工作部分

工作部分由引导部分、切削部分、修光部分和倒锥组成。

① 引导部分是铰刀开始进入孔内时的导向部分，其导向角（$k$）一般为 45°。

② 切削部分主要担负切削工作。

③ 修光部分上有棱边，起定向、碾光孔壁、控制铰刀直径和便于测量等作用。

④ 倒锥部分可减小铰刀与孔壁之间的摩擦，还可防止产生喇叭形孔和孔径扩大。

⑤ 铰刀的前角一般为 0°，粗铰钢料时，可取前角 $\gamma_0$ 为 5°～10°，铰刀后角一般取 $\alpha$ 为 6°～8°，主偏角一般取 $\kappa_r$ 为 3°～1.5°。

**4．铰刀的类型**

（1）铰刀按用途划分

铰刀按用途划分，有机用铰刀和手用铰刀，如图 3-63 所示。

机用铰刀的柄有直柄和锥柄两种。铰孔时由车床尾座定向，因此机用铰刀工作部分较短，主偏角较大，标准机用铰刀的主偏角 $\kappa_r$=15°。手用铰刀的柄部做成方楔形，以便套入铰杠铰削工件。手用铰刀工作部分较长，主偏角小，一般 $\kappa_r$ 为 40′～4°。

（2）按切削部分材料划分

铰刀按切削部分材料划分，有高速钢和硬质合金铰刀。

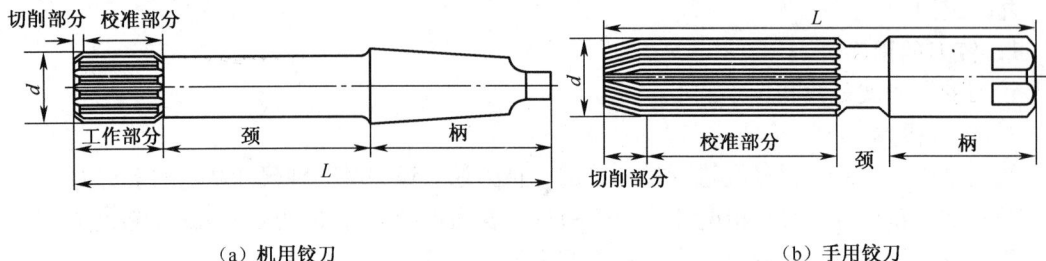

（a）机用铰刀　　　　　　　　　　　　　　　（b）手用铰刀

图 3-63　铰刀

### 5. 铰刀的装夹

车床上铰刀的装夹与钻孔时装夹麻花钻一样，但要注意同轴度的调整，即装夹后，铰刀的轴线应与被加工孔的中心线重合，其误差值不应大于 0.02mm。

有时车床受本身条件的限制，其同轴度要求很难达到，为了保证其同轴度，常采用浮动套筒装夹，如图 3-64 所示。

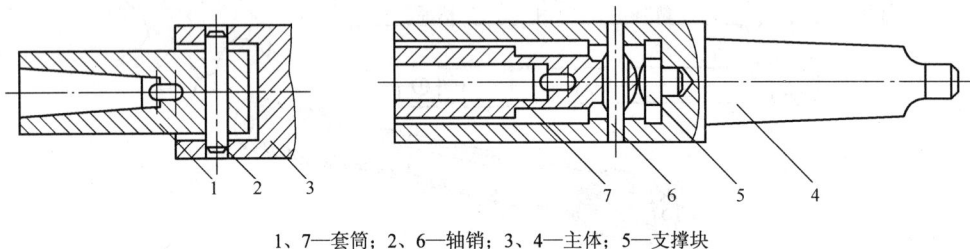

1、7—套筒；2、6—轴销；3、4—主体；5—支撑块

图 3-64　浮动套筒

### 6. 铰刀的选择

铰刀的直径应符合被加工孔径尺寸的要求，铰刀的精度等级要和铰孔的精度相符，一般铰刀的上偏差是被加工孔公差的 2/3，下偏差是被加工孔公差的 1/3。

### 7. 铰孔切削液的选择

铰孔时，切削液的选择见表 3-12。

表 3-12　　　　　　　　　　　　　　铰孔时切削液的选择

| 加工材料 | 切削液种类 |
| --- | --- |
| 钢件及韧性材料 | 机油、乳化液 |
| 铸铁及脆性材料 | 煤油、煤油与矿物油的混合油 |
| 铜件或铝合金 | 植物油、专用锭字油（SH/T0360—1992）、合成锭字油（SH/T0111—1992） |

## 十、铰刀的使用——铰孔方法

### 1. 铰削余量的确定

铰孔是对已有的孔进行精加工的工艺，对铰削余量的要求较高。余量多了，铰出的孔壁粗糙，其他精度也不能达到要求；余量少了，铰孔时不能消除上道工序的缺陷。一般铰孔余量为 0.08～0.15mm。用高速钢铰刀时，铰削余量取小值；用硬度合金铰刀时，取大值。

注意：当孔径较小，不能用车孔纠正钻孔时的轴线不直、径向圆跳动等缺陷时，必须保证钻孔质量。铰孔前的内孔表面粗糙度 $Ra$ 不得大于 6.3μm。

## 2．铰孔的方法

（1）准备工作

① 找正尾座的中心位置。用试棒和百分表找正尾座的中心位置，保证尾座的中心与主轴中心线重合。

② 调整切削用量，选择主轴转速。铰孔时，切削速度越低，表面粗糙度值越小。一般切削速度小于 5m/min 时，进给量可取大些，可取 0.2～1mm/r。铰孔切削用量的选择见表 3-13。

表 3-13 　　　　　　　　　　　　　铰孔切削用量的选择

| 主轴转速 $n$（r/min） | 12～30 |
| --- | --- |
| 进给量 $f$（mm/r） | 0.2～0.1 |
| 背吃刀量 $a_p$（mm） | 0.04～0.06 |

③ 准备合适的切削液。

（2）铰通孔

铰通孔如图 3-65 所示，其方法如下。

① 移动尾座，当铰刀即将接触孔口时，锁紧尾座。

② 摇动尾座手轮，使铰刀的引导部分轻轻进入孔口深度 2mm 左右。

③ 开动车床，加足切削液，双手均匀摇动手轮。

④ 铰削结束，铰刀最好从孔的另一端取下，不要从孔中退出。

⑤ 将内孔擦净，检查内孔尺寸。

（3）铰不通孔

铰不通孔如图 3-66 所示，其方法如下。

图 3-65　铰通孔

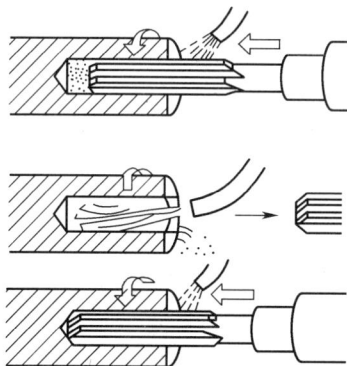

图 3-66　铰不通孔

① 移动尾座，铰刀即将接触孔口时，锁紧尾座。摇动手轮，使铰刀导向刃进入孔口 2mm 左右。

② 启动车床，充分加注切削液，双手均匀地摇动尾座手轮进行铰孔。当感觉到轴向切削抗力明显增加时，说明铰刀的端部已到孔底，应当立即退出铰刀。

## 3．检测方法

铰孔的检测项目有孔径和表面粗糙度，其检测项目和方法见表 3-14。

表 3-14 铰孔的检测项目及检测方法

| 检测项目 | 检测量具 | 检 测 方 法 |
|---|---|---|
| 孔径 | 塞规、内径百分表 | 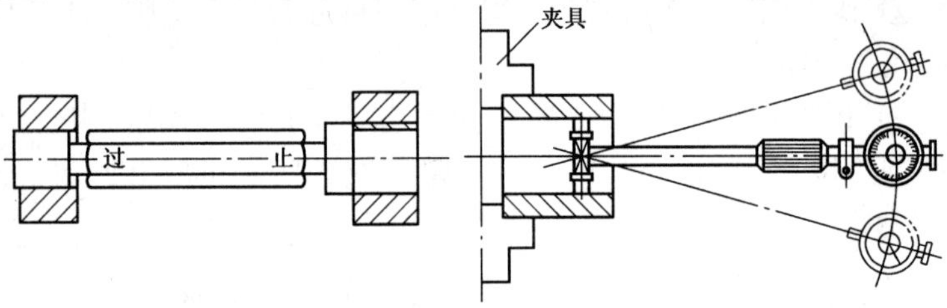 |
| 表面粗糙度 | 粗糙度样板 | 目测 |

### 4. 铰孔时的注意事项

① 选用铰刀时,检查刃口是否锋利,柄部是否光滑。只有完好无损的铰刀才能加工出高质量的孔。

② 铰刀的中心线必须与车床的主轴线重合。

③ 根据选定的切削速度和孔径大小,调整车床的主轴转速。

④ 安装铰刀时,应注意锥柄和锥套的清洁。

⑤ 铰刀由孔中退出时,车床主轴应仍保持正转不变,切不可反转,以防损坏铰刀刃口和已加工表面。

⑥ 应先试铰、试测量,以免造成废品。

### 5. 铰孔的质量分析

铰孔废品的种类包括孔径扩大、表面粗糙度差两种,产生原因和预防方法见表 3-15。

表 3-15 铰孔的质量分析

| 废品种类 | 产 生 原 因 | 预 防 方 法 |
|---|---|---|
| 孔径扩大 | ① 铰刀直径太大<br>② 铰刀刃口径向摇摆过大<br>③ 尾座偏,铰刀与孔中心不重合<br>④ 切削速度太高,产生积屑瘤并使铰刀温度升高<br>⑤ 余量太大 | ① 仔细测量尺寸,根据孔径尺寸要求,研磨铰刀<br>② 重新修磨铰刀刃口<br>③ 校正尾座,使其对中,最好采用浮动套筒<br>④ 降低切削速度,加充分的切削液<br>⑤ 留适当的铰削余量 |
| 表面粗糙度差 | ① 铰刀刀刃不锋利及刀刃上有崩口、毛刺<br>② 余量过大或过小<br>③ 切削速度太高,产生积屑瘤<br>④ 切削液选择不当 | ① 重新刃磨,表面粗糙度要高,刃磨后保管好,不许碰毛<br>② 留适当的铰削余量<br>③ 降低切削速度,用油石把积屑瘤从刀刃上磨去<br>④ 合理选择切削液 |

### 6. 铰孔技能训练

（1）图样

铰孔图样如图 3-67 所示。

（2）训练条件

① 设备：CA6140 型卧式车床或同类车床。

② 刀具：外圆车刀、车孔刀、中心钻、机用铰刀、麻花钻。

③ 量具：塞规、内径百分表。

④ 辅具工具：切削液、浮动套筒、钻夹头、莫氏锥套。

⑤ 材料：45#钢，$\phi$40mm×50mm。

（3）铰孔步骤

铰孔步骤见表3-16。

（4）测量

检测孔径和表面粗糙度。

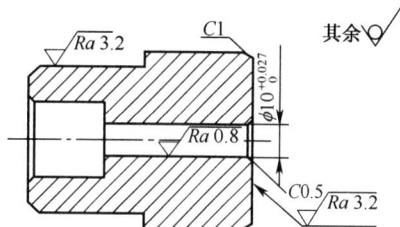

图3-67　铰孔图样

表3-16　　　　　　　　　　　铰孔步骤

| 步　骤 | 操　作 | 图　示 |
|---|---|---|
| 装夹 | 夹持外圆，车端面 |  |
| 定位 | 钻中心孔、定位 |  |
| 钻、扩孔 | 用$\phi$9.5mm的麻花钻钻孔，用$\phi$9.8mm的麻花钻扩孔 |  |
| 铰孔 | 用$\phi$10mm的机用铰刀铰孔至设计要求的尺寸 |  |

## 十一、内沟槽车刀

### 1．内沟槽车刀的结构

内沟槽车刀与切断刀的几何形状相似，其几何角度与切断刀基本相同，所不同的是其后角通常都刃磨重成双重后角或多重后角（主要用于让位，即不撑伤孔壁），如图3-68所示。

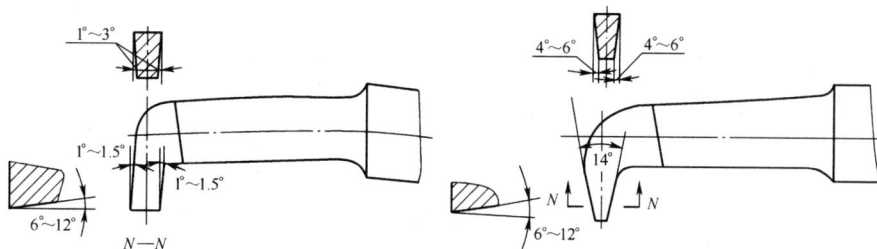

图3-68　内沟槽车刀的结构（整体式）

## 2．内沟槽车刀的种类及其用途

根据内沟槽车刀的结构，内沟槽车刀可分为整体式和装夹式，如图 3-69 所示。

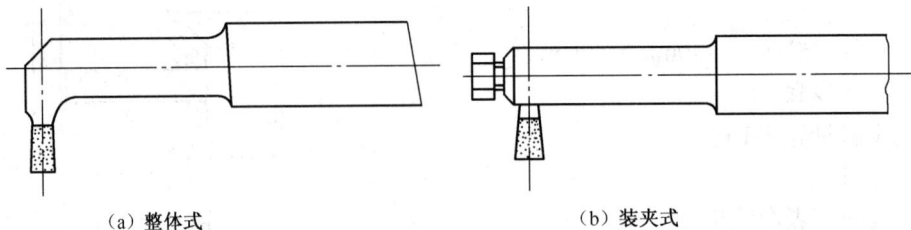

（a）整体式　　　　　　　　　　　　　　（b）装夹式

图 3-69　内沟槽车刀的类型

装夹式一般用于所加工工件的孔径较大，一般加工工件孔径较小时用整体式。由于内槽通常与工件孔轴心线垂直，所以要求内槽刀刀体与刀柄的轴线垂直。

## 3．内沟槽车刀的装夹

装夹内沟槽车刀，应使主切削刃与孔中心等高或略高，两侧副偏角必须对称。

## 十二、内沟槽车刀的使用——车内沟槽方法

### 1．槽的种类

根据零件结构工艺性和工作情况的需要，有各种不同端面形状的内沟槽和端面槽。

（1）内沟槽的种类

① 退刀槽。车内螺纹、车孔和磨孔时作退刀用，如图 3-70（a）所示。有时为了拉油槽方便，两端开有退刀槽。

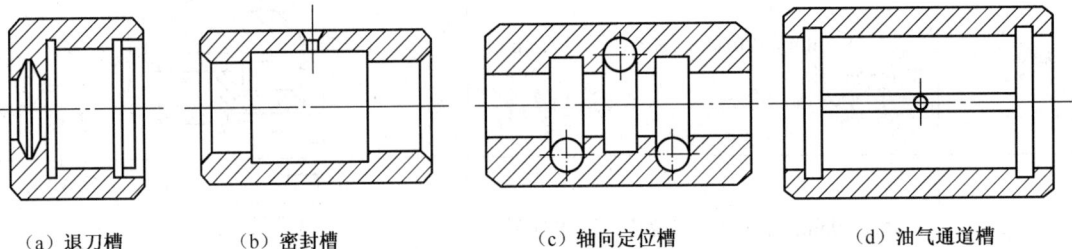

（a）退刀槽　　　　（b）密封槽　　　　　（c）轴向定位槽　　　　　（d）油气通道槽

图 3-70　内沟槽的种类

② 密封槽。在 T 形槽中嵌入油毛毡，防止轴上的润滑剂溢出，如图 3-70（b）所示。

③ 轴向定位槽。在轴承座内孔中的适当位置开槽，放入孔用弹性挡圈，以实现滚动轴承的轴向定位，如图 3-70（c）所示。有些较长的轴套，为了加工方便和定位量好，往往在长孔中间开有较长的内沟槽。

④ 油气通道槽。在各种液压和气压滑阀中，开内沟槽以通油或通气。此类槽的轴向尺寸要求较高，如图 3-70（d）所示。

（2）端面槽的种类

① 端面直槽。主要用于让位或密封，如图 3-71（a）所示。

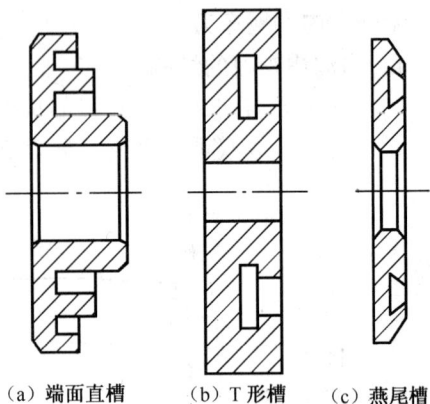

（a）端面直槽　　（b）T 形槽　　（c）燕尾槽

图 3-71　端面槽

② T 形槽。用于可调装置的位置，有一定的受力要求，如机床工作台上所开的槽，如图 3-71 （b）所示。

③ 燕尾槽。用于连接，对受力要求不高，如图 3-71（c）所示，如磨床上砂轮接法兰盘就车有燕尾槽。

**2．车内沟槽**

（1）车内沟槽的基本方法

车内沟槽与车外沟槽的方法类似。

① 宽度较小和精度要求不高的内沟槽，可用主切削刃宽度等于槽宽的内沟槽车刀，如图 3-72（a）所示。

② 宽度较宽和精度要求较高的内沟槽，可采用直进法分几次车出。粗车时，槽壁和槽底应留有精车余量，然后根据槽宽、槽深进行精车，如图 3-72（b）所示。

③ 宽度很大、深度较浅的内沟槽，可用车孔刀先粗车出凹槽，再用内沟槽车刀车沟槽两端的垂直面，如图 3-72（c）所示。

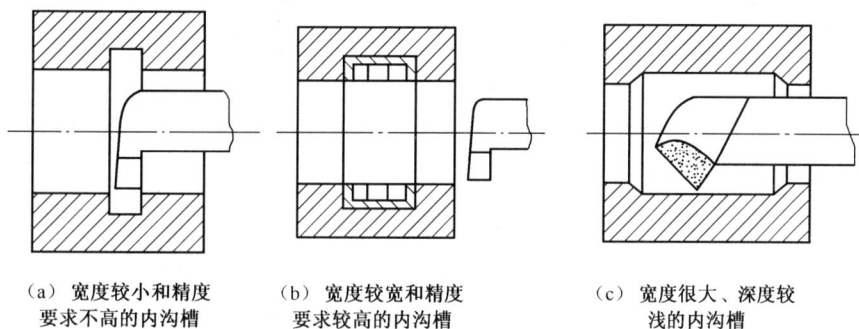

(a) 宽度较小和精度
要求不高的内沟槽

(b) 宽度较宽和精度
要求较高的内沟槽

(c) 宽度很大、深度较
浅的内沟槽

图 3-72　车内沟槽的方法

（2）控制槽宽和槽深的方法

① 确定起始位置，摇动床鞍和中滑板，使内沟槽车刀的主切削刃轻轻地与孔壁接触，将中滑板刻度调至零位。

② 确定车内沟槽的终止位置，根据内沟槽深度，可计算出中滑板刻度的进给格数，并在终止刻度指示位置上用记号笔做出标记或记下刻度值。

③ 确定车内沟槽的退刀位置，使内沟槽车刀主切削刃离开孔壁 0.2～0.3mm，并在中滑板刻度盘上做出退刀位置。

④ 控制内沟槽的轴向位置尺寸，移动床鞍和中滑板，使内沟槽车刀副切削刃与工年端面轻轻地接触，如图 3-73 所示，此时将床鞍刻度调至零位。若内沟槽靠近孔口，需要小滑板刻度控制内沟槽轴向位置时，就应将小滑板刻度调到零位，作为车内沟槽纵向的起始位置。接着向后移动中滑板，待内沟槽车刀主切削刃退到不碰孔壁时，再移动床鞍，以便让车槽刀进入孔内。进入深度为内沟槽的轴向位置尺寸 $L$ 加上内沟槽车刀主切削刃的宽度。

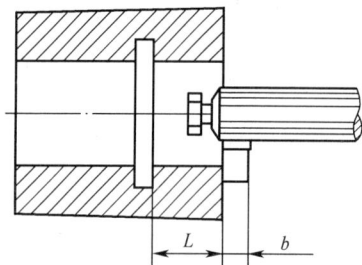

图 3-73　内沟槽轴向定位尺寸的计算

（3）内沟槽的检测

内沟槽的检测项目、检测量具及检测方法见表 3-17。

表 3-17                       内沟槽的检测

| 检测项目 | 检测量具 | 检测方法 |
|---|---|---|
| 宽度 | 游标卡尺、样板 |  |
| 深度 | 弯脚游标卡尺、弹簧内卡钳 | 弯脚游标卡尺<br>弹簧内卡钳 |
| 轴向尺寸 | 钩形游标卡尺 |  |

### 3．车内沟槽技能训练

（1）图样

车内沟槽图样如图 3-74 所示。

（2）训练条件

① 设备：CA6140 型卧式车床或同类车床。

② 刀具：外圆车刀、车孔刀、矩形、内沟槽刀。

③ 量具：游标卡尺、弹簧内卡钳、内径百分表。

④ 材料：45#钢，$\phi40mm \times 50mm$。

（3）车内沟槽步骤

车内沟槽步骤见表 3-18。

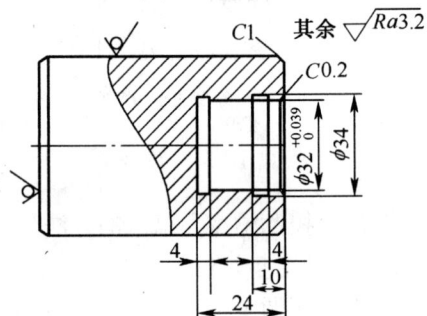

图 3-74   车内沟槽图样

表 3-18                       车内沟槽步骤

| 步骤 | 操作 | 图示 |
|---|---|---|
| 装夹 | 检查毛坯尺寸，找正 |  |
| 车端面、钻孔 | 粗车、精车端面，钻孔 $\phi30\,mm$，长 24 mm |  |
| 孔成型加工 | 扩孔、车孔、平底孔成型 |  |

续表

| 步　　骤 | 操　　作 | 图　　示 |
|---|---|---|
| 精车 | 精车平面、孔和底平面至设计要求的尺寸 | 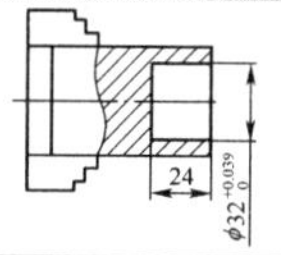 |
| 车内沟槽 | 车内沟槽至设计要求的尺寸 | 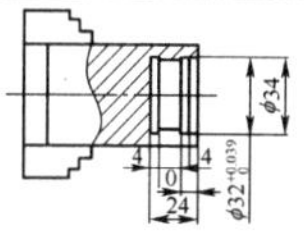 |
| 倒角 | 孔口倒角 C0.2，外圆倒角 C1 | 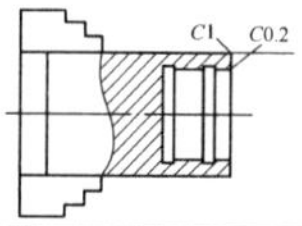 |

（4）测量

按照图样进行检测。

**4．车其他槽的方法**

（1）车端面直槽

在端面上车直槽时，端面直槽车刀的几何形状是外圆车刀与内孔车刀的综合。其中刀尖 $a$ 处的副后刀面的圆弧半径 $R$ 必须小于端面直槽的大圆弧半径，以防左副后刀面与工件端面的孔壁相碰。安装端面直槽车刀时，主切削刀必须垂直于工件轴线，以保证车出的直槽底面与工件轴线垂直，如图 3-75 所示。

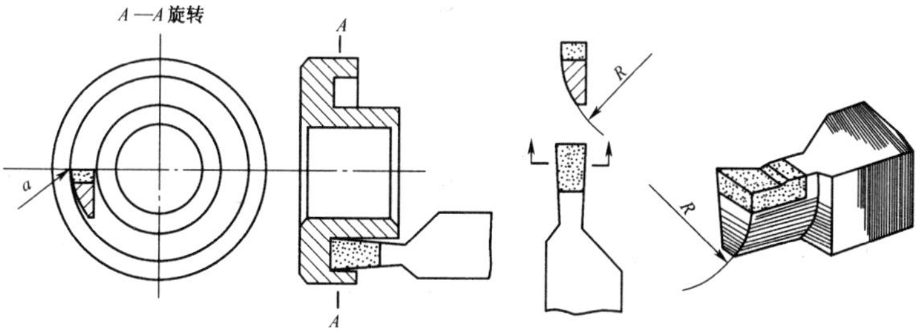

图 3-75　端面直槽刀形状

端面直槽的车削，首先选好切槽成型刀，磨去让位部分。摇动中拖板，使刀具切削刃处于切槽位置，使刀刃接近加工工件的端面，开动车床，用小拖板进刀，加工至所需深度，用纵进给手柄退刀。

（2）车 T 形槽

车 T 形槽的车刀有 3 种成型切槽刀，即直槽刀、外槽成型刀、内槽成型刀。

车 T 形槽比较复杂，可以先用端面直槽刀车出直槽，如图 3-76（a）所示，再用外侧弯头车槽刀，车外侧沟槽，如图 3-76（b）所示，最后用内侧弯头车槽刀，车内侧沟槽，如图 3-76（c）所示。

为了避免弯头刀与直槽侧面圆弧相碰，应将弯头刀刀体侧面磨成弧形。此外弯头刀的刀刃宽度应等于槽 $a$，$L$ 则应小于 $b$，否则弯头刀无法进入槽内。

（3）车燕尾槽

燕尾槽的车削方法与 T 形槽相似，也是采用 3 把刀分 3 步车出，如图 3-77 所示。

（4）端面槽的检测

端面槽的检测项目、检测量具及检测方法见表 3-19。

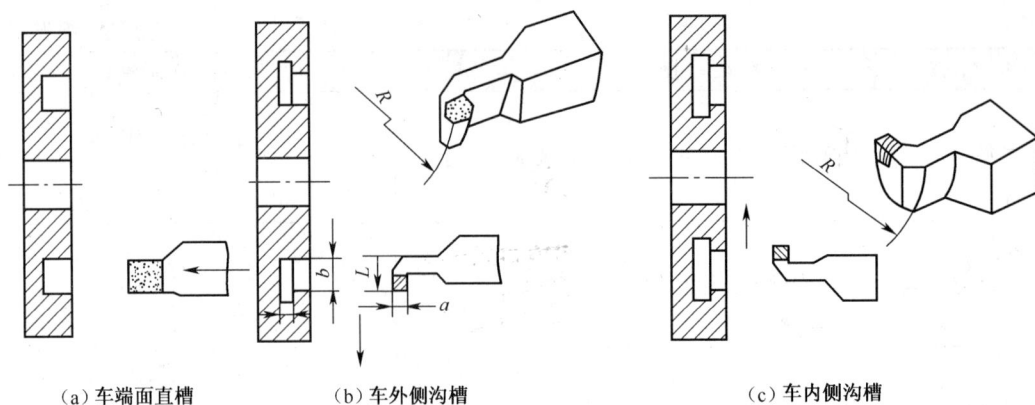

（a）车端面直槽　　　　（b）车外侧沟槽　　　　　　（c）车内侧沟槽

图 3-76　T 形槽车刀与车削

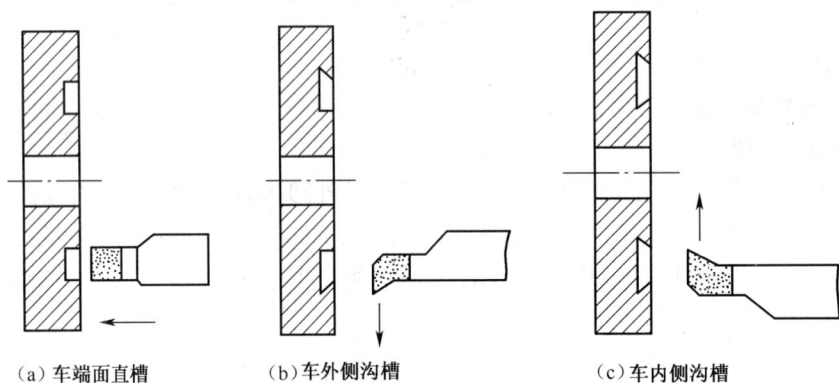

（a）车端面直槽　　　　（b）车外侧沟槽　　　　　　（c）车内侧沟槽

图 3-77　燕尾槽车刀与车削

表 3-19　　　　　　　　　　　　内沟槽的检测

| 检 测 项 目 | 检 测 量 具 | 检 测 方 法 |
|---|---|---|
| 端面槽 | 游标卡尺、深度游标卡尺、样板等 | 直接测量 |

### 5．切削用量的选择

车内沟槽和端面槽切削用量的选择见表 3-20。

表 3-20　　　　　　　车内沟槽和端面槽切削用量的选择

| | 粗　车 | 精　车 |
|---|---|---|
| 主轴转速 $n$（r/min） | 400 | 600 |
| 进给量 $f$（mm/r） | 0.13～0.16 | 0.05～0.10 |
| 背吃刀量 $a_p$（mm） | 4～5 | 2～3 |

### 6．车内沟槽和端面槽的质量问题

车内沟槽和端面沟槽产生的问题有沟槽位置不正确、槽宽不正确、槽深太浅 3 种情况，其产生原因及预防措施见表 3-21。

表 3-21　　　　　　车内沟槽和端面沟槽的问题产生原因及预防措施

| 问题种类 | 产生原因 | 预防措施 |
|---|---|---|
| 沟槽位置不正确 | ① 车刀定位尺寸计算错误<br>② 床鞍、小滑板刻度看错 | ① 仔细计算，不要忘记加上刀头宽度<br>② 特别注意小滑板刻度盘圈数 |
| 槽宽不正确 | ① 车宽度较小的槽时，刀头宽度不准<br>② 车宽槽时，借刀尺寸不对 | ① 刃磨车刀时仔细测量<br>② 仔细计算借刀量 |

续表

| 问 题 种 类 | 产 生 原 因 | 预 防 措 施 |
|---|---|---|
| 槽深太浅 | ① 刀杆刚度低，产生"让刀"<br>② 当孔有余量时，没把余量考虑进去 | ① 采用刚度较高的刀杆，车到所需尺寸后，让工件继续旋转，等到没有切屑排出时再退刀<br>② 要把余量对槽深的影响考虑进去 |

**7．车内沟槽和端面槽时的注意事项**

① 刀尖应严格对准工件旋转中心，否则底平面无法车平。

② 车刀纵向切削至接近底平面时，应停止机动进给，改用手动进给，以防止撞击底平面。

③ 由于视线受影响，车底平面时，可通过手感和听觉来判断其切削情况。

④ 控制沟槽之间的距离，应选定统一的测量基准。

⑤ 车底槽时，注意与底平面平滑连接。

⑥ 应利用中滑板刻度盘的读数，控制沟槽的深度和退刀的距离。

**十三、学习与思考**

**1．学习过程记录单**

学习过程记录单

| 任务四 | 熟悉加工套类零件的常用刀具 | | | | |
|---|---|---|---|---|---|
| 学习内容 | 学习的内容 | | 掌握程度（学生填写） | | |
| | | | 好 | 一般 | 差 |
| 学习过程 | 麻花钻 | 麻花钻的材料 | | | |
| | | 麻花钻的类型 | | | |
| | | 麻花钻的组成及其作用 | | | |
| | | 麻花钻工作部分的几何形状 | | | |
| | | 麻花钻的缺点 | | | |
| | | 麻花钻的刃磨 | | | |
| | | 麻花钻的角度检查 | | | |
| | | 麻花钻刃磨的注意事项 | | | |
| | | 麻化钻的选择及安装 | | | |
| | | 麻花钻的使用——钻孔 | | | |
| | | 钻孔的质量分析 | | | |
| | | 钻孔的技能训练 | | | |
| | 内孔车刀 | 内孔车刀的类型及作用 | | | |
| | | 内孔车刀的结构 | | | |
| | | 内孔车刀刀杆的选择 | | | |
| | | 车孔的关键技术 | | | |
| | | 内孔车刀的角度选择 | | | |
| | | 内孔车刀的装夹 | | | |
| | | 内孔车刀的使用——车孔方法：车通孔、车台阶孔、车盲孔 | | | |
| | | 车孔注意事项 | | | |
| | | 车孔的质量分析 | | | |
| | | 车孔技能训练 | | | |

续表

| 任务四 | | | 熟悉加工套类零件的常用刀具 | | | |
|---|---|---|---|---|---|---|
| 学习内容 | | 学习的内容 | | 掌握程度（学生填写） | | |
| | | | | 好 | 一般 | 差 |
| 学习过程 | 铰刀 | 铰刀的结构 | | | | |
| | | 铰刀的类型 | | | | |
| | | 铰刀的装夹 | | | | |
| | | 铰刀的选择 | | | | |
| | | 铰孔切削液的选择 | | | | |
| | | 铰刀的使用——铰孔方法 | | | | |
| | | 铰孔的质量分析 | | | | |
| | 内沟槽车刀 | 铰孔技能训练 | | | | |
| | | 内沟槽车刀的结构 | | | | |
| | | 内沟槽车刀的种类及其用途 | | | | |
| | | 内沟槽车刀的装夹 | | | | |
| | | 内沟槽车刀的使用 | | | | |
| | | 车内沟槽的基本方法 | | | | |
| | | 内沟槽的种类 | | | | |
| | | 端面槽的种类 | | | | |
| | | 内沟槽的检测 | | | | |
| | | 车内沟槽步骤 | | | | |
| | | 车其他槽的方法：车端面直槽、车T形槽、车燕尾槽 | | | | |
| | | 车内沟槽和端面槽的注意事项 | | | | |
| | | 车内沟槽和端面槽的质量问题 | | | | |

**2．思考练习题**

① 简述麻花钻的类型、组成及作用。

② 简述麻花钻的刃磨要求及刃磨方法。

③ 麻花钻刃磨的注意事项有哪些？

④ 钻孔注意事项有哪些？

⑤ 简述内孔车刀的类型及作用。

⑥ 内孔车刀的装夹有哪些要求？

⑦ 简述车通孔的方法。

⑧ 简述车台阶孔的方法。

⑨ 简述车盲孔的方法。

⑩ 车孔时的注意事项有哪些？

⑪ 简述铰刀的结构及类型。

⑫ 简述铰孔时的注意事项有哪些？

⑬ 简述内沟槽车刀的种类及其用途。

⑭ 简述车内沟槽的基本方法。

# 任务五　掌握加工轴承套的常规方法

## 一、轴承套图样

完成如图 3-78 所示的轴承套的加工。

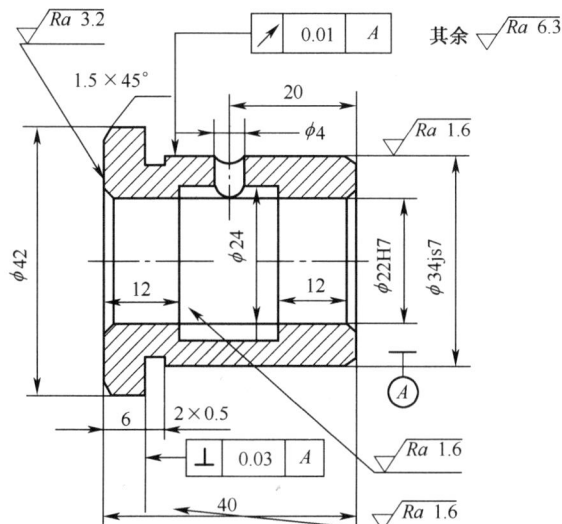

图 3-78　轴承套

## 二、工艺分析

工艺分析见表 3-22。

表 3-22

| 零件图一 |  | | | | | | |
|---|---|---|---|---|---|---|---|
| 标题 | 零件名称 | 轴承套 | 材料 | ZQSn 6-6-3 | 毛坯规格 | 材料 φ46×326 | 数量 | 180 件 |

<table>
<tr><td>工艺分析</td><td>
① 轴承套的车削工艺方案很多，可以是单件加工，也可以多件加工。单件加工生产效率较低，原材料浪费较多，每件都要切去用于工件装夹的余料。因此，这里仅介绍多件加工的车削工艺<br>
② 轴承套材料为 ZQSn6-6-3，两处外圆直径相差不大，毛坯选用棒料，采用 6~8 件同时加工较为合适<br>
③ 为保证内孔 φ22H7 的加工质量，提高生产效率，内孔精加工以铰削最为合适<br>
④ 外圆对内孔轴线的径向圆跳动为 0.01mm，用软卡爪无法保证。此外，还有 φ22 右端面对内孔轴线垂直度允差为 0.03mm。因此，精车外圆以及车 φ42mm 右端面时，应以内孔为定位基准套在小锥度芯轴上，用双顶尖安装才能保证这两项位置精度<br>
⑤ 内沟槽应在 φ22H7 孔精加工之前完成，外沟槽应在 φ34js7 外圆柱面精车之前完成，都是为了保证这些精加工表面的精度
</td></tr>
</table>

续表

| 工序 | 工种 | 工步 | 工序内容 | 夹具 | 刃具 | 量具 |
|---|---|---|---|---|---|---|
| 1 | 车 | | 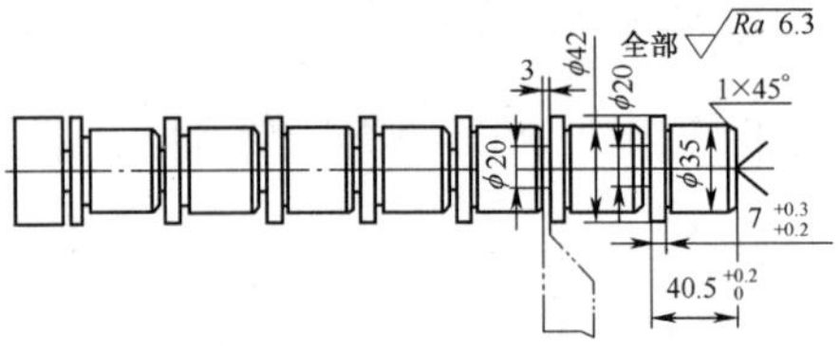 按工艺草图粗车至设计尺寸，7件一起加工，尺寸均相同 | | | |
| 2 | 车 | | 逐个用软卡爪夹住 $\phi42$mm 外圆，找正夹紧，钻孔 $\phi20.5$mm，车成单件 | 软卡爪 | | |
| 3 | 车 | | 用软卡爪夹 $\phi35$mm 外圆，找正夹紧 | 软卡爪 | | |
| | | 1 | 车 $\phi42$mm 左端面，保证总长 40mm，表面粗糙度 $Ra3.2\mu$m，倒角 $1.5\times45°$ | | | |
| | | 2 | 车内孔至 $\phi22_{0.18}^{0.85}$mm | | | |
| | | 3 | 车内槽 $\phi24$mm×16mm 至设计尺寸 | | | |
| | | 4 | 前后两端倒角 $1\times45°$ | | | |
| | | 5 | 铰孔至 $\phi22H7_0^{+0.023}$mm | | $\phi22H7$ 铰刀 | $\phi22H7$ 塞规 |
| 4 | 车 | | 工件套芯轴，装夹在两顶尖之间 | 芯轴 | | |
| | | 1 | 车外圆至 $\phi34js7$，表面粗糙度 $Ra1.6\mu$m | | | |
| | | 2 | 车 $\phi12$mm 后端面，保证厚度 6mm，表面粗糙度值 $Ra1.6\mu$m | | | |
| | | 3 | 车槽宽 2mm，深 0.5mm | | | |
| | | 4 | 倒角 $1\times45°$ | | | |
| | | 5 | 检查 | | | |
| 5 | 钳 | | 略 | | | |

（左侧竖栏：加工工艺卡）

### 三、学习与思考

#### 1. 学习过程记录单

学习过程记录单

| 任务五 | | 掌握加工轴承套的常规方法 | | | |
|---|---|---|---|---|---|
| 学习内容 | | 学习的内容 | 掌握程度（学生填写） | | |
| | | | 好 | 一般 | 差 |
| 学习过程 | 熟悉加工轴承套的常规方法 | 掌握轴承套类零件的结构特征 | | | |
| | | 掌握轴承套类零件的车削工艺分析 | | | |
| | | 掌握保证轴承套类零件形状位置精度的措施 | | | |

### 2．思考练习题

轴承套加工中如何保证外圆对内孔轴线的径向圆跳动和外圆对内孔轴线的径向圆跳动要求？

# 任务六　套类零件质量的分析

## 一、套类零件质量的分析

车套类工件时，可能产生废品的原因及预防措施分析见表 3-23。

表 3-23　　　　　　　车套类工件时产生废品的原因及预防措施

| 种　类 | 产 生 原 因 | 预 防 措 施 |
|---|---|---|
| 孔的尺寸大 | ① 车孔时，没有仔细测量<br>② 铰孔时，主轴转速太高，铰刀温度上升，切削液供应不足<br>③ 铰孔时，铰刀的尺寸如大于要求，则尾座偏位 | ① 仔细测量和进行试切削<br>② 降低主轴转速，加注充分切削液<br>③ 检查铰刀尺寸，校正尾座轴线，采用浮动套管 |
| 孔的圆柱度超差 | ① 车孔时，刀杆过细，刀刃不锋利，造成让刀现象，使孔外大里小<br>② 车孔时，主轴中心线与导轨在水平面内或垂直面内不平行<br>③ 铰孔时，孔口扩大，主要原因是尾座偏位 | ① 增加刀柄刚性，保证车刀锋利<br>② 调整主轴轴线与导轨的平行度<br>③ 校正尾座，采用浮动套筒 |
| 孔的表面粗糙度大 | ① 车孔时，内孔车刀磨损，刀柄产生震动<br>② 铰孔时，铰刀磨损或切削刃上有崩口、毛刺<br>③ 切削速度选择不当，产生积屑瘤 | ① 修磨内孔车刀，采用刚性较大的刀柄<br>② 修磨铰刀，刃磨后保管好，不许碰毛<br>③ 铰孔时，采用 5m/min 以下的切削速度，并加注切削液 |
| 同轴度垂直度超差 | ① 用一次安装方法车削时，工件移位或机床精度不高<br>② 用软卡爪装夹时，软卡爪没有车好<br>③ 用芯轴装夹时，芯轴中心孔碰毛或芯轴本身同轴度较差 | ① 工件装夹牢固，减小切削用量，调整机床精度<br>② 软卡爪应在本车床上车出，直径与工件装夹尺寸基本相同<br>③ 芯轴中芯孔应保护好，如碰毛可研磨中心孔，如芯轴弯曲可校直或重制 |

## 二、学习与思考

### 1．学习过程记录单

学习过程记录单

| 任务六 | 套类零件质量的分析 | | | | |
|---|---|---|---|---|---|
| 学习内容 | 学习的内容 | | 掌握程度（学生填写） | | |
| | | | 好 | 一般 | 差 |
| 学习过程 | 熟悉加工轴承套的常规方法 | 掌握套类零件的结构特征 | | | |
| | | 掌握套类零件的车削工艺分析 | | | |
| | | 掌握保证套类零件形状位置精度的措施 | | | |
| | | 掌握套类零件产生废品的原因 | | | |

2．思考练习题

① 轴承套加工中如何保证外圆对内孔轴线的径向圆跳动和外圆对内孔轴线的径向圆跳动要求？

② 车套类工件时，产生废品有哪些原因及怎样预防？

**项目学习评价**

| | |
|---|---|
| 学习收获 | |
| 不足之处 | |
| 改进方法 | |
| 教师评语 | |
| 评 分 | |

# 项目四　圆锥类零件的加工

加工如图 4-1 所示的圆锥小轴。

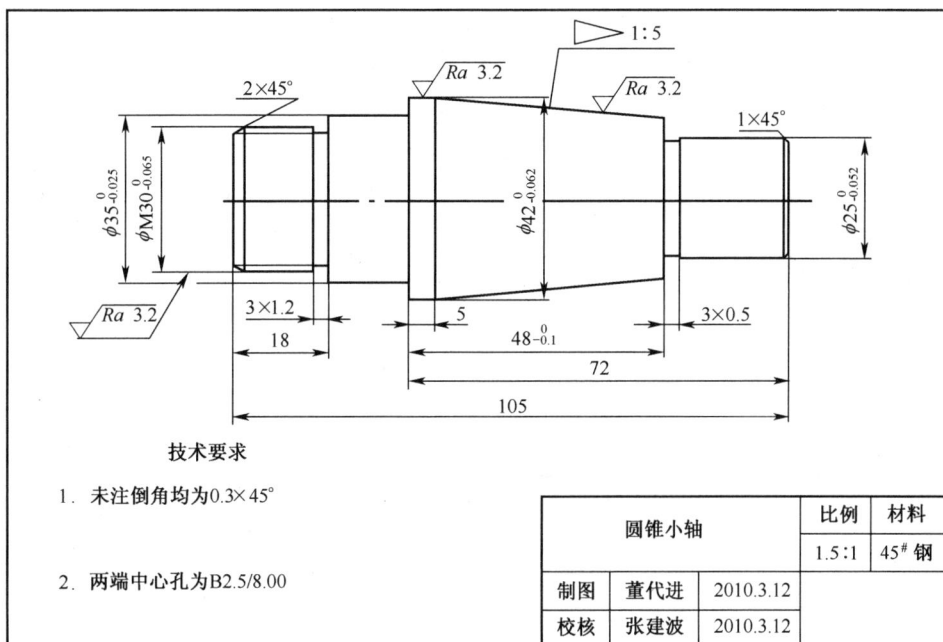

图 4-1　圆锥小轴图样

| 学习目标 | 学习方式 | 学时 |
|---|---|---|
| （1）熟悉圆锥类零件<br>（2）熟悉加工圆锥类零件的常用方法<br>（3）熟悉检测圆锥类零件的常用量具<br>（4）熟悉加工圆锥小轴的常规方法<br>（5）熟悉分析圆锥类零件质量的常用方法 | 实训+理论<br>（在实训中学习） | 35 |

分析图样，加工图 4-1 所示圆锥小轴所需要用到的知识点见表 4-1。

表 4-1　　　　　　　　　　加工该零件需要用到的知识点

| 序号 | 项目 | 内容 | 引出的知识点与技能 |
|---|---|---|---|
| 1 | 圆锥类零件 | 锥体类零件的作用、分类、基本概念等 | 圆锥类零件的用途 |
| 2 | 装夹 | 该零件的装夹要用到的方式有三爪自定心卡盘装夹方式、一夹一顶装夹方式 | 圆锥类零件常用的装夹方法 |
| 3 | 加工 | 加工内容包括外圆、端面、钻中心孔、切槽、倒角、螺纹、圆锥等 | 车刀的刃磨及使用 |
| 4 | 检测 | 用万能角度尺、样板、正弦规、圆锥套规等量具检测圆锥角度 | 万能角度尺、样板、正弦规、圆锥套规及其他车工常用量具的使用方法 |

# 任务一　认识圆锥类零件

## 一、圆锥类轴的应用及特点

### 1．圆锥类轴的应用

在机床与工具中，圆锥类轴的配合应用很广泛，如图 4-2 所示，例如，车床主轴锥孔与前顶尖锥柄的配合以及车床尾座锥孔与麻花钻锥柄的配合，如图 4-2（b）所示。锥类零件举例如图 4-2（c）所示。

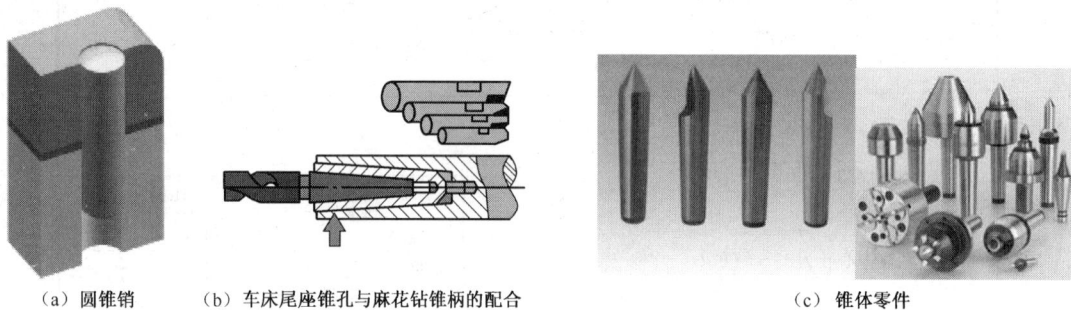

（a）圆锥销　　　（b）车床尾座锥孔与麻花钻锥柄的配合　　　　　　（c）锥体零件

图 4-2　圆锥类轴

### 2．圆锥配合的主要特点

在机械行业中，圆锥配合是机械设备常用的典型结构，圆锥配合的特点包括以下几点。

① 可自动定心，对中性良好，而且装拆简便，配合的间隙或过盈的大小，可以自由调整，能利用自锁性来传递扭矩，密封性良好等。但是，圆锥配合在结构上比较复杂，其加工和检测较困难。

② 当圆锥角较小时，可以传递很大的转矩。

③ 同轴度较高，能做到无间隙配合。

## 二、圆锥的分类

为了制造和使用方便，降低生产成本，机床上、工具上和刀具上的圆锥多已标准化，即圆锥的基本参数都符合几个号码的规定。使用时只要号码相同，即能互换。标准工具圆锥已在国际上通用，只要符合标准的圆锥都具有互换性。

我国于 2001 年颁布了圆锥方面的标准：GB/T 157—2001《圆锥的锥度与锥角系列》、

GB/T 11334—2005《圆锥公差》和 GB/T 12360—2005《圆锥配合》等。

锥度与锥角的标准化，对保证圆锥配合的互换性具有重要的意义。

常用标准工具圆锥有莫氏圆锥和米制圆锥两种。

### 1．莫氏圆锥（Morse）

莫氏圆锥是机械制造业中应用最为广泛的一种，如车床上的主轴锥孔、顶尖锥柄、麻花钻锥柄和铰刀锥柄等都是莫氏圆锥。莫金圆锥有 0～6 号 7 种，其中最小的是 0 号（Morse No.0），最大的是 6 号（Morse No.6）。莫氏圆锥的号码不同，其线性尺寸和圆锥半角均不相同。

### 2．米制圆锥

米制圆锥有 7 种，即 4 号、6 号、80 号、100 号、120 号、160 号和 200 号。它们的号码是指最大圆锥直径，而锥度固定不变，即 $C=1:20$。例如，100 号米制圆锥的最大圆锥直径 $D=100m$，锥度 $C=1:20$。米制圆锥的优点是锥度不变，记忆方便。

## 三、圆锥的有关术语及定义

### 1．圆锥表面

与轴线成一定角度，且一端相交于轴线的一条直线段（母线），围绕着该轴线旋转形成的表面称为圆锥表面，如图 4-3 所示。

### 2．圆锥

由圆锥表面与一定尺寸所限定的几何体，称为圆锥。圆锥又可分为外圆锥和内圆锥两种。

### 3．圆锥各部分的名称

（1）圆锥角 $\alpha$

在通过圆锥轴线的截面内，两条素线间的夹角，如图 4-4 所示。

（2）圆锥直径

圆锥在垂直于其轴线的截面上的直径，如图 4-4 所示。常用的圆锥直径有以下几种。

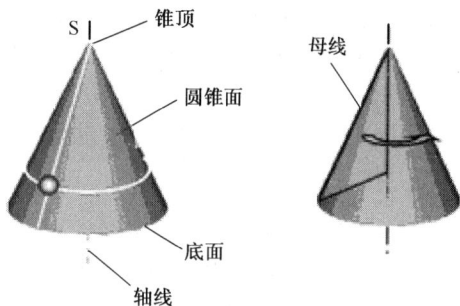

图 4-3　圆锥表面

① 最大圆锥直径 $D$。简称大端直径，内、外圆锥的最大直径分别用 $D_i$、$D_e$ 表示。

② 最小圆锥直径 $d$。简称小端直径，内、外圆锥的最小直径分别用 $d_i$、$d_e$ 表示。

（3）圆锥长度 $L$

最大圆锥直径与最小圆锥直径之间的轴向距离，如图 4-4 所示。

（4）锥度 $C$

最大圆锥直径与最小圆锥直径之差对圆锥长度之比，如图 4-4 所示。

$$C=(D-d)/L$$

锥度 $C$ 与圆锥角 $\alpha$ 的关系为

$$C = 2\tan\frac{\alpha}{2} = 1:\frac{1}{2}\cot\frac{\alpha}{2}$$

锥度一般用比例或分式表示，例如，$C=1:20$ 或 1/20 来表示。

（5）圆锥半角 $\alpha/2$

车削时经常用到的是圆锥半角 $\alpha/2$，圆锥角的一半，也就是圆锥母线和轴线之间的夹角，如图 4-4 所示。

（6）斜度 $C/2$

最大圆锥直径与最小圆锥直径之差对圆锥长度之比的一半，如图 4-4 所示。

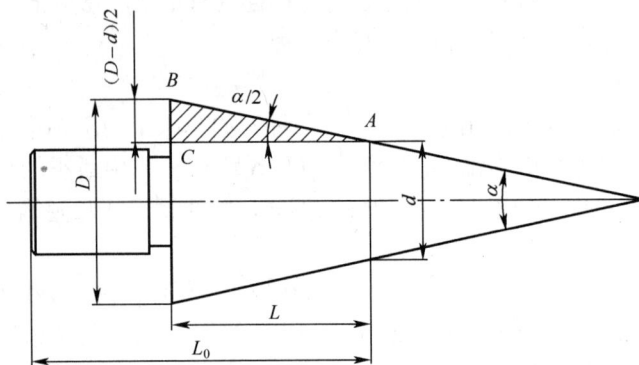

图 4-4　圆锥的各部分尺寸

### 四、圆锥各部分尺寸计算

圆锥具有 4 个基本参数，即 $\alpha/2$（或 $C$）、$D$、$d$、$L$，只要知道其中任意 3 个参数，其他 1 个未知参数即能求出。

#### 1. 圆锥半角 $\alpha/2$ 与其他 3 个参数的关系

在图样上一般都标明 $D$、$d$、$L$。但是在车圆锥时，往往需要装动小滑板的角度，所以必须算出圆锥半角 $\alpha/2$。圆锥半角可按公式计算。

例如，在图 4-4 中，

$$\tan(\alpha/2)=BC/AC \qquad BC=(D-d)/2 \qquad AC=L \qquad \tan(\alpha/2)=BC/AC=(D-d)/2L$$

其他 3 个参数与圆锥半角 $\alpha/2$ 的关系：

$$D=d+2L\tan(\alpha/2)$$

$$d=D-2L\tan(\alpha/2)$$

$$L=(D-d)/2\tan(\alpha/2)$$

【例 1】有一圆锥，已知 $D=100mm$，$d=80mm$，$L=200mm$，求圆锥半角 $\alpha/2$。

解：根据公式 $\tan(\alpha/2)=(D-d)/2L=（100-80）/(2\times200)=0.5$

查三角函数表得 $\alpha/2=2°52'$

应用上面公式计算出 $\alpha/2$，须查三角函数表得出角度，比较麻烦，因此，如果 $\alpha/2$ 较小，在 $1°\sim3°$，可用乘上一个常数的近似方法来计算。

即：$\alpha/2=$ 常数 $\times D-d/L$

其常数见表 4-2。

表 4-2　　　　　　　　　　　　　　　圆锥半角 $\alpha/2$ 常数

| $\dfrac{D-d}{L}$ 或 $C$ | 常数 | 备注 |
|---|---|---|
| 0.10～0.20 | 28.6° | |
| 0.20～0.29 | 28.5° | 本表适用 $\alpha/2$ 在 8°～13°，6° 以下常 |
| 0.29～0.36 | 28.4° | 数值为 28.7° |
| 0.36～0.40 | 28.3° | |
| 0.40～0.45 | 28.2° | |

#### 2. 锥度 $C$ 与其他 3 个量的关系

有配合要求的圆锥，一般标注锥度符号，如图 4-5 所示。

根据公式 $C=(D-d)/L$

$D$、$d$、$L$ 3 个量与 $C$ 的关系为

$$D=d+CL$$
$$d=D-CL$$
$$L=(D-d)/C$$

圆锥半角 $\alpha/2$ 与锥度 $C$ 的关系为

$$\tan(\alpha/2)=C/2$$
$$C=2\tan(\alpha/2)$$

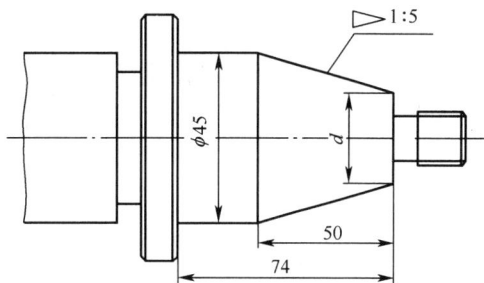

图 4-5　标注锥度的工件

【例 2】如图 4-5 所示，磨床主轴锥度，已知
锥度 $C=1:5$，大端直径 $D=45$mm，圆锥长度 $L=50$mm，求小端直径和圆锥半角 $\alpha/2$。

解：根据公式 $d=D-CL=45-50/5=35$mm

$$\tan(\alpha/2)=C/2=(1/5)/2=0.1$$
$$\alpha/2=5°42'38"$$

### 五、学习与思考

#### 1．学习过程记录单

学习过程记录单

| 任务一 | 认识圆锥类零件 | | | |
|---|---|---|---|---|
| 学习内容 | 学习的内容 | 掌握程度（学生填写） | | |
| | | 好 | 一般 | 差 |
| 学习过程 | 圆锥面配合的特点 | | | |
| | 标准圆锥的分类 | | | |
| | 圆锥各部分的名称及表示 | | | |
| | 圆锥的基本参数 | | | |
| | 圆锥基本参数的计算 | | | |

#### 2．思考练习题

① 圆锥面配合的特点。

② 标准圆锥的分类。

③ 圆锥各部分的名称及表示。

④ 圆锥基本参数及其计算。

# 任务二　掌握加工圆锥类零件的常用方法

由于圆锥的素线与轴线相交成圆锥半角 $\alpha/2$，因此车削圆锥时，车刀必须沿着与圆锥轴线相交成圆锥半角 $\alpha/2$ 的素线方向运动，才能车削出正确的圆锥。常用车削锥面的方法有宽刀法、靠模法、尾座偏移法等几种，这里介绍宽刀法、转动小拖板法、尾座偏移法、靠模法。

### 一、宽刀法车削锥面

车削较短的圆锥时，可以用宽刃刀直接车出，如图 4-6 所示。其工作原理实质上是属于成型法，所以要求切削刃必须平直，切削刃与主轴轴线的夹角应等于工件圆锥半角 $\alpha/2$。

同时要求车床有较好的刚性，否则易引起震动，从而破坏零件表面的粗糙度。

当工件的圆锥斜面长度大于切削刃的长度时，可以用多次接刀方法加工，但接刀处必须平整。

## 二、转动小拖板法车削锥面

### 1．转动小拖板法车削锥面的基本知识

（1）转动小拖板的基本方法

转动小拖板法，就是将小拖板沿顺时针或逆时针方向，按工件的圆锥半角 α/2 转动一个角度，使车刀的运动轨迹与所需要加工的圆锥在水平轴平面内的素线平行，双手配合，均匀不间断地转动小拖板手柄。

手动进给车削圆锥面的方法，如图 4-7 所示。

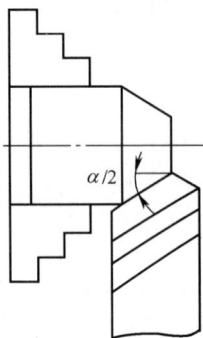

图 4-6  用宽刃刀车削圆锥

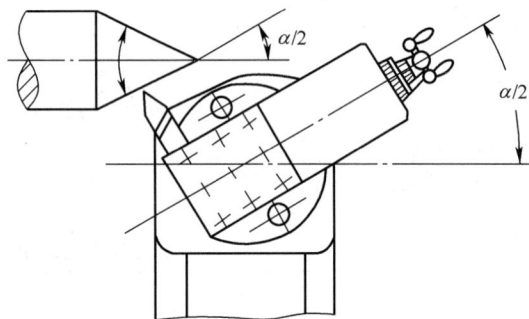

图 4-7  转动小拖板车外圆锥面

（2）转动小拖板车外圆锥面的特点

① 能车削圆锥角较大的圆锥面。

② 能车削整圆锥表面和圆锥孔，应用范围广，且操作简单。

③ 在同一工件上车削不同锥角的圆锥面时，调整角度方便。

④ 只能手动进给，劳动强度大，工件表面粗糙度值较难控制，只适用于单件、小批量生产。

⑤ 受小拖板行程的限制，只能加工素线长度不长的圆锥面。

（3）小拖板转动角度的确定

小拖板转动的角度，如图 4-8 所示，根据被加工工件的已知条件，可由下面公式计算求得。

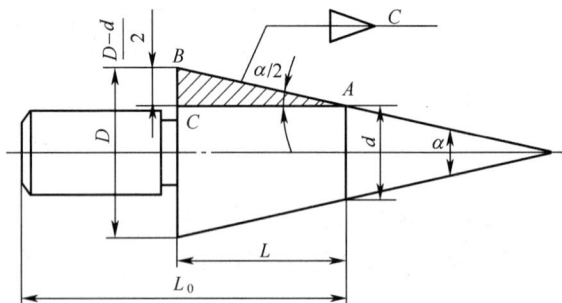

图 4-8  圆锥的计算

$$\tan(\alpha/2) = \frac{C}{2} = \frac{D-d}{2L}$$

式中，α/2 ——圆锥半角（即小拖板转动角度）；

C ——锥度；

D ——圆锥大端直径，单位：mm；

d ——圆锥小端直径，单位：mm；

L ——圆锥大端直径与小端直径处的轴向距离，单位：mm。

当 α/2<6°时，可用下列近似公式计算：

$$\alpha/2 \approx 28.7° \times \frac{D-d}{L} \text{ 或 } \alpha/2 \approx 28.7° \times C$$

车削常用标准锥度（一般用途和特殊用途）的圆锥时，小拖板转动角度，参见表 4-3 和表 4-4，具体操作可参照表 4-5。

表 4-3　　　　　　　　车削一般用途圆锥时，小拖板转动角度

| 基本值 | 锥度 C | 小拖板转动角度 | 基本值 | 锥度 C | 小拖板转动角度 |
|---|---|---|---|---|---|
| 120° | 1：0.258 | 60° | 1：8 | — | 3°34′35″ |
| 90° | 1：0.500 | 45° | 1：10 | — | 2°51′45″ |
| 75° | 1：0.652 | 37°30′ | 1：12 | — | 2°23′09″ |
| 60° | 1：0.866 | 30° | 1：15 | — | 1°54′33″ |
| 45° | 1：1.207 | 22°30′ | 1：20 | — | 1°25′56″ |
| 30° | 1：1.866 | 15° | 1：30 | — | 0°57′17″ |
| 1：3 | — | 9°27′44″ | 1：50 | — | 0°34′23″ |
| 1：5 | — | 5°42′38″ | 1：100 | — | 0°17′11″ |
| 1：7 | — | 4°05′08″ | 1：200 | — | 0°08′36″ |

表 4-4　　　　　　　　车削特殊用途圆锥时，小拖板转动角度

| 基本值 | 锥度 C | 小拖板转动角度 | 备注 |
|---|---|---|---|
| 7：24 | 1：3.429 | 8°17′50″ | 机床主轴、工具配合 |
| 1：19.002 | — | 1°30′26″ | 莫氏锥度 No.5 |
| 1：19.180 | — | 1°29′36″ | 莫氏锥度 No.6 |
| 1：19.212 | — | 1°29′27″ | 莫氏锥度 No.0 |
| 1：19.254 | — | 1°29′15″ | 莫氏锥度 No.4 |
| 1：19.922 | — | 1°26′16″ | 莫氏锥度 No.3 |
| 1：20.020 | — | 1°25′50″ | 莫氏锥度 No.2 |
| 1：20.047 | — | 1°25′43″ | 莫氏锥度 No.1 |

表 4-5　　　　　　　　图样上标注的角度和小滑板实际应转动的角度

| 图例 | 小滑板应转动的角度 | 车削示意图 |
|---|---|---|
| | 逆时针 30° | |

续表

| 图例 | 小滑板应转动的角度 | 车削示意图 |
|---|---|---|
| 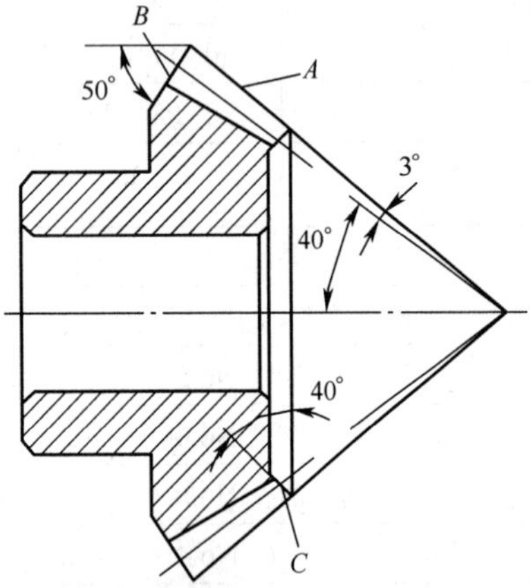 | A 面逆时针 43° | |
| | B 面顺时针 50° | |
| | C 面顺时针 50° | 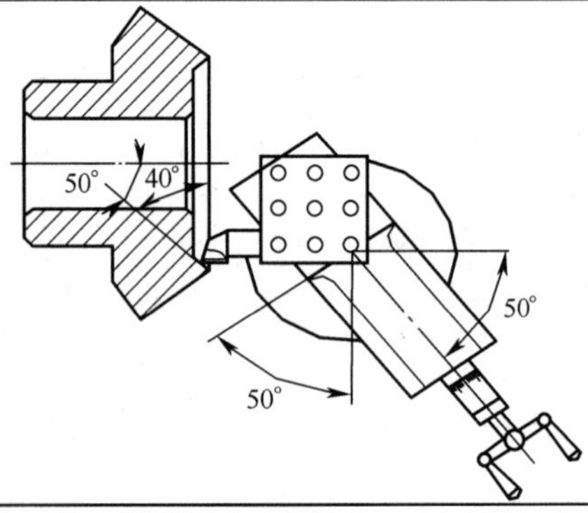 |

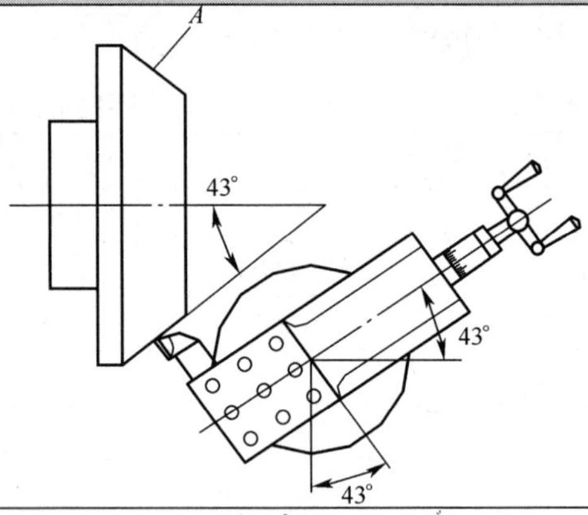

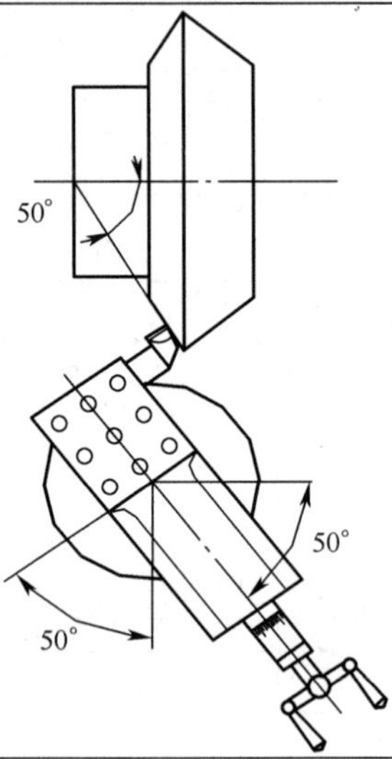

### 2．外圆锥面的车削方法

（1）车刀的装夹方法

① 工件的回转中心必须与车床主轴的回转中心重合。

② 车刀的刀尖必须严格对准工件的回转中心，否则车出的圆锥素线不是直线，而是双曲线。

③ 车刀的装夹方法及车刀对准工件回转中心的方法与车端面时的装刀方法相同。

（2）转动小拖板的方法

① 用扳手将小拖板下面转盘上的两个螺母松开。

② 确定的转动角度（α/2）。

③ 根据确定的转动角度（α/2）和工件上外圆锥面的倒、顺方向，确定小拖板的转动方向。

④ 当车削正外圆锥面（又称顺锥面）时，即圆锥大端靠近主轴、小端靠近尾座方向，小拖板按应逆时针方向转动，如图 4-9 所示。

⑤ 当车削反外圆锥面（又称倒锥面），小拖板则应按顺时针方向转动。

转动小拖板时，可以使小拖板的转角大于圆锥半角 α/2，但不能小于 α/2。转角偏小，否则会车长圆锥素线而难以修正圆锥长度尺寸，如图 4-10 所示。

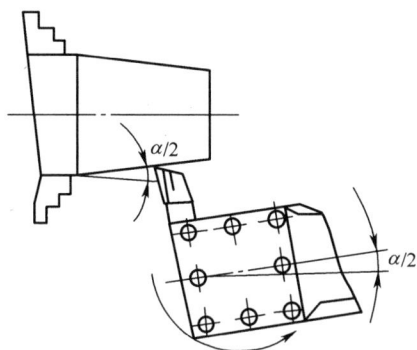

图 4-9　车正外圆锥面

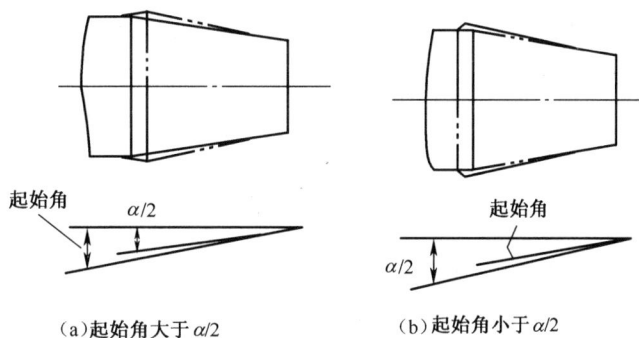

（a）起始角大于 α/2　　（b）起始角小于 α/2

图 4-10　小拖板转动角度的影响

（3）粗车外圆锥面

① 按圆锥大端直径（增加 1mm 余量）和圆锥长度，将圆锥部分先车成圆柱体。

② 移动中、小拖板，使车刀刀尖与轴端的外圆面轻轻接触，如图 4-11 所示。然后将小拖板向后退出，中拖板刻度调至零位，作为粗车外圆锥面的起始位置。

③ 按刻度移动中拖板向前进给，并调整吃刀量。

④ 开动车床，双手交替转动小拖板手柄，手动进给速度保持均匀一致和不间断，如图 4-12 所示。当车至终端时，将中拖板退出，小拖板快速后退复位。

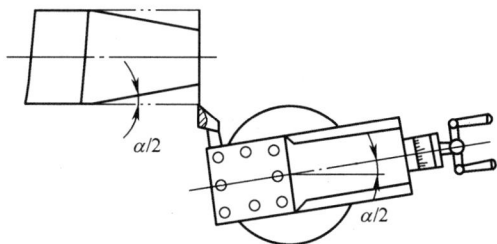

图 4-11　确定起始位置

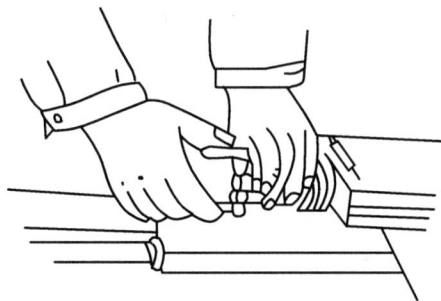

图 4-12　手动进给车外圆锥面

⑤ 反复步骤④，调整吃刀量、手动进给车削外圆锥面，直至工件能达到要求为止。

**三、偏移尾座法车削锥面**

**1. 偏移尾座法车削锥面的基本知识**

（1）偏移尾座的基本原理

偏移尾座法车削外圆锥面，就是将尾座上层拖板横向偏移一个距离 S，使尾座偏移后，前、后两顶尖连线与车床主轴轴线相交，成一个等于圆锥半角α/2 的角度，当床鞍带着车刀沿着平行于主轴轴线方向移动切削时，工件就被车成一个圆锥体，如图 4-13 所示。

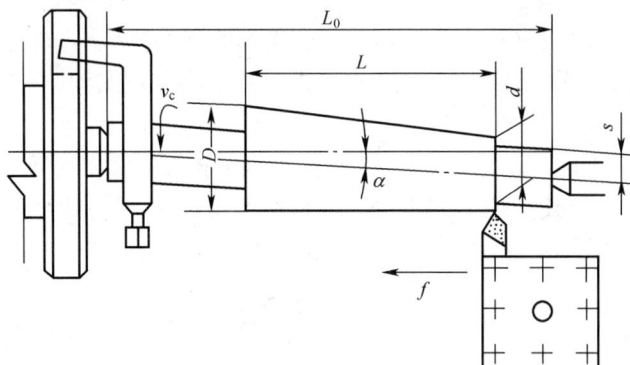

图 4-13　偏移尾座，车外圆锥面

（2）偏移尾座法的特点

① 适宜于加工锥度小、精度不高、锥体较长的工件。受尾座偏移量的限制，不能加工锥度大的工件。

② 可以用纵向机动进给车削，使加工表面刀纹均匀，表面粗糙值小，表面质量较好。

③ 由于工件需用两顶尖装夹，因此不能车削整锥体，也不能车削圆锥孔。

④ 因顶尖在中心孔中是歪斜的，接触不良，所以顶尖和中心孔磨损不均匀。

（3）尾座偏移量的计算

用偏移尾座法车削圆锥时，尾座的偏移量不仅与圆锥长度有关，而且还与两顶尖之间的距离有关，这段距离一般可近似地看作工作的全长 $L_0$。尾座偏移量可根据下列公式计算求得。

$$S = L_0 \sin(\alpha/2) = \frac{D-d}{2L}L_0 \text{ 或 } S = \frac{C}{2}L_0$$

式中，$S$——尾座偏移量，mm；

$D$——圆锥大端直径，mm；

$d$——圆锥小端直径，mm；

$L$——圆锥大端直径与小端直径处的轴向距离（即圆锥长度），mm；

$L_0$——工件全长，mm；

$C$——锥度。

先将前、后两顶尖对齐（尾座上层、下层零线对齐），然后根据计算所得偏移量 $S$，采用下面介绍的方法偏移尾座上层。

**2．移尾座的方法**

（1）利用尾座刻度偏移

① 松开尾座紧固螺母，然后用六角扳手，转动尾座上层两侧的螺钉1、螺钉2，进行调整。

② 车削正锥时，先松螺钉1、紧螺钉2，使尾座上层根据刻度值向里（向操作者）移动距离 $S$，如图 4-14 所示。

③ 车削倒锥时，则相反。

④ 拧紧尾座，紧固螺母。

这种方法简单方便，一般尾座上有刻度的车床都可以采用。

（a）零线对齐　　　　　　　　　　（b）偏移距离 $S$

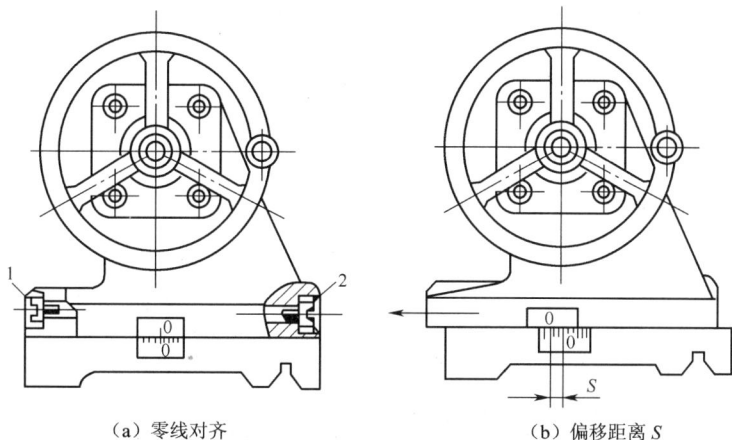

图 4-14　用尾座刻度偏移尾座的方法

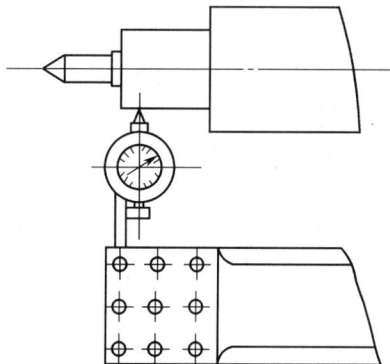

（2）利用中拖板刻度偏移

① 在刀架上夹持一端面平的铜棒。

② 摇动中拖板手柄，使铜棒端面与尾座套筒接触，记下中拖板刻度值。

③ 计算所得偏移量 $S$。

④ 根据 $S$ 算出中拖板刻度应转过的格数，移动中拖板，如图 4-15 所示。注意消除中拖板丝杠的间隙影响。

⑤ 移动尾座上层，使尾座套筒与铜棒端面接触为止。

（3）利用百分表偏移

① 将百分表固定在刀架上，使百分表的测量头与尾座套筒接触（百分表的测量杆轴线应在尾座套筒的水平轴平面内，并垂直于尾座套筒轴线）。

② 调整百分表使指针，处于零位。

③ 然后按偏移量调整尾座，当百分表指针转动至 $S$ 值时，把尾座固定，如图 4-16 所示。利用百分表能准确调整尾座偏移量。

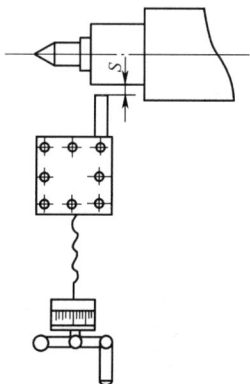

图 4-15　用中拖板刻度，偏移尾座的方法　　　　图 4-16　用百分表偏移尾座的方法

## 四、靠模法车削锥面

### 1. 靠模法的应用及特点

如图 4-17 所示，靠模法车圆锥是刀具按照仿行装置（靠模板）进给对工件进行加工的方

法，适用于车削长度较长，精度要求较高的圆锥。

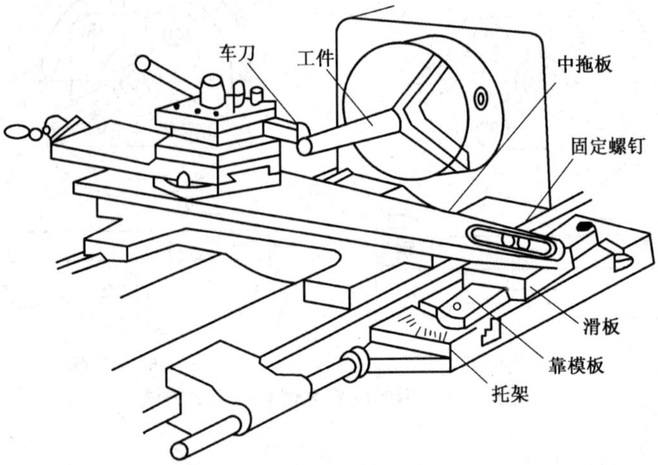

**图 4-17　用靠模法车削圆锥面**

靠模法车圆锥的优点是调整锥度既方便又准确，因为中心孔接触良好，所以锥面质量高，可机动进给车外圆锥和内圆锥。但靠模装置的角度调节范围较小，一般在 12°以下。

**2．靠模法的车削过程**

（1）安装工件

可采用卡盘、顶尖安装工件。

（2）根据切削材料性质，调整车刀与主轴中心线平行。

选择车刀材料和车刀角度，然后松开小刀架将车刀安装于刀架上，调整车刀与主轴中心线平行。

（3）选择切削速度、进给速度

可参考附表选择参数。

（4）安装靠模装置，并调整靠模板转角度。

（5）自动进给

当中拖板横向自动进给时，车刀便可获得滚轮在靠模板上的运动轨迹，作出相同的运动轨迹，从而车削出所需的圆锥体或圆锥孔零件。

**五、学习与思考**

**1．学习过程记录单**

学习过程记录单

| 任务二 | | 掌握加工圆锥类零件的常用方法 | | | |
|---|---|---|---|---|---|
| 学习内容 | | 学习的内容 | 掌握程度（学生填写） | | |
| | | | 好 | 一般 | 差 |
| 学习过程 | 转动小拖板法车削锥面 | 转动小拖板的基本方法 | | | |
| | | 转动小拖板车外圆锥面的特点 | | | |
| | | 小拖板转动角度的确定 | | | |
| | | 车刀的装夹方法 | | | |
| | | 转动小拖板的方法 | | | |
| | | 粗车外圆锥面 | | | |

续表

| 任务二 | 掌握加工圆锥类零件的常用方法 | | | |
|---|---|---|---|---|
| 学习内容 | 学习的内容 | 掌握程度（学生填写） | | |
| | | 好 | 一般 | 差 |
| 学习过程 | 宽刀法车削锥面 — 对车刀的要求 | | | |
| | 宽刀法车削锥面 — 应用范围 | | | |
| | 偏移尾座法车削锥面 — 偏移尾座的基本原理 | | | |
| | 偏移尾座法车削锥面 — 偏移尾座法的特点 | | | |
| | 偏移尾座法车削锥面 — 尾座偏移量的计算 | | | |
| | 偏移尾座法车削锥面 — 移尾座的方法 | | | |
| | 靠模法车削锥面 — 靠模法的应用及特点 | | | |
| | 靠模法车削锥面 — 靠模法车削锥面的过程 | | | |

**2．思考练习题**

① 简述锥面常用的加工方法。

② 宽刀法车削锥面时车刀的角度应注意什么？

③ 转动小拖板车削锥面时，小拖板转动的角度是怎样确定的？

④ 简述转动小拖板的方法步骤。

⑤ 简述偏移尾座法车削锥面中偏移量的计算。

⑥ 简述常用的偏移尾座的方法。

⑦ 简述靠模法车削锥面的过程。

# 任务三　使用检测圆锥类零件的常用量具

外圆锥的检测项目，主要指圆锥角度和尺寸精度的检测。常用万能角度尺、角度样板检测圆锥角度，采用正弦规或涂色法来评定圆锥尺寸精度。

## 一、万能角度尺

万能角度尺的介绍见项目二。

## 二、角度样板

角度样板如图 4-18 所示。角度样板属于专用量具，用于成批和大量生产的圆锥类零件的检测。

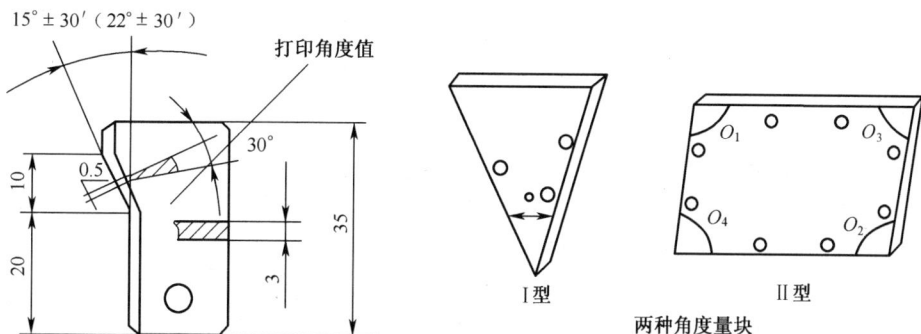

**图 4-18　角度样板**

图 4-19 所示为用角度样板检测锥齿轮毛坯角度的情况。用角度样板检测，快捷方便，但精度较低，且不能测得具体的角度值。

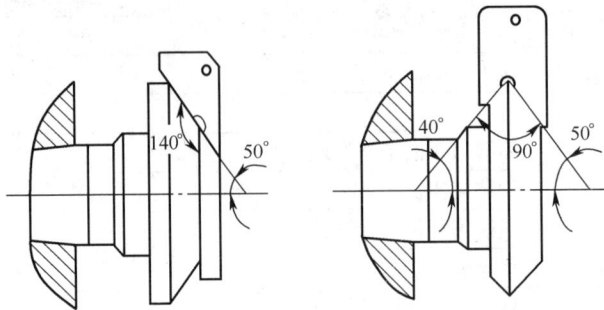

图 4-19　角度样板检测检测锥齿轮毛坯的角度

### 三、正弦规

#### 1．正弦规的结构

正弦规是用于准确检验零件及量规角度和锥度的量具。正弦规是利用三角函数的正弦关系来度量的，故称正弦规或正弦尺、正弦台。

如图 4-20 所示，正弦规主要由带有精密工作平面的主体和两个精密圆柱组成，四周可以装有挡板（使用时只装互相垂直的两块），测量时作为放置零件的定位板。

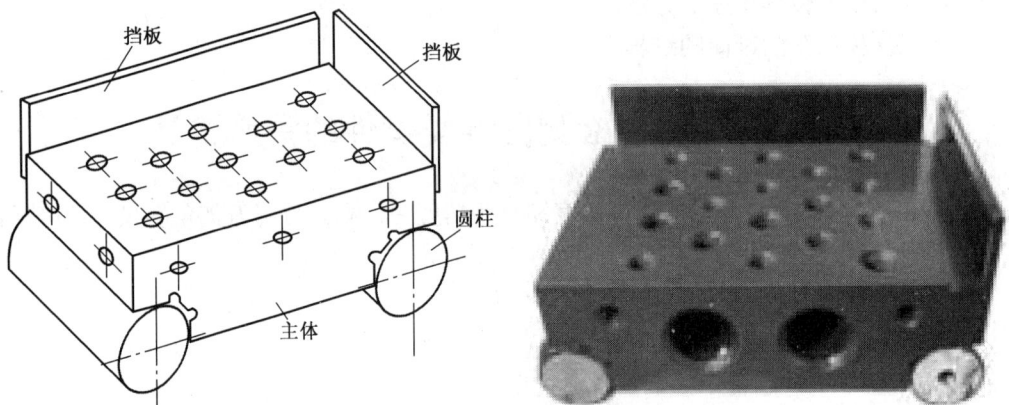

图 4-20　正弦规结构

#### 2．正弦规的使用方法

用正弦规测量圆锥量规锥角的示意图如图 4-21 所示。用正弦规测量零件的角度时，先把正弦规放在精密平台上，被测零件（如圆锥塞规）放在正弦规的工作平面上，被测零件的定位面平靠在正弦规的挡板上（例如，将圆锥塞规的前端面靠在正弦规的前挡板上）。在正弦规的一个圆柱下面垫入量块，用百分表检查零件全长的高度，调整量块尺寸，使百分表在零件全长上的读数相同。此时，就可应用直角三角形的正弦公式，算出零件的角度。

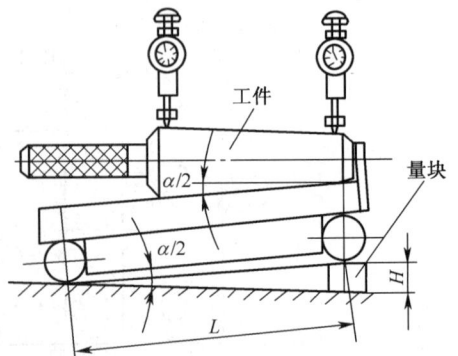

图 4-21　正弦规的使用方法

使用正弦规测量时，圆锥半角 $\alpha/2$ 与量块组高度 $H$ 间的关系为

$$H = L\sin(\alpha/2) \text{ 或 } \sin(\alpha/2) = H/L$$

式中，$L$——正弦规中心距，单位为 mm。

正弦规的中心距 $L$ 为标准值，有 100mm、200mm 两种。

用正弦规测量小锥度（$\alpha/2 < 3°$）的外圆锥面，可以达到很高的测量精度。

### 四、圆锥套规

标准圆锥或配合精度要求较高的外圆锥工件，可使用圆锥套规检测。

圆锥套规，是一种常用的检测工具，如图 4-22 所示。套规与锥体结合时，一般对锥度的要求比较高。

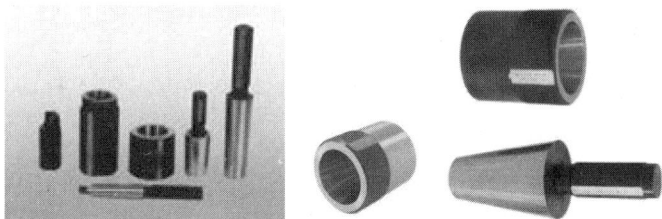

图 4-22　圆锥套规

#### 1．圆锥套规的分类

莫氏锥度量规包括莫氏圆锥塞规和莫氏圆锥套规。

普通精度莫氏圆锥量规，适用于检查工具圆锥孔及圆锥柄的正确性。

高精度莫氏圆锥量规，适用于机床和精密仪器等的主轴与孔的锥度检查。

莫氏圆锥量规一般选用合金钢，工作面均经过精研。塞规表面粗糙度为 $Ra0.2$，套规表面粗糙度为 $Ra0.4$。

莫氏圆锥量规，均经冷处理，稳定性好，并能满足机床制造业中莫氏圆锥互换的要求。莫氏圆锥量规分为 0、1、2、3、4、5、6 共 7 种规格。型式分为带扁尾和无扁尾两种。

#### 2．圆锥套规的使用

（1）被检测工件的要求

标准圆锥或配合精度要求较高的外圆锥工件，可使用圆锥套规检测，如图 4-23 所示。被检测工件的外圆锥表面粗糙度值应小于 $Ra3.2\mu m$，且无毛刺。检测时要求工件与套规表面清洁。

（2）检测方法

① 在工件表面，顺着圆锥素线薄而均匀地涂上周向均匀分布的三条显示剂，如图 4-24 所示。

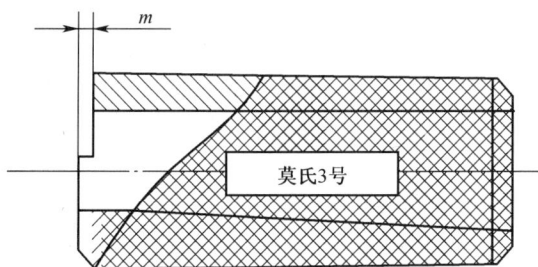

图 4-23　圆锥套规

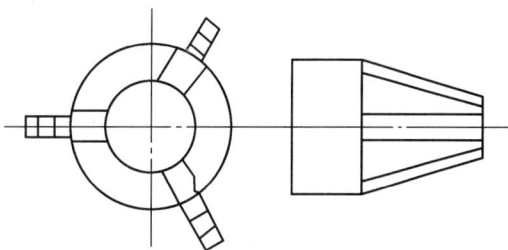

图 4-24　涂色方法

② 将圆锥套规轻轻地套在工件上，稍加轴向推力，并将套规转动 1/3 圈，如图 4-25 所示。

③ 取下套规，观察工件表面显示剂被擦去的情况。若三条显示剂全长擦痕均匀，表明圆锥接触良好，锥度正确，如图 4-26 所示。

如圆锥大端显示剂被擦去，小端未被擦去，说明圆锥角大了。

反之，若小端被擦去，大端未被擦去，则说明圆锥角小了。

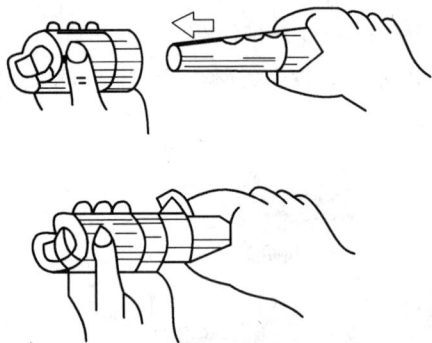

图 4-25　用套规检测圆锥　　　　　图 4-26　合格的圆锥面及展开图

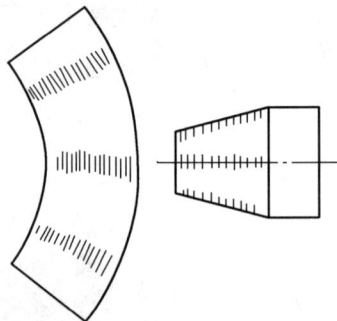

## 五、学习与思考

### 1．学习过程记录单

学习过程记录单

| 任务三 | | 使用检测圆锥类零件的常用量具 | | | |
|---|---|---|---|---|---|
| 学习内容 | | 学习的内容 | 掌握程度（学生填写） | | |
| | | | 好 | 一般 | 差 |
| 学习过程 | 万能角度尺 | 万能角度尺的基本结构 | | | |
| | | 万能角度尺的使用 | | | |
| | 角度样板 | 角度样板的特点 | | | |
| | | 角度样板的应用 | | | |
| | 正弦规 | 正弦规测量角度的基本原理 | | | |
| | | 正弦规的基本结构 | | | |
| | | 正弦规角度的计算 | | | |
| | | 正弦规的使用方法 | | | |
| | 圆锥套规 | 圆锥套规的分类 | | | |
| | | 圆锥套规的使用 | | | |

### 2．思考练习题

（1）怎样使用万能角度尺？

（2）怎样使用角度样板？

（3）怎样计算正弦规的角度？

（4）怎样使用正弦规？

（5）怎样使用圆锥套规？

# 任务四　掌握加工圆锥类零件的常规方法

## 一、圆锥小轴图样
圆锥小轴图样如图 4-1 所示。

## 二、圆锥小轴工艺分析

### 1．确定工件毛坯
工件各阶台之间直径差较小，毛坯可采用棒料，这样毛坯切除的余量较少，下料后便可加工，因此工件毛坯为：45#棒料，规格为 $\phi45\times110$。

### 2．确定定位基准
加工中为了确定各部分的尺寸，选择中间的 $\phi35$ 右端作为工艺基准和加工基准。

### 3．确定最后精车内容
轴的所有有公差要求的圆柱表面，都是要精加工的，这样才能达到技术要求。

### 4．确定工艺流程卡
工艺流程卡为：配料→车削左端面和钻中心孔→粗车 $\phi35$、 $\phi30$ 和 $\phi42$、外圆→切槽→精车 $\phi35$ 和 $\phi30$ 外圆→调头→车削右端面、总长和钻中心孔→粗车削 $\phi25$ 外圆→切槽→粗、精车 $\phi42$、$\phi25$ 外圆→粗、精车圆锥面→检验入库。

### 5．确定车刀
所用的车刀为：90°硬质合金右偏刀、45°硬质合金车刀、高速钢切槽刀、精车车刀。
注意：在加工圆锥面时刀具的副偏角要足够大，否则会产生干涉。

### 6．确定检测量具
检测量具有游标卡尺、外径千分尺、百分表及其表座、万能角度尺。

## 三、圆锥小轴的加工工艺

### 1．配料
① 检查坯料材料、直径和长度是否符合配料要求。
② 检查车床的各个手柄是否复位。
③ 开启电源开关。
④ 夹毛坯外圆，留在卡盘外的长度约为 50 mm。
⑤ 安装 90°硬质合金右偏刀、45°硬质合金车刀、高速钢切槽刀。

### 2．车左端面和钻中心孔
① 启动车床，转速调到 735r/min，自动走刀量为 0.15mm/r。
② 用 45°车刀车端面，采用手动进给，直到端面车平为止。
③ 停车。
④ 把 $\phi2.5$ 的 A 型中心钻用鸡心钻头夹夹持，装入车床尾座的套筒内。
⑤ 移动尾座，使中心钻距零件约 10mm，锁紧尾座。
⑥ 启动车床。
⑦ 摇动尾座的手柄钻中心孔，深度为 5mm。
⑧ 把尾座移回车床尾部，停车。

### 3．粗车、精车 $\phi30$、$\phi35$ 和 $\phi42$ 外圆
① 启动车床。

② 使用 90° 右偏刀粗车。

③ 摇动大溜板使 90° 右偏刀到零件的端面处。

④ 摇动中溜板使 90° 右偏刀刚好车削到零件表面，大滑板、中滑板的刻度拨到 "0"，再摇动大溜板退回车刀，不能移动中溜板。

⑤ 摇动中溜板的手柄使背吃刀量为 1mm，然后启动自动纵向走刀，车削的长度约为 43mm，横向退出车刀，再纵向退回车刀与零件端面齐平，第一次粗车完毕，开始第二次粗车。

⑥ 摇动中溜板，使 90° 右偏刀粗车 $\phi35$ 零件表面，调整刻度为零，再摇动大溜板，车削的长度约为 33mm，退回车刀，再转动中溜板，调整到吃刀量，再次进行粗加工。这样分多次车削到精加工余量尺寸。

⑦ 摇动中溜板，使 90° 右偏刀粗车 $\phi30$ 零件表面，调整刻度为零，再摇动大溜板，车削的长度约为 18mm，退回车刀，再转动中溜板，调整到吃刀量，再次进行粗加工。这样分多次车削到精加工余量尺寸。

⑧ 停车。

⑨ 量出刚车的外圆外径，这个外径数值减去 30mm 后除以 2，所得的数值就是背吃刀量，摇动中溜板的手柄进给中滑板确定背吃刀量。

⑩ 启动车床，启动自动纵向走刀，车削的长度为 18mm，横向退出车刀，退出量为 （35-30）/2，再纵进刀，车削长度为 15mm，再横向退刀，退刀量为（42-35）/2，纵向车削，长度约为 10mm，横向退刀离开零件。这样就精车出了 $\phi42$、$\phi35$ 和 $\phi30$ 外圆。

⑪ 调整转速，换切槽刀，车 3×1.5 的槽，退出车刀，离开工件。

⑫ 换 45° 外圆车刀，转动大托板和中托板，车刀接触工件端面时，只转动大托板，车削出 2×45 的倒角，再转动大托板，离开工件。

**4．车右端面、保证总长和钻中心孔**

① 零件调头，夹持 $\phi35$ 外圆，夹持长度为 15.mm 左右，用 $\phi35$ 和 $\phi42$ 边界处的端面定位。

② 启动车床，用 45° 车刀车端面，采用手动进给。

③ 移动大溜板使车刀与零件端面齐平，把大溜板、中溜板上的刻度调到 "0"。

④ 进给中溜板，把端面车平后移动中溜板退出车刀，不能移动大溜板。

⑤ 停车，量出零件的长度，这一数值减去 72mm，这一差值就是进给大溜板的进给量，即背吃刀量。

⑥ 启动车床，手动或自动进给中溜板车削端面，保证轴总长达图纸要求的尺寸。

⑦ 停车。

⑧ 移动尾座，使中心钻距零件约为 10mm，锁紧尾座。

⑨ 启动车床。

⑩ 摇动尾座的手柄钻中心孔，深度为 5mm。

⑪ 把尾座移回车床尾部，停车。

**5．粗车 $\phi25$ 外圆和圆锥面**

① 取出中心钻，把顶尖装入尾座的套筒内，移动尾座使顶尖顶在零件的中心孔里，注意松紧适当，然后锁紧尾座（采用一夹一顶装夹）。

② 使用 90° 外圆粗车偏刀。

③ 与前面粗车 $\phi35$ 外圆的方法类似，粗车 $\phi25$ 外圆，留 0.5mm 余量。

**6．精车φ25 外圆**

① 调节主轴转速和纵向走刀量（走刀量调到 0.05mm/r，如果使用高速钢刀，速度调到 51r/min；如果使用硬质合金刀，则速度调到 1165r/min，顶尖应为回转式顶尖），换用精车车刀。

② 精车φ25 外圆至要求尺寸，从端面到圆锥面处的长度为 24mm。车削方法与粗车类似，采用自动走刀。

**7．切槽和倒角**

① 调节主轴转速为 209r/min，换用高速钢切槽刀，采用手动进给。

② 移动大滑板在φ25 外圆处，保证 24mm 尺寸，摇动中滑板使车刀刚好在外圆面时，调节中滑板和大滑板的刻度盘使读数都为"0"， 摇动中滑板退出车刀。

③ 开启车床，一次切槽，使槽宽 3mm，槽深 0.5mm，停车，退回车刀到开始切槽的位置。

④ 测量槽的尺寸，车至图纸要求的尺寸。

⑤ 调节主轴转速为 735r/min，换用 45°车刀，开启车床。

⑥ 手动倒角 2–1.5×45°并去毛刺，停车。

**8．加工圆锥面**

（1）粗车外圆锥面

① 按圆锥大端直径（增加 1mm 余量）和圆锥长度，将圆锥部分先车成圆柱体。

② 根据公式 $\alpha/2 \approx 28.7° \times C = 28.7 \times \frac{1}{5} = 5.74°$，小拖板应逆时针方向转动 5.74°，将小拖板固定。注意此时尾座顶尖的去留，要根据加工锥面时是否产生干涉决定。

③ 移动中拖板、小拖板，使车刀刀尖与轴端的外圆面轻轻接触，如图 4-27 所示。然后将小拖板向后退出，中拖板刻度调至零位，作为粗车外圆锥面的起始位置。

④ 按刻度移动中拖板向前进给，并调整吃刀量。

⑤ 开动车床，双手交替转动小拖板手柄，手动进给速度保持均匀一致和不间断，如图 4-28 所示。

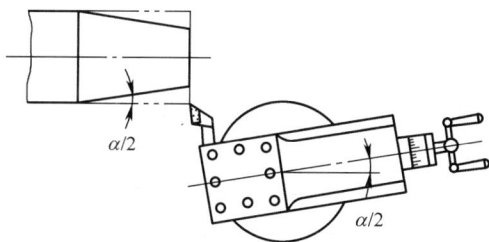

图 4-27　确定起始位置

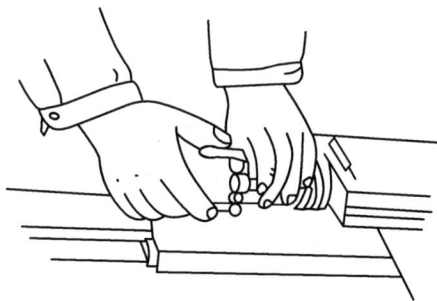

图 4-28　手动进给车外圆锥面

当车至终端时，将中拖板退出，小拖板快速后退复位。

⑥ 反复步骤④，调整吃刀量，手动进给车削外圆锥面。

⑦ 用万能角度尺或外径百分表，检测圆锥锥角，找正小拖板转角。

● 用万能角度尺检测。

将万能角度尺调整到要测量的角度，基尺通过工件中心靠在端面上，刀口尺靠在圆锥面素线上，用透光法检测，如图 4-29 所示。

● 百分表小验锥度法。

尾座套筒伸出一定长度，涂上显示剂，在尾座套筒上取一定尺（一般应长于锥长），百分表装在小滑板上，根据锥度要求计算出百分表在定尺上的伸缩量，然后紧固小滑板螺钉。此种方法一般不需试切削。

⑧ 找正小拖板转角后，粗车圆锥面，留精车余量 0.5～1mm。

（2）精车外圆锥面

小拖板转角调整准确后，精车外圆锥面，主要

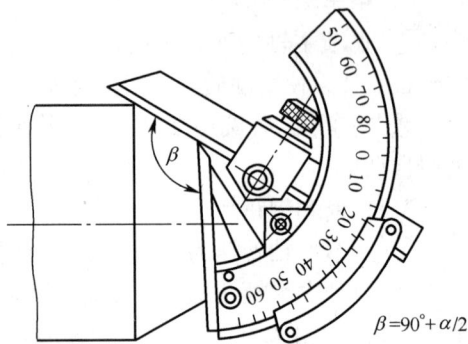

$\beta = 90° + \alpha/2$

图 4-29　用完能角度尺检测圆锥锥角

是提高工件的表面质量和控制外圆锥面的尺寸精度。因此，精车外圆锥面时，车刀必须锋利、耐磨，进给必须均匀、连续。具体操作如下。

使车刀刀尖轻轻接触工件圆锥小端外圆锥面，向后退出小拖板，使车刀沿轴向离开工件端面一个距离 $a$，调整前，应先消除小拖板丝杠间隙，如图 4-30 所示。然后移动床鞍，使车刀与工件端面接触，如图 4-31 所示。此时虽然没有移动中拖板，但车刀已经切入了一个所需的切削深度 $a_p$。

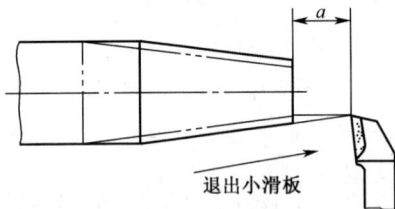

退出小滑板

图 4-30　退出小拖板，调整精车车削深度 $a_p$

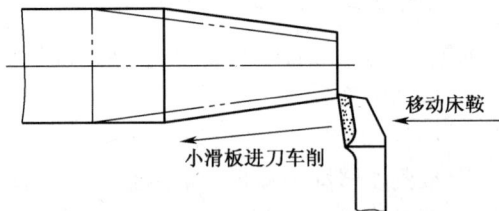

移动床鞍

小滑板进刀车削

图 4-31　依动床鞍，调整精车车削深度 $a_p$

### 9．圆锥尺寸的检测

圆锥面的加工，不仅仅是要求锥度，还要测量大端直径和小端直径，其检测方法如下。

（1）用千分尺检测

对精度要求较低的圆锥和加工中粗测圆锥尺寸时，一般使用千分尺测量。测量时，千分尺的测微螺杆应与工件轴线垂直，测量位置必须在圆锥体的最大端处或最小端处。

（2）用圆锥套规检测

用圆锥套规检测，在圆锥套规上，根据工件的直径尺寸和公差，在小端处开有轴向距离为 $m$ 的缺口，如图 4-32 所示，表示通端与止端。检测时，锥体的小端平面在缺口之间，说明小端直径尺寸合格；若锥体未能进入缺口，说明小端直径大了；若锥体小端平面超过了止端，说明其小端直径小了，如图 4-32 所示。

### 10．检验入库

① 检验，上油。

② 入库。

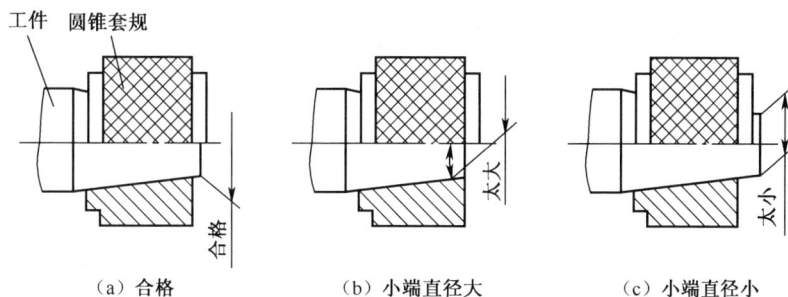

（a）合格　　　　　　　（b）小端直径大　　　　　　（c）小端直径小

图 4-32　用圆锥套规检测外圆锥尺寸

### 四、学习与思考

#### 1. 学习过程记录单

学习过程记录单

| 任务五 | | 掌握加工圆锥类零件的常规方法 | | | |
|---|---|---|---|---|---|
| 学习内容 | | 学习的内容 | 掌握程度（学生填写） | | |
| | | | 好 | 一般 | 差 |
| 学习过程 | 熟悉圆锥轴的加工工艺 | 熟悉圆锥轴图样 | | | |
| | | 确定工件毛坯 | | | |
| | | 确定定位基准 | | | |
| | | 确定最后精车内容 | | | |
| | | 确定工艺流程卡 | | | |
| | | 确定车刀 | | | |
| | | 确定检测量具 | | | |
| | 圆锥轴的加工工艺 | 配料 | | | |
| | | 车端面和钻中心孔 | | | |
| | | 粗车$\phi35$、$\phi42$和$\phi30$外圆 | | | |
| | | 车端面、总长和钻中心孔 | | | |
| | | 粗车$\phi25$外圆 | | | |
| | | 精车$\phi25$外圆 | | | |
| | | 切槽和倒角 | | | |
| | | 粗车圆锥面 | | | |
| | | 精车圆锥面 | | | |
| | | 检验入库 | | | |

#### 2. 思考练习题

选择加工工艺的原则是什么？

## 任务五　圆锥类零件质量的分析

### 一、车圆锥时，可能产生废品的原因及预防措施

车圆锥时，可能产生废品的原因及预防措施见表 4-6。

表 4-6                                        车圆锥时，可能产生废品的原因及预防措施

| 废品种类 | 产生原因 | 预防措施 |
|---|---|---|
| 锥度（角度）不正确 | 用转动小拖板法车削时：<br>① 小拖板转动角度计算差错或小拖板角度调整不当<br>② 车刀没有固紧<br>③ 小拖板移动时松紧不均匀 | ① 仔细计算小拖板应转动的角度、方向，反复试车校正<br>② 固紧车刀<br>③ 调整壤条间隙，使小拖板移动均匀 |
| | 用偏移尾座法车削时：<br>① 尾座偏移位置不正确<br>② 工件长度不一致 | ① 重新计算和调整尾座偏移量<br>② 若工件数量较多，其长度一致，且各工件两端中心孔间距离一致 |
| | 用宽刃刀法车削时：<br>① 装刀不正确<br>② 切削刃不直<br>③ 刃倾角不合适 | ① 调整切削刃的角度和对准中心<br>② 修磨切削刃的直线度<br>③ 重磨刃倾角 |
| | 铰内圆锥时：<br>① 铰刀的锥度不正确<br>② 铰刀轴线与主轴轴线不重合 | ① 修磨铰刀<br>② 用百分表和试棒调整尾座套筒轴线 |
| 大小端尺寸不正确 | ① 未经常测量大小端直径<br>② 控制刀具进给错误 | ① 经常测量大小端的直径<br>② 及时测量，用计算法或移动床鞍法控制切削深度 |
| 双曲线误差 | 车刀刀尖未对准工件轴线 | 车刀刀尖必须严格对准工件轴线 |
| 表面粗糙度达不到要求 | ① 切削用量选择不当<br>② 手动进给忽快忽慢<br>③ 车刀角度不正确，刀尖不锋利<br>④ 小拖板壤条间隙不当<br>⑤ 未留足精车或铰削余量 | ① 正确选择切削用量<br>② 手动进给要均匀，快慢一致<br>③ 刃磨车刀，角度要正确，刀尖要锋利<br>④ 调整小拖板壤条间隙<br>⑤ 要留有适当的精车或铰削余量 |

## 二、车刀刀尖没有对准工件回转轴线而产生的双曲线误差

### 1. 产生原因

车刀刀尖没有对准工件回转轴线而产生双曲线的误差，如图 4-33 所示，其原因有以下几点。

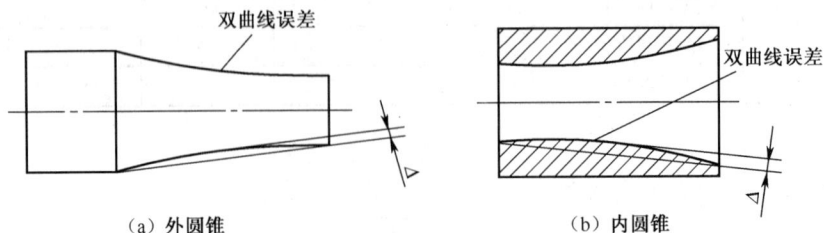

（a）外圆锥                                （b）内圆锥

图 4-33　圆锥表面的双曲线误差

① 车圆锥时，虽然多次调整小拖板的转角，但仍不能校正。

② 用圆锥套规检测外圆锥时，发现两端显示剂被擦去，而中间未接触；用圆锥套规检测内圆锥时，发现中间部位显示剂被擦去，而两端未接触。

2．预防措施

① 车圆锥时，一定要使车刀刀尖严格对准工件的回转中心。

② 车刀在中途经刃磨后再装刀时，必须调整垫片厚度，重新对中心。

三、学习与思考

1．学习过程记录单

学习过程记录单

| 任务五 | 圆锥类零件质量的分析 | | | |
|---|---|---|---|---|
| 学习内容 | 学习的内容 | 掌握程度（学生填写） | | |
| | | 好 | 一般 | 差 |
| 学习过程 | 锥度（角度）不正确的原因与解决的措施 | | | |
| | 大小端尺寸不正确的原因与解决的措施 | | | |
| | 双曲线误差的原因与解决的措施 | | | |
| | 理解表面粗糙度不合格的原因与解决的措施 | | | |

2．思考练习题

① 车削圆锥轴类零件时，锥度（角度）不正确的原因是什么，如何预防？

② 车削圆锥轴类零件时，大小端尺寸不正确的原因是什么，如何预防？

③ 表面粗糙度差的原因是什么，如何预防？

## 项目学习评价

| 学习收获 | |
|---|---|
| 不足之处 | |
| 改进方法 | |
| 教师评语 | |
| 评　　分 | |

# 项目五  成形面与滚花的加工

📽 项目情境创设

加工如图 5-1 所示的滚花单球手柄。

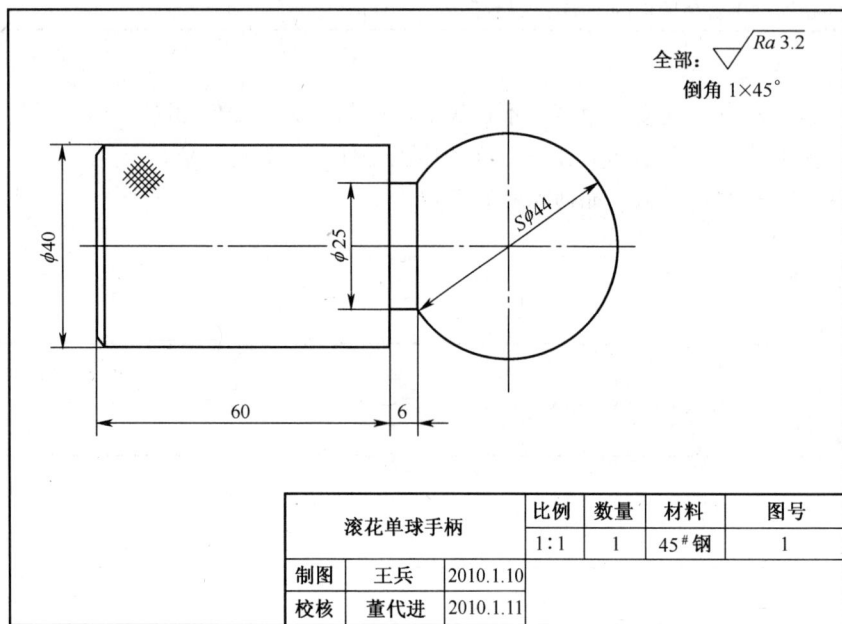

图 5-1  滚花单球手柄图样

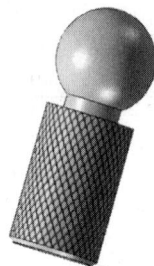

| 滚花单球手柄 | | 比例 | 数量 | 材料 | 图号 |
|---|---|---|---|---|---|
| | | 1:1 | 1 | 45#钢 | 1 |
| 制图 | 王兵 | 2010.1.10 | | | |
| 校核 | 董代进 | 2010.1.11 | | | |

全部：$\sqrt{Ra\,3.2}$

倒角 1×45°

🎯 项目学习目标

| 学习目标 | 学习方式 | 学时 |
|---|---|---|
| （1）了解圆球的作用和加工圆球时的长度 $L$ 计算<br>（2）掌握圆球的车削步骤和车削方法<br>（3）根据图样的要求，用外径千分尺、半径规、样板和套环等对圆球进行检查<br>（4）了解滚花的种类及其作用<br>（5）掌握滚花刀在工件上的挤压方法与要求 | 实训+理论 | |

🔧 **项目基本功**

分析图样，加工该零件需要用到的知识点见表 5-1。

表 5-1　　　　　　　　　　加工该零件需要用到的知识点

| 序号 | 项目 | 内容 | 引出的知识点与技能 |
|---|---|---|---|
| 1 | 成形面与滚花类零件 | 简要介绍成形面与滚花类零件 | 应用、特点 |
| 2 | 加工内容 | 加工内容有外圆、端面、倒角、切槽、滚花、车圆球等 | ① 长度 L 的计算<br>② 滚花刀的种类 |
| 3 | 加工方法 | 成形面加工方法有双手控制法、成形法、仿形法、专用工具车削。<br>滚花加工方法有网纹和直纹 | ① 车圆球时纵、横速度的分析<br>② 成形车刀的种类<br>③ 仿形法的原理、方法<br>④ 专用工具的种类<br>⑤ 滚花刀的装夹<br>⑥ 滚花的要求 |
| 4 | 检测 | 千分尺、样板、半径规、环规 | 成形面的检测方法 |

# 任务一　认识成形面与滚花类零件

**一、成形面与滚花类零件的概念**

**1．成形面的含义**

在机床和工具中，有些零件表面的轴向剖面成曲线形，如手柄、圆球等，具有这些特征的表面称为成形面。

**2．滚花的含义**

为增加摩擦力并使零件美观，用特定的成形刀具在零件表面挤压出各种不同的花纹，称为滚花。

**3．成形面与滚花类零件的主要作用**

成形面与滚花类零件的主要作用是设计和使用方面的需要，增加零件表面的摩擦力并使零件美观。

**二、成形面与滚花类零件的类型及其特点**

**1．成形面的类型及其特点**

根据成形面的设计使用与结构的不同，成形面有圆球和椭圆两种。

（1）圆球类

圆球类成形面是其表面素线为圆球形，如图 5-2、图 5-3、图 5-4 和图 5-5 所示。

图 5-2　圆球套手柄　　图 5-3　半圆球套手柄　　图 5-4　单球手柄　　图 5-5　三球手柄

（2）椭圆类

椭圆类成形面是其表面素线为椭圆形，如图 5-6 和图 5-7 所示。

图 5-6　椭圆手柄

图 5-7　椭圆套手柄

## 2．滚花类零件的类型及其特点

根据滚花花纹的不同，滚花类零件分为直纹和网纹两类。

（1）直纹

工件表面所挤压的花纹呈直线分布，如图 5-8 所示。

（2）网纹

工件表面所挤压的花纹以网格分布，如图 5-9 所示。

图 5-8　千分尺微分筒上的直纹滚花

图 5-9　滚网纹的零件

## 三、成形面与滚花类零件的组成与作用

如图 5-10 所示，成形面与滚花类零件由滚花外圆、沟槽、成形面（圆球）和倒角组成。

图 5-10　成形面与滚花类零件

### 1．滚花外圆

滚花外圆起到美观、修饰和增大表面摩擦的作用。

### 2．沟槽

沟槽保证定位或使车圆球时方便，并可使工件在装配时有一个正确的位置。

### 3．圆球

圆球主要满足设计与制造的需要，如车床中滑板手柄、照明灯转向底座。

### 4．倒角

倒角的作用一方面是防止工件锋利的边缘划伤工人，另一方面是使工件便于安装。

## 四、学习与思考

### 1．学习过程记录单

学习过程记录单

| 任务一 | 认识成形面与滚花类零件 | | | |
|---|---|---|---|---|
| 学习内容 | 学习的内容 | 掌握程度（学生填写） | | |
| | | 好 | 一般 | 差 |
| 学习过程 | 成形面的含义 | | | |
| | 成形面的类型 | | | |
| | 滚花的含义 | | | |
| | 滚花花纹的类型 | | | |

2．思考练习题
① 成形面有哪些类型？
② 滚花的花纹有哪些？
③ 组成成形面与滚花类零件的各部分的作用是什么？

# 任务二　使用加工成形面与滚花类零件的常用刀具

## 一、加工成形面常用刀具

成形面的加工方法很多，因而所使用的刀具也不尽相同。

### 1．圆头车刀

在双手控制法车削成形面时，为了使每次接刀过渡圆滑，应采用主切削刃为圆头的车刀，如图 5-11 所示。

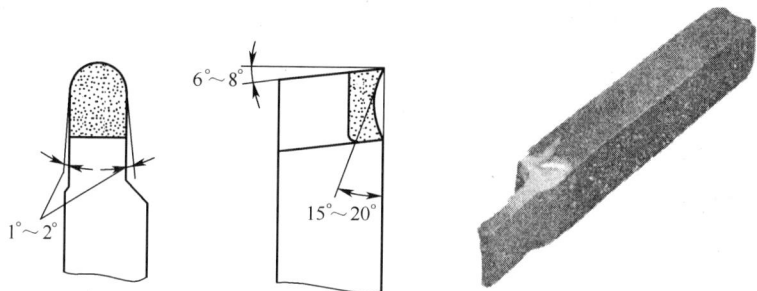

图 5-11　圆头车刀

### 2．成形车刀

（1）径向成形刀

这类成形刀按刀体形状和结构不同，分为 3 种。

① 平体成形刀。平体成形刀如图 5-12 所示，除切削刃有一定的形状要求外，其结构和普通车刀相同。平体成形车刀只用来加工外成形表面，且重磨次数不多。

② 棱体成形车刀。棱体成形车刀如图 5-13 所示，呈棱柱体，只能用来加工外成形表面，比平体成形车刀的可重磨次数多，且刀具刚度较大。

③ 圆体成形车刀。圆体成形车刀如图 5-14 所示，呈回转体，重磨前刀面，重磨次数多，且可被用来加工内、外成形表面。它制造方便，因此在生产中的应用较多。

使用时，将圆体成形车刀装夹在刀柄或弹性刀柄上。为防止圆体成形车刀转动，车刀侧面有端面齿，使之与刀柄侧面上的端面齿啮合，如图 5-15（a）所示。圆体成形刀的主切削刃与圆体中心等高，其背后角 $\alpha_p=0°$，如图 5-15（b）所示。当主切削刃低于圆体中心后，可产生背后角 $\alpha_p$，如图 5-15（c）所示。主切削刃低于中心 $O$ 的距离 $H$ 可按下式计算：

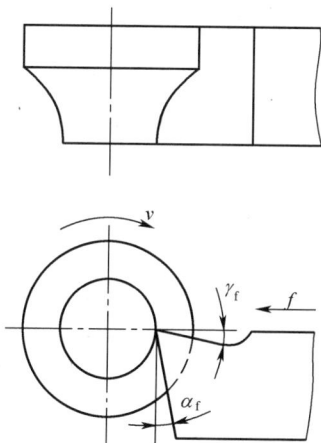

图 5-12　平体成形车刀

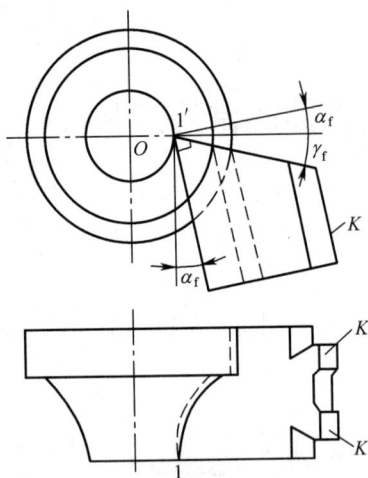

图 5-13  棱体成形车刀

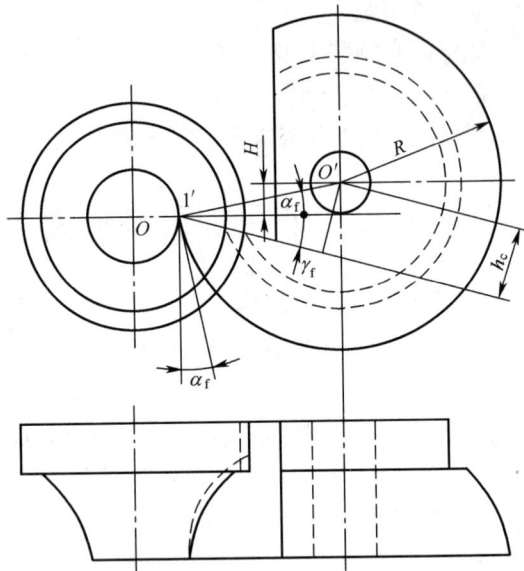

图 5-14  圆体成形车刀

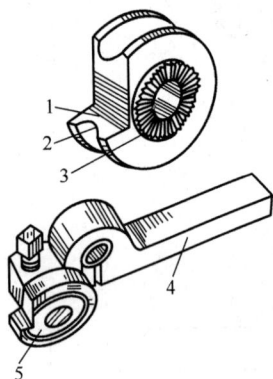

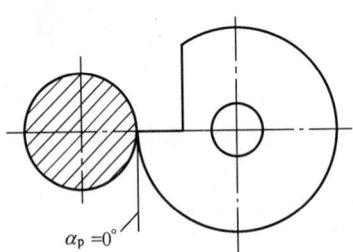

（a）圆体成形刀                （b）$\alpha_p = 0°$                （c）$\alpha_p > 0°$

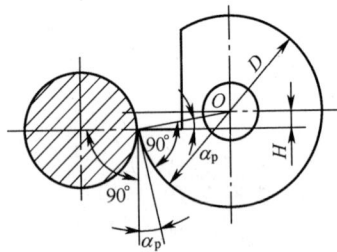

1—前刀面；2—主切削刃；3—端面齿；4—弹性刀柄；5—圆体成形刀

图 5-15  圆体成形刀的使用

$$H = \frac{D}{2}\sin\alpha_p$$

式中，$D$——圆体成形刀直径（mm）；

$\alpha_p$——成形刀的背后角，一般 $\alpha_p$ 取 $6°\sim10°$。

（2）切向成形车刀

切向成形车刀如图 5-16 所示，工作时，切削刃沿工件已加工表面的切线方向切入。由于切削刃具有偏角，因此，刀刃逐渐切入和切出，始终只有一部分切削刃在工作，切削力较小，且因切削刃行程长，而导致生产效率低。切向成形刀主要用于轮廓深度不大、细长和刚度差的工件。

（3）轴向成形车刀

轴向成形车刀如图 5-17 所示，用以加工端面成形表面，工件回转，成形车刀做轴向进给运动。

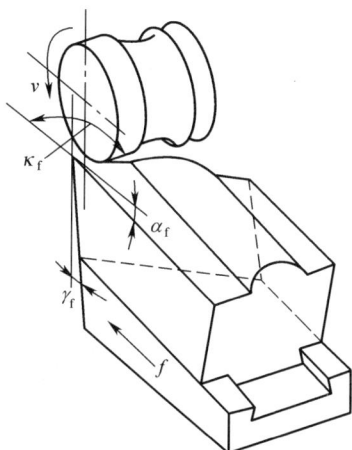

图 5-16　切向成形车刀

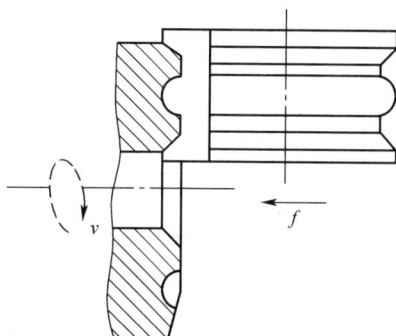

图 5-17　轴向成形车刀

## 二、滚花用刀具

滚花时所用刀具为滚花刀。滚花刀一般有单轮、双轮和六轮 3 种。

### 1．单轮滚花刀

单轮滚花刀如图 5-18 所示，由直纹滚轮和刀柄组成，用来滚直纹。

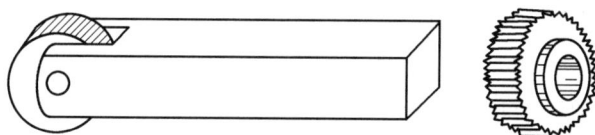

图 5-18　单轮滚花刀

### 2．双轮滚花刀

双轮滚花刀如图 5-19 所示，由两只旋向不同的滚轮、浮动连接头及刀柄组成，用来滚网纹。

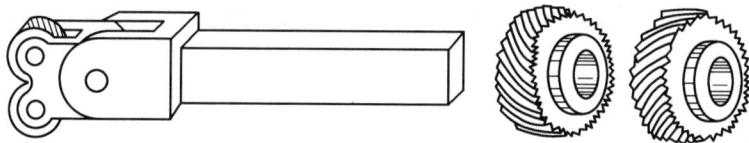

图 5-19　双轮滚花刀

### 3．六轮滚花刀

六轮滚花刀如图 5-20 所示，由 4 对不同模数的滚轮，通过浮动连接头与刀柄组成一体，可以根据设计需要滚出 3 种不同模数的网纹。

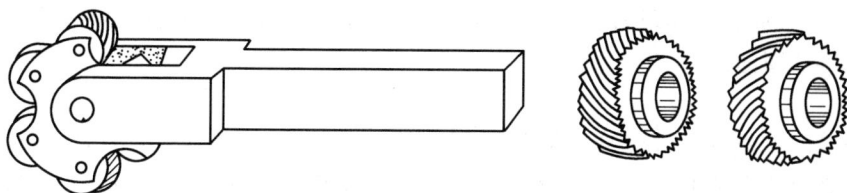

图 5-20　六轮滚花刀

### 4．滚花刀的规格

滚花刀的规格见表 5-2。

表 5-2                                滚花刀的规格                        mm

| 模数 $m$ | $h$ | $r$ | 节距 $p = \pi m$ |
|---|---|---|---|
| 0.2 | 0.132 | 0.06 | 0.628 |
| 0.3 | 0.198 | 0.09 | 0.942 |
| 0.4 | 0.264 | 0.12 | 1.257 |
| 0.5 | 0.326 | 0.16 | 1.571 |

注：表中 $p = \pi m = 3.14m$， $h = 0.785m - 0.414r$，滚花后工件的直径大于滚花前直径，其值 $\Delta \approx (0.8 \sim 1.6)m$。

## 三、学习与思考

### 1．学习过程记录单

学习过程记录单

| 任务二 | 使用加工成形面与滚花类零件的常用刀具 | | | |
|---|---|---|---|---|
| 学习内容 | 学习的内容 | 掌握程度（学生填写） | | |
| | | 好 | 一般 | 差 |
| 学习过程 | 成形面车削常用刀具 | | | |
| | 在圆体成形刀使用时，主切削刃低于中心 $O$ 的距离 $H$ 的计算 | | | |
| | 常用滚花刀的种类与应用特点 | | | |

### 2．思考练习题

① 加工成形面常用的刀具有哪些？

② 常用的滚花刀有几种类型？

# 任务三 掌握加工成形面与滚花类零件的常规方法

## 一、成形面的车削方法

### 1．双手控制法

双手控制法车成形面就是双手控制中滑板、小滑板或者是双手控制中滑板与床鞍的合成运动，使刀尖的运动轨迹与工件表面的素线（曲线）重合，以达到车削成形面的目的，如图 5-21 所示。

在实际生产中由于用双手控制中滑板、小滑板合成运动的劳动强度较大，而且操作也不方便，因而不经常采用。常采用的是右手操纵中滑板手柄实现刀具的横向运动（应由外向内进给）；左手操纵床鞍，实现刀尖的纵向运动（应由工件高处向低处进给），通过这两个方向的运动来车削成形面。

（1）速度分析

双手控制法车成形面时车刀刀尖速度运行轨迹如图 5-22 所示，车刀刀尖位于各位置上的横向、纵向进给速度是不相同的。车削 a 点时，中滑板横向进给速度 $v_{ay}$ 要比床鞍纵向进给速度 $v_{ax}$ 慢，否则车刀会快速切入工件，而使工件的直径变小；车削 b 点时，中滑板与床鞍的进

给速度 $v_{by}$ 与右进给速度 $v_{bx}$ 相等；车削 c 点时，中滑板进给速度 $v_{cy}$ 要比床鞍进给速度 $v_{cx}$ 快，否则车刀就会离开工件表面，而车不到工件中心。

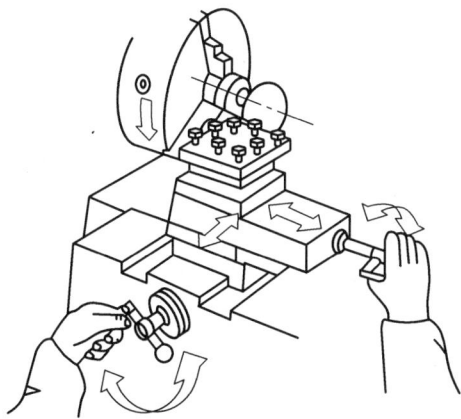

图 5-21　双手控制法车成形面

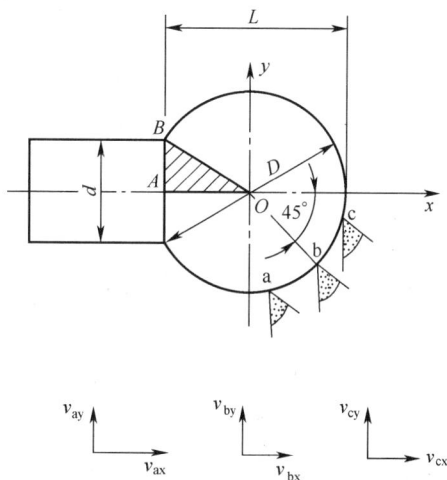

图 5-22　双手控制法车削成形面时车刀运行速度的分析

（2）球状部分长度 $L$ 的计算

如图 5-22 所示，直角三角形 $Rt\triangle AOB$ 有

$$OA = \sqrt{\left(\frac{D}{2}\right)^2 - \left(\frac{d}{2}\right)^2}$$

$$= \frac{1}{2}\sqrt{D^2 - d^2}$$

$$L = \frac{D}{2} + OA$$

则 
$$L = \frac{1}{2}\left(D + \sqrt{D^2 - d^2}\right)$$

式中，$L$ ——球状部分长度（mm）；

　　　$D$ ——圆球直径（mm）；

　　　$d$ ——柄部直径（mm）。

**2．成形法**

（1）成形法的含义

成形法是用成形车刀对工件进行加工的方法。切削刃的形状与工件成形表面轮廓的形状相同的车刀称为成形刀，又称为样板刀。数量较多、轴向尺寸较小的成形面可用成形法车削。

（2）成形法注意事项

成形法车削成形面时应注意以下几点。

① 车床要有足够的刚度，车床各部分的间隙要调整得较小。

② 成形车刀的角度要选择得恰当。成形车刀的后角一般选得较小（$\alpha_0$ 为 2°～5°），刃倾角宜取 $\lambda_s = 0$°。

③ 成形车刀的刃口要对准工件的轴线，装高容易扎刀，装低会引起震动。必要时，可以将成形车刀反装，采用反切法进行车削。

④ 为降低成形车刀切削刃的磨损，减小切削力，最好先用双手控制法把成形面粗车成形，然后再用成形车刀进行精车。

⑤ 应采用较小的切削速度和进给量，合理选用切削液。

### 3．仿形法

按照刀具仿形装置进给对工件进行加工的方法称为仿形法。仿形法车成形面是一种加工质量好、生产率高的先进车削方法，特别适合质量要求较高、批量较大的生产。仿形法车成形面的方法很多，下面介绍两种主要方法。

（1）尾座靠模仿形法

尾座靠模仿形法如图 5-23 所示，把一个标准样件（即靠模）装在尾座套筒内。在刀架上装上一把长刀夹，长刀夹上装有圆头车刀和靠模杆。车削时，用双手操纵中滑板、小滑板（或使用床鞍自动进给和用手操纵中滑板相配合），使靠模杆始终贴在标准样件上，并沿着标准样件的表面移动，圆头车刀就在工件上车出与标准样件相同的成形面。这种方法在一般车床上都能使用，但操作不太方便。

（2）靠模板仿形法

在车床上用靠模板仿形法车成形面，实际上与车圆锥用的仿形法基本相同，只需把锥度靠模板换上一个带有曲线槽的靠模板，并将滑块改为滚柱即可，其加工原理如图 5-24 所示，在床身的后面装上支架和靠模板，滚柱通过拉杆与中滑板连接。当床鞍作纵向运动时，滚柱在靠模板的曲线槽中移动，使车刀刀尖作相应的曲线运动，这样也可车出成形面工件。与仿形法车圆锥类似，中滑板的丝杠应抽出，并将小滑板转过 90°以代替中滑板进给。这种方法操作方便，生产率高，成形面形状准确，质量稳定，但只能加工成形面形状变化不大的工件。

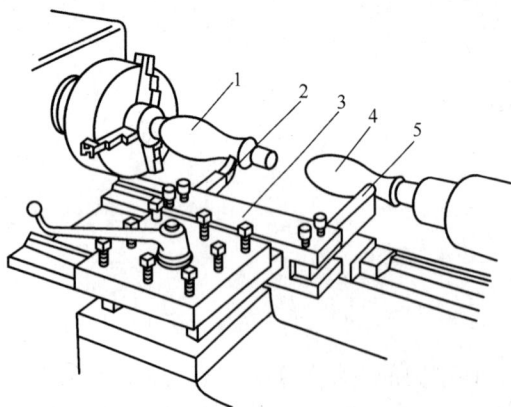

1—工件；2—圆头车刀；3—长刀夹；4—标准样件；5—靠模杆

图 5-23 尾座靠模仿形法

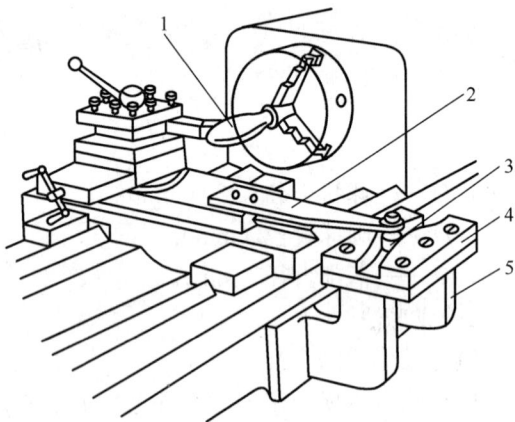

1—工件；2—拉杆；3—滚柱；4—靠模板；5—支架

图 5-24 靠模板仿形法

### 4．用专用工具车成形面

（1）利用圆筒形刀具车圆球面

圆筒形刀具的结构如图 5-25（a）所示，切削部分是一个圆筒，其前端磨斜 15°，形成一个圆的切削刃口。其尾柄和特殊刀柄应保持 0.5mm 的配合间隙，并用销轴浮动连接，以自动对准圆球面中心。用圆筒形刀具车圆球面工件时，一般应先用圆弧刃车刀大致粗车成形，再将圆筒形刀具的径向表面中心调整到与车床主轴轴线成一夹角 $\alpha$，最后用圆筒形刀具把圆球面车削成形，如图 5-25（b）所示。该方法简单方便，易于操作，加工精度较高，适用于车削青铜、铸铝等脆性金属材料的带柄圆球面的工件加工。

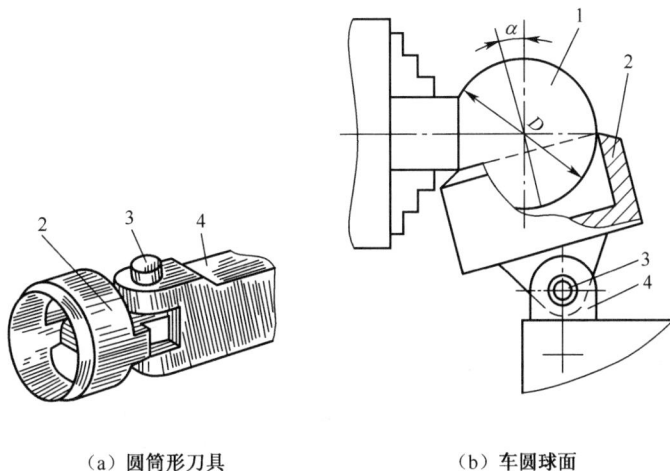

（a）圆筒形刀具　　　　　　　（b）车圆球面

1—圆球面工件；2—圆筒形刀具；3—销轴；4—特殊刀柄

**图 5-25　圆筒形刀具车圆球面**

（2）用铰链推杆车球面内孔

较大的球面内孔可用图 5-26 所示的方法车削。有球面内孔的工件装夹在卡盘中，在两顶尖间装夹刀柄，圆弧刃车刀反装，车床主轴仍然正转，刀架上安装推杆，推杆两端铰链连接。当刀架纵向进给时，圆头车刀在刀柄中转动，即可车出球面内孔。

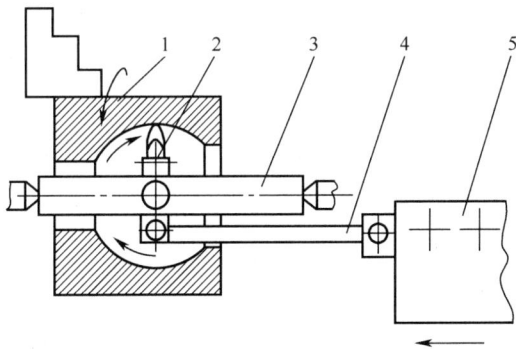

1—有球面内孔的工件；　2—圆弧刃车刀；3—刀柄；4—推杆；5—刀架

**图 5-26　用铰链推杆车球面内孔**

（3）用蜗杆副车成形面

① 用蜗杆副车成形面的车削原理。外圆球面、外圆弧面和内圆球面等成形面的车削原理如图 5-27 所示。车削成形面时，必须使车刀刀尖的运动轨迹为一个圆弧，车削的关键是保证刀尖作圆周运动，其运动轨迹的圆弧半径与成形面圆弧半径相等，同时使刀尖与工件的回转轴线等高。

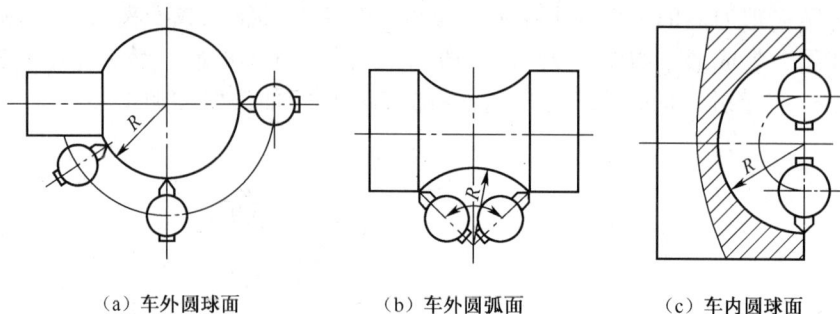

（a）车外圆球面　　　　　（b）车外圆弧面　　　　　（c）车内圆球面

图 5-27　内外成形面的车削原理

② 用蜗杆副车内外成形面的结构原理。其结构原理如图 5-28 所示。车削时先把车床的小滑板拆下，装上成形面工具。刀架装在圆盘上，圆盘下面装有蜗杆副。当转动手柄时，圆盘内的蜗杆就带动蜗轮使车刀绕着圆盘的中心旋转，刀尖作圆周运动，即可车出成形面。为了调整成形面半径，在圆盘上制出 T 形槽，以使刀架在圆盘上移动。当刀尖超过中心时，就可以车削内成形面。

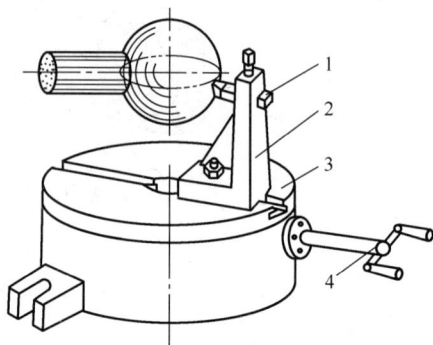

1—车刀；2—刀架；3—圆盘；4—手柄

图 5-28　用蜗杆副车内外成形面

**二、成形面的测量和检查**

为保证球面的外形正确，通常采用样板、套规、外径千分尺等进行检查。

**1．样板检查**

样板检查如图 5-29 所示，检查时对准工件中心，并观察样板与工件之间的间隙大小。

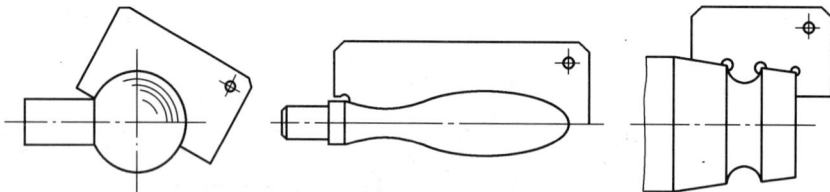

图 5-29　样板检查成形面

**2．用套规检查**

套规检查如图 5-30 所示，套规检查是利用观察其间隙的透光情况进行检测球面的。

**3．用外径千分尺检查**

外径千分尺检查如图 5-31 所示，检查球面时应通过工件中心，并多次变换测量方向，使其测量精度在图样要求的范围内。

**三、滚花的方法**

**1．滚花刀的装夹**

装夹要求滚花刀中心与工件回转中心等高。滚压有色金属或滚花表面要求较高的工件时，滚花刀滚轮轴线与工件轴线平行，如图 5-32 所示。

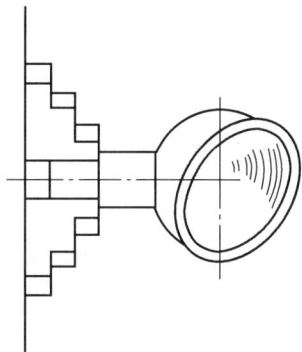

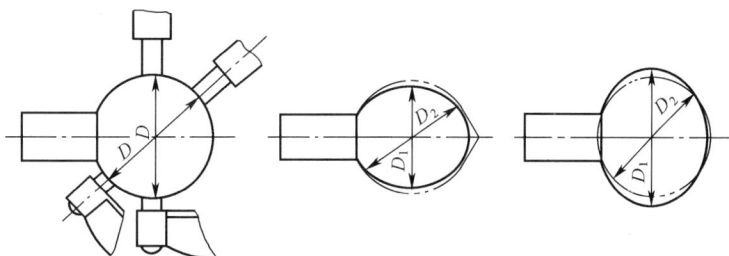

图 5-30　套规检查　　　　　　　　图 5-31　外径千分尺检查

　　滚压碳素钢或滚花表面要求一般的工件时,可使滚花刀刀柄尾部向左偏斜 3°～5° 安装,以便于切入工件表面且不易产生乱纹,如图 5-33 所示。

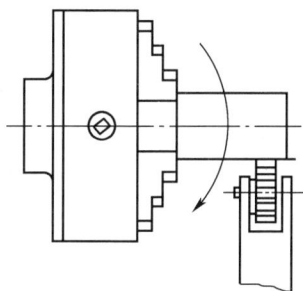

图 5-32　平行装夹　　　　　　　　图 5-33　倾斜装夹

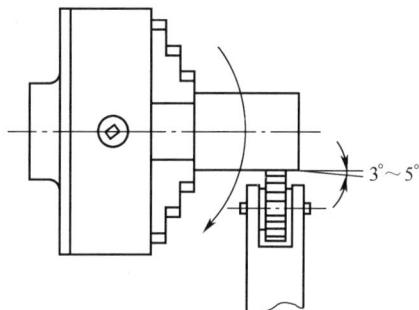

### 2．滚花的要点

　　在滚花刀接触工件开始滚压时,挤压力要大而且猛一些,使工件的圆周上一开始就形成较深的花纹,这样就不易产生乱纹。

　　为了减小滚花开始时的径向压力,可以使滚轮表面宽度的 1/3～1/2 与工件接触,如图 5-34 所示。使滚花刀容易切入工件表面。在停车检查花纹符合要求后,即可纵向机动进给。

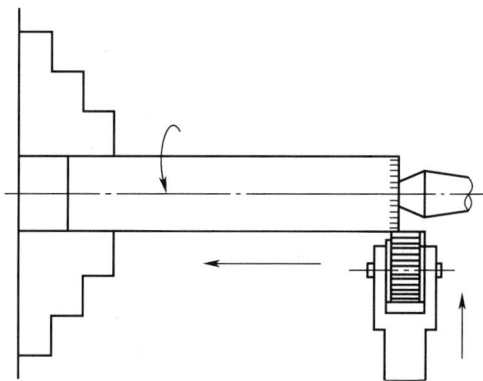

图 5-34　滚花进给位置

　　滚花时,应选低的切削速度,一般为 5～10m/min。纵向进给量可选择大些,一般为 0.3～0.6mm/r。

滚花时，应充分浇注切削液以润滑滚轮和防止滚轮发热损坏，并经常清除滚压产生的切屑。

滚花时径向力很大，所以工件必须装夹牢靠。由于滚花时出现工件移位现象难以完全避免，所以车削带有滚花表面的工件时，滚花应安排在粗车后、精车前进行。

### 四、学习与思考

#### 1．学习过程记录单

学习过程记录单

| 任务三 | 掌握加工成形面与滚花类零件的常规方法 | | | |
|---|---|---|---|---|
| 学习内容 | 学习的内容 | 掌握程度（学生填写） | | |
| | | 好 | 一般 | 差 |
| 学习过程 | 成形面的加工方法 | | | |
| | 双手控制法车削成形面时的速度分析 | | | |
| | 成形面常用检查工具 | | | |
| | 滚花刀的装夹要求 | | | |
| | 滚花时的要点 | | | |

#### 2．思考练习题

① 成形面的加工方法有哪些？

② 试分析双手控制法车削成形面时的速度情况。

③ 成形面常用检查工具有哪些？

④ 滚花刀的装夹有哪些要求？

⑤ 滚花时的要点有哪些？

# 任务四　掌握滚花单球手柄车削方法

### 一、滚花单球手柄图样

滚花单球手柄图样如图 5-1 所示。

### 二、滚花单球手柄工艺分析

#### 1．确定工件毛坯

工件毛坯为：$45^\#$ 棒料，规格为 $\phi45 \times 110$。

#### 2．确定工艺流程卡

工艺流程卡为：配料→车削端面→粗车、精车 $\phi40$ 外圆→滚花→调头→车 S44→切槽→车圆球→检验入库。

#### 3．确定车刀

所用的车刀为 90° 硬质合金右偏刀、45° 硬质合金车刀、高速钢切槽刀、滚花刀。

#### 4．确定检测量具

检测量具有游标卡尺、千分尺。

### 三、滚花单球手柄的加工工艺

#### 1．配料

① 检查坯料材料、直径和长度是否符合各料要求。

② 检查车床的各个手柄是否复位。

③ 开启电源开关。

④ 夹毛坯外圆，留在卡盘外的长度大于 60 mm。

⑤ 安装 90°硬质合金右偏刀、45°硬质合金车刀、滚花刀、切槽刀。

**2．车端面**

① 转速调到 750r/min，自动走刀量为 0.15mm/r，启动车床。

② 用 45°车刀车端面，采用手动进给，直到端面车平为止。

③ 停车。

**3．粗车、精车$\phi$40 外圆（滚花外圆）**

① 启动车床。

② 使用 90°右偏刀粗车。

③ 摇动床鞍使 90°右偏刀到零件的端面处。

④ 摇动中滑板使 90°右偏刀刚好车削到零件表面，床鞍、中滑板的刻度拨到"0"，再摇动床鞍退回车刀，不能移动中滑板。

⑤ 摇动中滑板的手柄使背吃刀量为 1.5mm，然后启动自动纵向走刀，车削长度约 62mm，横向退出车刀，再纵向退回车刀与零件端面齐平，第一次粗车完毕。

⑥ 摇动中滑板手柄使背吃刀量为 1mm，再摇动床鞍，车削的长度约为 3mm，退回车刀，不移动中滑板。

⑦ 停车。

⑧ 量出刚车的 3mm 长的外圆外径，数值减去 40mm 后除以 2，所得的数值就是背吃刀量，摇动中滑板的手柄进给中滑板确定背吃刀量。

⑨ 启动车床，启动自动纵向走刀，车削长度约为 62mm，横向退出车刀，再纵向退回车刀离开零件。这样就车出了$\phi$40 外圆。

⑩ 换 45°车刀倒角。

⑪ 停车。

**4．滚花**

① 转速调到 75r/min 左右，自动走刀量为 0.25mm/r，启动车床。

② 摇动床鞍和中滑板手柄，使滚花刀接触工件外圆表面。

③ 摇动中滑板手柄，使滚花刀压入工件。

④ 停车，观察滚花的情况（根据情况调整压力）。

⑤ 启动车床，启动自动纵向走刀，开始滚花。

⑥ 浇注切削液润滑滚花刀滚轮，并及时清除滚压产生的切屑。

⑦ 退出滚花刀，停车。

**5．车端面、控制总长**

① 零件调头，夹持$\phi$40 外圆（外圆用薄铁皮包裹），伸出长度为 50mm 左右。

② 校正工件，并夹紧。

③ 转速调到 75r/min 左右，启动车床。

④ 用 45°车刀车端面，采用手动进给。

⑤ 移动床鞍使车刀与零件端面齐平，把床鞍、中滑板上的刻度调到"0"。

⑥ 进给中滑板，把端面车平后移动中滑板退出车刀，不能移动床鞍。

⑦ 停车，量出零件的长度，数值减去 106.4mm，差值就是进给床鞍的进给量，即背吃刀量。

⑧ 启动车床，手动或自动进给中滑板车削端面，保证轴总长达到设计要求的尺寸。

⑨ 停车。

### 6．切槽

① 转动刀架，换切槽刀。

② 将游标卡尺调到 40.4mm（即球形部分 $L$ 的长度），在工件上做记号。

③ 移动床鞍、中滑板，使切槽刀左侧刀尖与记号对齐，并将床鞍、中滑板的刻度拨到"0"。

④ 摇动中滑板手柄，退出切槽刀，床鞍不动。

⑤ 转速调到 400r/min 左右，启动车床。

⑥ 手动进给切槽$\phi$25，深约 2mm，退出中滑板，停车，不移动床鞍。

⑦ 用游标卡尺检测$\phi$25 和 $L$。

⑧ 根据情况调整小滑板刻度。

⑨ 切槽至图样。

### 7．车圆球

① 找出圆球中心，并做记号。

② 转速调到 500r/min 左右，启动车床。

③ 使用 90°外圆车，采用双手控制法车右半圆球。

④ 换下滚花刀，装上圆头刀。

⑤ 采用双手控制法用圆头刀车右半圆球。

### 8．检验入库

① 检验，上油。

② 入库。

## 四、学习与思考

### 1．学习过程记录单

学习过程记录单

| 任务四 | | 掌握滚花单球手柄车削方法 | | | |
|---|---|---|---|---|---|
| | | 学习的内容 | 掌握程度（学生填写） | | |
| | | | 好 | 一般 | 差 |
| 学习内容 | 熟悉滚花单球手柄的加工工艺 | 配料 | | | |
| | | 车端面 | | | |
| | | 粗车、精车$\phi$40 外圆（滚花外圆） | | | |
| | | 滚花 | | | |
| | | 车端面、总长 | | | |
| | | 切槽 | | | |
| | | 车圆球 | | | |
| | | 检验入库 | | | |

### 2．思考练习题

简述加工如图 5-1 所示的滚花单球手柄的车削方法。

# 任务五  成形面与滚花类零件质量的分析

## 一、成形面轮廓不正确的原因与解决的措施

① 用双手控制法车削时，纵横向进给不协调。应加强车削练习，使左右手的纵横向进给配合协调。

② 用成形法车削时，成形车刀的形状刃磨得不正确，或者没有对准车床主轴轴线，工件受切削力产生变形而造成误差。这时应仔细刃磨成形车刀，车刀高度装夹准确，适当减小进给量。

③ 用仿形法车削时，靠模形状不准确，安装得不正确或仿形传动机构中存在间隙。应使靠模形状准确，安装正确，调整仿形传动机构中的间隙，使车削均匀。

## 二、成形面表面粗糙度达不到要求的原因与解决的措施

① 车刀中途逐渐磨损。选择合适的刀具材料或适当降低切削速度。

② 车床的刚性不足，如滑板塞铁太松，传动零件（如带轮）不平衡或主轴太松引起震动。消除或防止由于车床的刚性不足而引起的震动（如调整车床各部件的间隙）。

③ 车刀的刚性不足或伸出太长而引起震动。增加车刀刚性和正确装夹车刀。

④ 工件刚性不足引起震动。增加工件的装夹刚性。

⑤ 车刀的几何参数不合理，例如选用过小的前角、后角或主偏角。合理选择车刀的角度（适当增大前角，选择合理的后角和主偏角）。

⑥ 切削用量选用不当。进给量不宜太大，精车余量和切削速度应选择恰当。

⑦ 工件的切削性能差，未经预备热处理，车削困难。应对工件进行预备热处理，改善工件的切削性能。

⑧ 车削痕迹较深，抛光未达到要求。先用锉刀粗锉削、精锉削，再用砂布抛光。

## 三、滚花时产生乱纹的原因与解决措施

① 开始滚花时，滚花刀与工件的接触面积过大。减少滚花开始时的径向压力，可以使滚轮表面宽度的 1/3～1/2 与工件接触。

② 滚花刀转动不灵活。使用前应检查滚花刀转轮转动情况。

③ 转速过高，使滚花与工件产生滑动。选择合理的切削用量。

④ 压力过大，进给过慢。压力不能太大，进给不能太慢。

⑤ 切屑阻塞。要经常清除滚压产生的切屑。

## 四、学习与思考

### 1．学习过程记录单

学习过程记录单

| 任务五 | 成形面与滚花类零件质量的分析 | | | |
|---|---|---|---|---|
| 学习内容 | 学习的内容 | 掌握程度（学生填写） | | |
| | | 好 | 一般 | 差 |
| 学习过程 | 理解成形面轮廓不正确的原因与解决的措施 | | | |
| | 理解成形面表面粗糙度达不到要求的原因与解决的措施 | | | |
| | 理解滚花时产生乱纹的原因与解决的措施 | | | |

## 2．思考练习题

① 成形面轮廓不正确的原因是什么，如何预防？

② 成形面表面粗糙度达不到要求原因是什么，如何预防？

③ 滚花时产生乱纹的原因是什么，如何预防？

### 项目学习评价

| | |
|---|---|
| 学习收获 | |
| 不足之处 | |
| 改进方法 | |
| 教师评语 | |
| 评　分 | |

# 项目六　三角形螺纹零件的加工

加工如图 6-1 所示的螺纹轴。

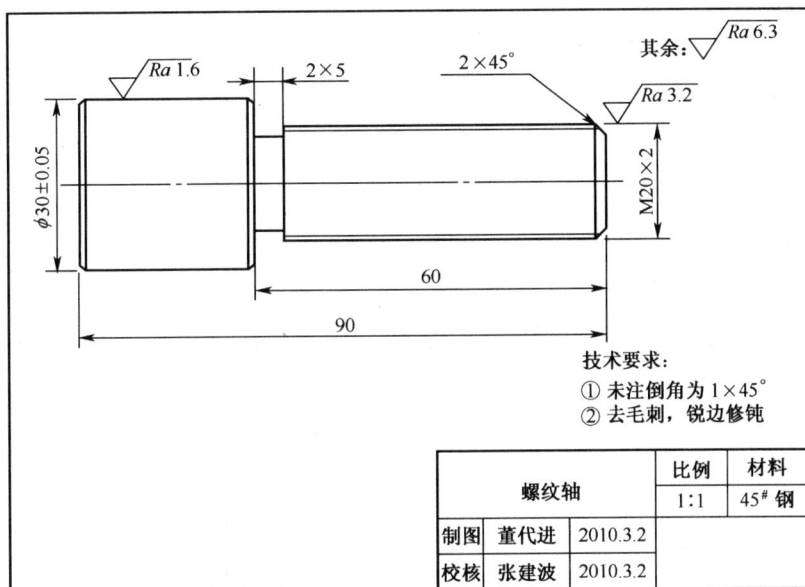

图 6-1　螺纹轴图样

项目学习目标

| 学习目标 | 学习方式 | 学时 |
|---|---|---|
| （1）熟悉三角形螺纹类零件<br>（2）熟悉加工三角形螺纹类零件的常用刀具<br>（3）能使用检测三角形螺纹类零件的常用量具及测量方法<br>（4）熟悉车削三角形螺纹类零件的常用工艺知识<br>（5）车削加工螺纹轴的操作<br>（6）熟悉分析三角形螺纹类零件质量的常用方法 | 实训+理论<br>（在实训中学习） | 36 |

项目基本功

分析图样，加工图 6-1 所示螺纹轴需要用到的知识点见表 6-1。

表 6-1 加工该零件需要用到的知识点

| 序号 | 项目 | 内容 | 引出的知识点与技能 |
|---|---|---|---|
| 1 | 螺纹类零件 | | 螺纹的种类及主要参数 |
| 2 | 装夹 | 该零件的装夹方式有三爪自定心卡盘装夹方式、一夹一顶装夹方式 | 带有螺纹的轴类零件常用装夹方法 |
| 3 | 加工 | 加工内容有外圆、端面、钻中心孔、切槽、倒角、螺纹等 | 螺纹车刀的刃磨及使用 |
| 4 | 检测 | （1）用螺纹车刀样板检验车刀角度<br>（2）用螺纹量规检测螺纹综合精度，用钢直尺和螺距规检测螺距，用螺纹千分尺测螺纹中径<br>（3）目测螺纹加工形状来判断加工质量 | 螺纹量规、螺纹千分尺、螺距规、钢直尺、螺纹样板及其他车工常用量具的使用方法 |

# 任务一 认识三角形螺纹类零件

## 一、螺纹的分类

螺纹的种类很多，按用途不同，可分为连接螺纹和传递螺纹，如图 6-2 所示。按牙形特点，可分为三角螺纹、矩形螺纹、锯齿形螺纹和梯形螺纹等，如图 6-3 所示。按螺旋线方向，可分为右旋螺纹和左旋螺纹。按螺旋线的多少，可分为单线螺纹和多线螺纹。

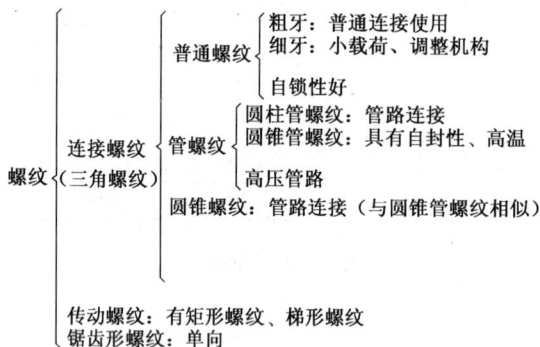

图 6-2 螺纹的分类

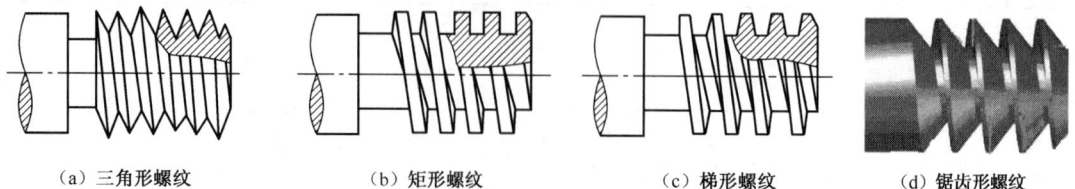

（a）三角形螺纹　　　（b）矩形螺纹　　　（c）梯形螺纹　　　（d）锯齿形螺纹

图 6-3 根据牙形特点分类

## 二、三角形螺纹的概念

### 1．螺旋线

用底边等于圆柱周长的直角三角形 Rt$\triangle ABC$ 绕圆柱旋转一周，斜边 $AC$ 在圆柱面上形成的曲线就是螺旋线，如图 6-4 所示。

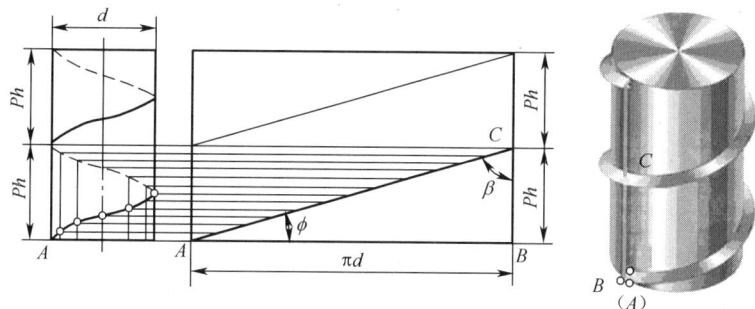

图 6-4　螺旋线

## 2．三角形螺纹

（1）三角形螺纹

在圆柱或圆锥表面上，沿着螺旋线所形成的具有三角形牙型的连续凸起，称为三角形螺纹，如图 6-5 所示。

（2）圆柱螺纹

在圆柱表面上所形成的螺纹，称为圆柱螺纹，如图 6-5（a）所示。

（3）圆锥螺纹

在圆锥表面上所形成的螺纹，称为圆锥螺纹，如图 6-5（b）所示。

（4）外螺纹

在圆柱或圆锥外表面形成的螺纹，称为外螺纹，如图 6-6（a）所示。

（5）内螺纹

在内圆柱或内锥表面上所形成的螺纹，称为内螺纹，如图 6-6（b）所示。

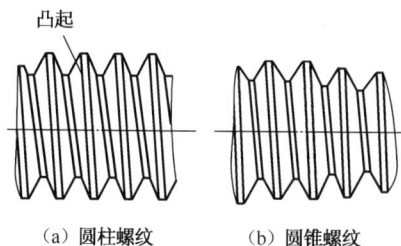

（a）圆柱螺纹　　（b）圆锥螺纹

图 6-5　螺纹

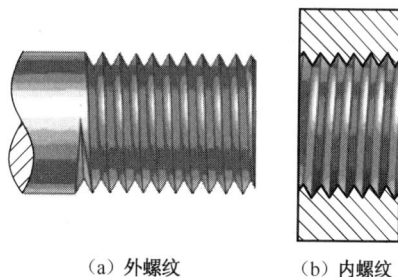

（a）外螺纹　　（b）内螺纹

图 6-6　外螺纹与内螺纹

（6）单线螺纹

沿一条螺旋线所形成的螺纹，称为单线螺纹，如图 6-7（a）所示。

（7）多线螺纹

沿两条或两条以上的螺旋线所形成的螺纹，该螺旋线在轴向上等距分布，称多线螺纹，如图 6-7（b）所示。

（8）右螺纹

螺旋线沿右向上升的，称为右螺纹，如图 6-8（b）所示。

（9）左螺纹

螺旋线沿左向上升的，称为左螺纹，如图 6-8（a）所示。

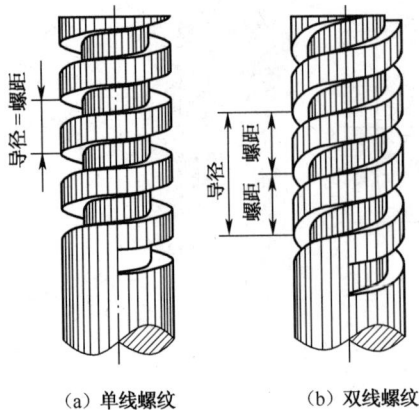

（a）单线螺纹　　　　（b）双线螺纹

图 6-7　螺纹类型

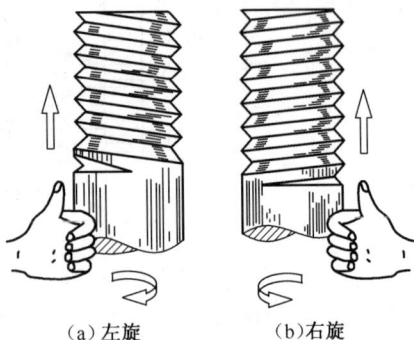

（a）左旋　　　　（b）右旋

图 6-8　螺纹的旋向

### 3．三角形螺纹的种类和用途

三角形螺纹按其规格及用途不同，可分为普通螺纹、英制螺纹和管螺纹 3 种。

在机器制造业中，三角形螺纹的应用很广，常用于连接、紧固，在工具和仪器中还往往用于调节或测量。

### 三、三角形螺纹的要素及其各部分的名称（三角形螺纹的术语）

#### 1．三角形螺纹的要素

三角形螺纹的要素由牙形、公称直径、螺距、导程、线数、旋向和精度等组成。螺纹的形成、尺寸和配合性能取决于螺纹要素，只有当内螺纹、外螺纹的各要素相同时，才能相互配合。

#### 2．三角形螺纹各部分的名称

三角形螺纹各部分的名称如图 6-9 所示。

（1）牙形角（$\alpha$）

牙形角是指在螺纹牙形上，两相邻牙侧间的夹角，用 $\alpha$ 表示。

（2）螺纹大径（$d$、$D$）

螺纹大径是指与外螺纹牙顶或内螺纹牙底相切的假想圆柱或圆锥的直径。外螺纹的大径用 $d$ 表示；内螺纹的大径用 $D$ 表示，是螺纹的公称直径。

（3）中径（$d_2$、$D_2$）

中径是一个假想圆柱或圆锥的直径，该圆柱或圆锥的素线通过牙形上沟槽和凸起宽度相等的地方，该假想圆柱或圆锥称为中径圆柱或中径圆锥。外螺纹中径用 $d_2$ 表示，内螺纹中径用 $D_2$ 表示。外螺纹的中径和内螺纹的中径相等，即 $d_2=D_2$，如图 6-9 和图 6-10所示。

（4）螺纹小径（$d_1$、$D_1$）

螺纹小径是与外螺纹牙底或内螺纹牙顶相切的假想圆柱或圆锥的直径。外螺纹的小径用 $d_1$ 表示，内螺纹的小径用 $D_1$ 表示，如图 6-9 和图 6-10 所示。

（5）螺距（$P$）

螺距是指相邻两牙在中径线上对应两点间的轴向距离，用 $P$ 表示，如图 6-10 所示。

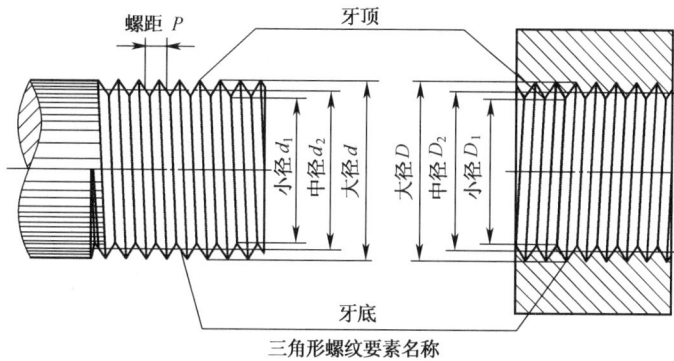

三角形螺纹要素名称

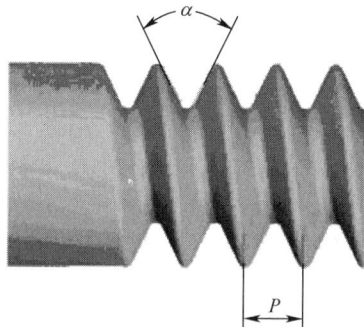

图 6-9　三角形螺纹各部分的名称

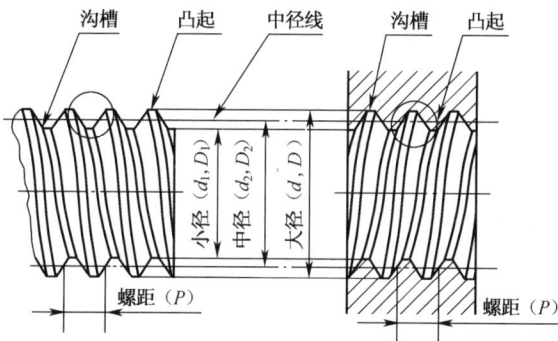

图 6-10　中径

（6）导程（L）

导程是指在同一条螺旋线上相邻两牙在中径线上对应两点间和轴向距离，用 $L$ 表示。当螺纹为单线螺纹时，导程与螺距相等（$L=P$）如图 6-11 所示。当螺纹为两线或两线以上的多线时，导程等于螺旋线数（$n$）与螺距（$P$）的乘积，即 $L=nP$，如图 6-12 所示。

（7）顶径

顶径是指与外螺纹或内螺纹牙顶相切的假想圆柱或圆锥的直径，即外螺纹的大径或内螺纹的小径。

（8）底径

底径是指与外螺纹或内螺纹牙底相切的假想圆柱或圆锥的直径，即外螺纹的小径或内螺纹的大径。

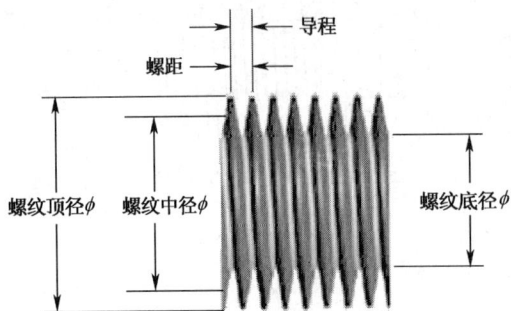

图 6-11　单线螺纹

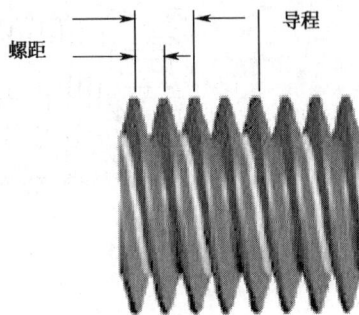

图 6-12　双线螺纹

（9）原始三角形高度（$H$）

原始三角形高度是指由原始三角形顶点沿垂直于螺纹轴线方向到其底边的距离，用 $H$ 表示，如图 6-13 所示。

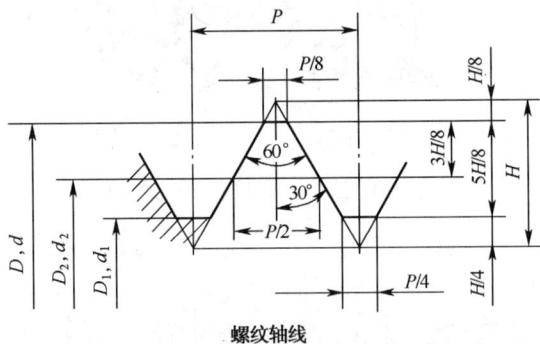

$D$—内螺纹大径（公称直径）；$d$—外螺纹大径（公称直径）；$D_2$—内螺纹中径；$d_2$—外螺纹中径；$D_1$—内螺纹小径；$d_1$—外螺纹小径；$P$—螺距；$H$—原始三角形高度

图 6-13　普通三角螺纹基本牙形

（10）螺旋升角（$\varPsi$）

螺旋升角是指在中径圆柱或中径圆锥上螺旋线的切线与垂直于螺纹轴线的平面的夹角，用 $\varPsi$ 表示，如图 6-12 所示。

螺旋升角可按下式计算。

$$\tan \varPsi = \frac{nP}{\pi d_2} = \frac{L}{\pi d_2}$$

式中，$n$——螺纹线数；

　　　$P$——螺距，mm；

　　　$d_2$——中径，mm；

　　　$L$——导程，mm。

3．三角形螺纹代号

普通螺纹标注形式如图 6-14 所示。

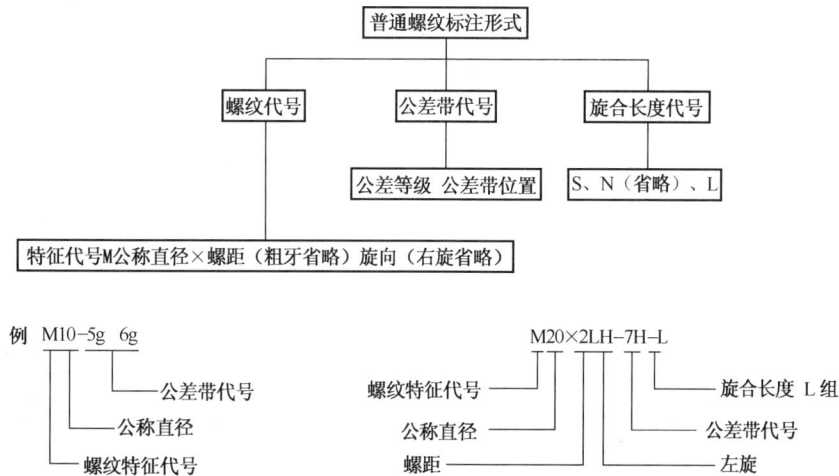

图 6-14 普通螺纹标注形式

（1）普通粗牙三角螺纹代号

普通粗牙三角螺纹代号，由螺纹特征代号"M"和公称直径表示，如 M8、M10、M16 等。

（2）普通细牙三角螺纹代号

普通细牙三角螺纹代号，由螺纹特征代号"M"和公称直径×螺距表示，如 M16×1.5、M10×1.25、M20×1.5 等。

### 4．三角形螺纹尺寸计算

普通三角形螺纹牙形如图 6-13 所示，各部分尺寸计算公式，见表 6-2。

表 6-2　　　　　　　　　　　普通三角螺纹的尺寸计算

| 名　　称 | | 代号 | 计　算　公　式 |
|---|---|---|---|
| 外螺纹 | 牙型角 | $\alpha$ | $60°$ |
| | 原始三角形高度 | $H$ | $H=0.866P$ |
| | 牙型高度 | $h$ | $H=\frac{5}{8}H=\frac{5}{8}\times0.866P=0.5413P$ |
| | 中径 | $d_2$ | $d_2=d.2\times\frac{3}{8}H=d.0.6495P$ |
| | 小径 | $d_1$ | $d_1=d.2h=d.1.0825P$ |
| 内螺纹 | 中径 | $D_2$ | $D_2=d_2$ |
| | 小径 | $D_1$ | $D_1.d_1$ |
| | 大径 | $D$ | $D=d=$公称直径 |
| 螺纹升角 | | $\Psi$ | $\tan\psi=\frac{nP}{\pi d_2}$ |

【例 1】计算图 6-1 所示的螺纹轴样图中螺纹 M20×2 的各部分尺寸。

解：已知 $d=20mm$，$P=2mm$，依据表 6-1 可计算如下。

$d_2=D_2=d-0.6459P=20-0.6459\times2=18.7082mm$

$d_1=D_1=d-1.0825P=20-1.0825\times2=17.835mm$

$H=0.866P=0.866\times2=1.732mm$

$h=0.5413P=0.5413\times2=1.083mm$

$H/4=1.732/4=0.433mm$

$H/8=0.216mm$

### 四、螺纹轴类零件的组成和各部分的作用

如图 6-1 所示，螺纹轴类零件一般由圆柱表面、阶台、端面、退刀槽、倒角和螺纹等部分组成。

#### 1．圆柱表面

圆柱表面一般用于支承和定位。

#### 2．阶台和端面

阶台和端面用来确定安装在轴上的工件的轴向位置。

#### 3．退刀槽

退刀槽的作用是使车螺纹时退刀方便，并可使工件在装配时有一个正确的轴向位置。

#### 4．倒角

倒角的作用保证最边缘的螺纹翻边变形，以保证正确地连接。

### 五、学习与思考

#### 1．学习过程记录单

学习过程记录单

| 任务一 | 认识三角形螺纹类零件 | | | |
|---|---|---|---|---|
| 学习内容 | 学习的内容 | 掌握程度（学生填写） | | |
| | | 好 | 一般 | 差 |
| 学习过程 | 举例说明螺纹的含义 | | | |
| | 举例说明三角形螺纹的作用 | | | |
| | 举例说明三角形螺纹的类型 | | | |
| | 举例说明三角形螺纹类零件并指明大径小径等 | | | |
| | 根据三角形螺纹类零件标注方法计算各部分尺寸 | | | |
| | 举例说明左旋螺纹和右旋螺纹 | | | |

#### 2．思考练习题

① 螺纹有哪些分类？

② 三角形螺纹的基本要素有哪些组成部分？

③ 普通三角形螺纹代号的表示方法是什么？

④ 如何计算三角形螺纹尺寸？

# 任务二　使用加工三角形螺纹类零件的常用刀具

### 一、认识三角形螺纹车刀（见图6-15）

#### 1．车刀类型

车刀从材料上分，有高速钢螺纹车刀和硬质合金螺纹车刀两种；按加工性质分，有粗车刀和精车刀。

高速钢螺纹车刀刃磨方便、切削刃锋利、韧性好，车出螺纹的表面粗糙度小，但其耐热性差，不宜高速车削，因此，常用来低速车削或作为螺纹精车刀。硬质合金螺纹车刀的硬度

高、耐磨性好、耐高温、热稳定性好，但抗冲击能力差，因此，硬质合金螺纹车刀适用于高速切削。

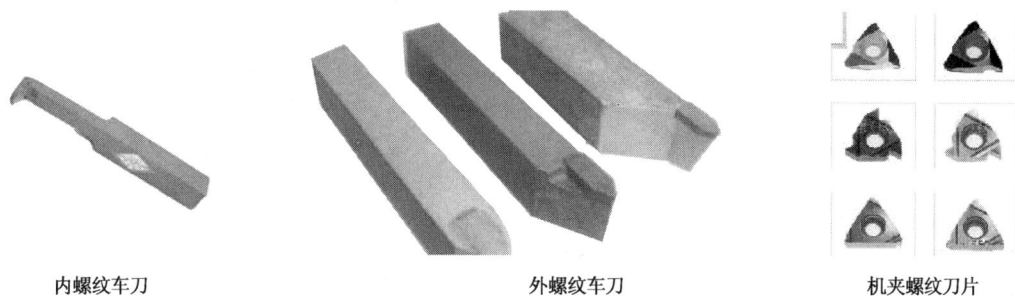

内螺纹车刀　　　　　　　　外螺纹车刀　　　　　　机夹螺纹刀片

图 6-15　三角形螺纹车刀

### 2．三角形螺纹车刀的几何角度

要想加工好螺纹，必须正确刃磨螺纹车刀，螺纹车刀按加工性质分属于成型刀具，其切削部分的形状应当和螺纹牙形的轴向剖面形状相符合，即车刀的刀尖角应该等于牙型角。

（1）刀尖角应等于牙形角

车普通螺纹时刀尖角为 60°。

（2）前角一般为 0°～15°

因为螺纹车刀的纵向前角对牙形角有很大影响，所以精车或车精度要求高的螺纹时，径向前角取得小些，前角一般为 0°～5°。

（3）后角一般为 5°～10°

因受螺纹升角的影响，进刀方向一面的后角应磨得稍大些，但大直径、小螺距的三角螺纹，这种影响可忽略不计。

### 3．对螺纹车刀几何形状的要求

① 车刀的刀尖角应该等于牙形角，如车削普通三角形螺纹时，车刀刀尖角应等于 60°，如图 6-16 所示。

② 车刀的径向前角 $\gamma$ 应该等于零度。

③ 车刀后角由于螺旋升角的影响应该磨得不同。车削螺纹时，车刀与工件的相对位置因受螺旋运动的影响，使车刀的工作前角和后角发生了变化，这对车削三角形螺纹影响较大，如图 6-17 所示。在切削右螺纹时

$$\alpha_1 = （3°～5°）+\tau$$
$$\alpha_2 = （3°～5°）-\tau$$

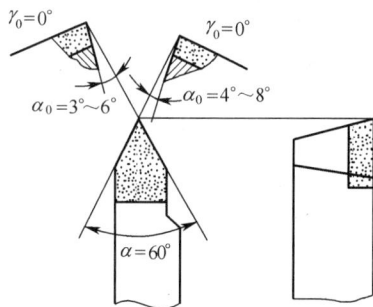

图 6-16　螺纹车刀几何角度

式中，$\alpha_1$——车刀左侧的静止后角（刃磨后角）；

$\quad\quad \alpha_2$——车刀右侧的静止后角（刃磨后角）；

$\quad\quad \tau$——螺旋升角（3°～5°），工作后角。

由于螺旋运动的影响，切削时，车刀的前角也发生了变化，如图 6-17（a）中的①所示。

如果静止时车刀前角 $\gamma = 0°$，切削右螺纹时，左刀刃上的工作前角为 0°+$\tau$；右刀刃上的工作前角为 0°－$\tau$。这时右刀刃上的工作前角为负值，切削很不顺利，排屑困难。为了改善切削条件，可将车刀法向（垂直于螺旋线）安装，这时两侧刀刃工作前角都为 0°，如图 6-17（a）中的②所示。

或在车刀两刀刃磨有较大的前角，如图 6-17（a）中的③所示。

或法向装刀并磨有前角，如图 6-17（a）中的④所示。

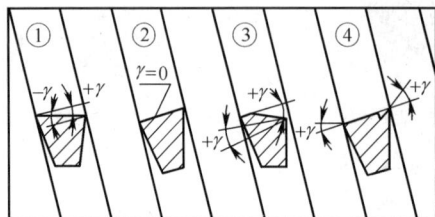

（a）螺旋升角对螺纹车刀前角的影响　　　（b）有径向前角的车刀刀尖角的变化

**图 6-17　螺旋升角对螺纹车刀几何角度的影响**

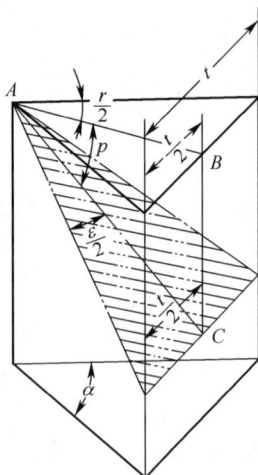

除车削滚珠形螺纹外，车刀的左右刀刃必须是直线。

在实际工作中，当用高速钢车刀低速车螺纹时，如果采用径向前角 $\gamma$ 等于 0° 的车刀，如图 6-18（a）所示，切屑排出困难，就很难把螺纹车光。这时可采用有 5°～15° 径向前角的螺纹车刀，如图 6-18（b）所示，便可比较顺利地进行切削，并可以减少积屑瘤现象，能车出表面粗糙度较低的螺纹。

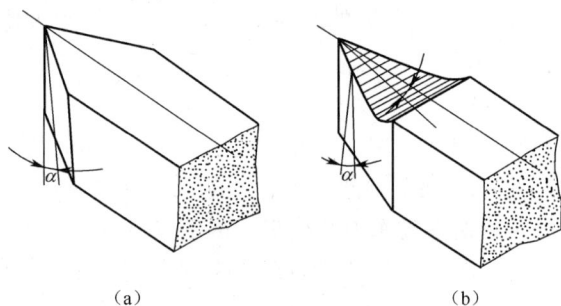

（a）　　　　　　（b）

螺纹车刀

**图 6-18　螺纹车刀前角**

但是当车刀有了前角以后，牙型角就会产生变化，如图 6-18（b）所示。同时，刀刃不通过工件轴心线，因此被切削的螺纹牙型（轴向剖面）不是直线而是曲线。这种误差对要求不高的螺纹来说，可以忽略不计。但对牙型角的影响不可忽略，特别是具有较大径向前角的螺纹车刀，其刀尖角必须进行修正，或者粗车螺纹时采用有径向前角的车刀，而精车时采用径向前角为零度的车刀。从图 6-18（b）中可以看出，具有前角 $\gamma$ 的车刀，其刀尖角必须小于前角等于零度时的刀尖角 $\varepsilon$，才能车出牙形为 $\alpha$ 的角度。

三角形螺纹车刀的近似修正计算公式为

$$\mathrm{tg}\varepsilon/2 = \mathrm{tg}\alpha/2\cos\gamma$$

式中，$\alpha$——牙前角；

$\varepsilon$——有径向前角的刀尖角；

$\gamma$——螺纹车刀的径向前角。

**二、三角形螺纹车刀的刃磨及检查**

**1．三角形螺纹车刀的刃磨**

（1）刃磨要求

① 根据粗车、精车的要求，刃磨出合理的前角、后角。粗车刀前角大、后角小，精车刀

则相反。

　② 车刀的左右刀刃必须刃磨平直。

　③ 刀头不歪斜，牙形半角相等。

　④ 内螺纹车刀刀尖角平分线必须与刀杆垂直。

　⑤ 内螺纹车刀后角应适当大些，一般磨有两个后角。

　图 6-19 所示为 YT15 硬质合金高速螺纹车刀的刃磨。其径向前角 $\gamma=0°$，后角 $\alpha$ 为 $4°\sim$ $6°$。在加工较大的螺距（$t>2mm$），以及被加工材料硬度较高时，在车刀的两个主刀刃上磨成有 $0.2\sim0.4mm$ 宽、前角为 $5°$ 的倒棱。因为在高速切削时，牙型角要扩大，所以刀尖角应减少 30'。此外车刀的前面和后面的表面粗糙度应达到 0.4～0.2。

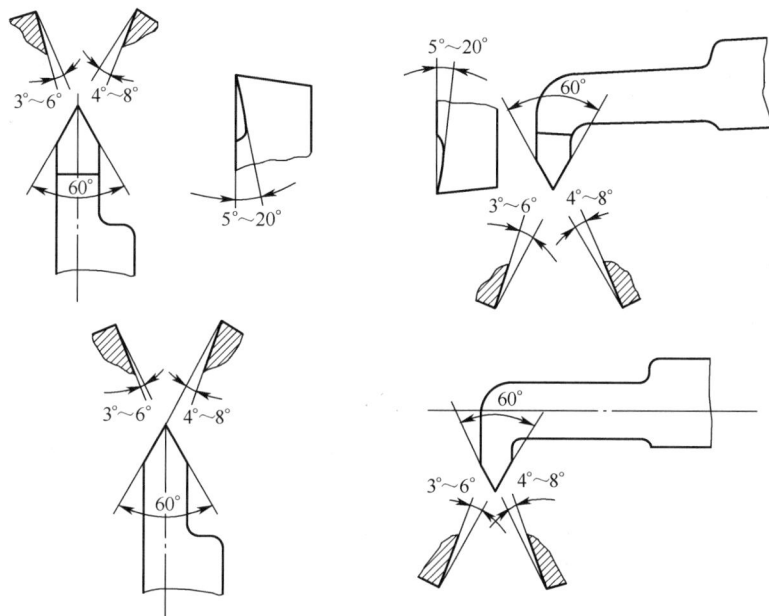

**图 6-19　高速车削三角形螺纹车刀的刃磨角度**

（2）三角形螺纹车刀刀尖角刃磨注意事项

　① 刃磨时，人的站立姿势要正确。注意，在刃磨整体式内螺纹车刀的内侧时，易将刀尖磨歪斜。

　② 磨削时，两手握着车刀与砂轮接触的径向压力不小于一般车刀。

　③ 磨外圆螺纹车刀时，刀尖角平分线应平行刀体中线；磨内螺纹车刀时，刀尖角平分线应垂直于刀体的中线。

　④ 车削高阶台的螺纹车刀，靠近高阶台一侧的刀刃应短些，否则易擦伤轴肩。

　⑤ 粗磨时也要用车刀样板检查。对径向前角 $r>0°$ 的螺纹车刀，粗磨时两刃夹角应略大于牙型角。待磨好前角后，再修磨两刃夹角。

　⑥ 刃磨刀刃时，要稍带作左右、上下的移动，这样容易使刀刃平直。

　⑦ 刃磨车刀时，一定要注意安全。

**2．刀尖角的检查**

（1）用螺纹角度样板测量

为了保证磨出准确的刀尖角，在刃磨时可用螺纹角度样板测量，如图 6-20（a）所示。测量时把刀尖角与样板贴合，对准光源，仔细观察两边贴合的间隙，并进行修磨。

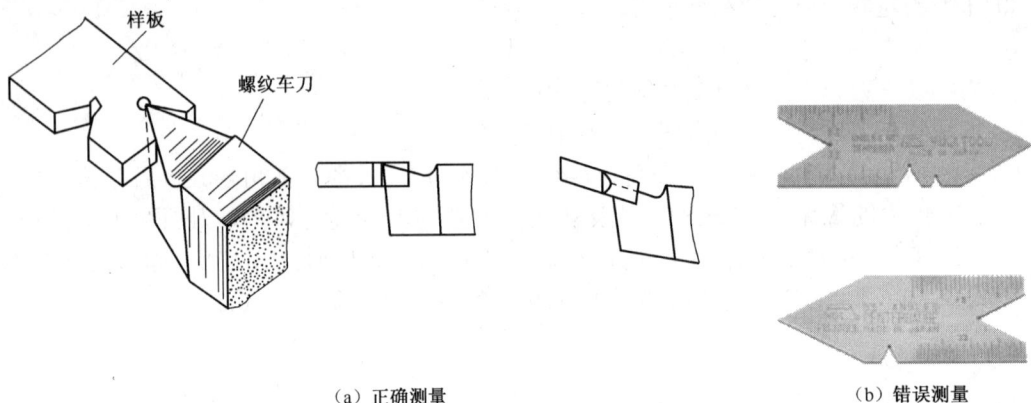

（a）正确测量　　　　　　　　　　　　　　　（b）错误测量

图6-20　刀尖角的检查

（2）用特制的螺纹样板来测量

对于具有纵向前角的螺纹车刀可以用一种厚度较厚的特制螺纹样板来测量刀尖角。测量时样板应与车刀底面平行，用透光法检查，这样量出的角度近似等于牙形角。

### 三、学习与思考

学习过程记录单

**学习过程记录单**

| 任务二 | | | 使用加工三角形螺纹类零件的常用刀具 | | | |
|---|---|---|---|---|---|---|
| 学习内容 | | | 学习的内容 | 掌握程度（学生填写） | | |
| | | | | 好 | 一般 | 差 |
| | 车刀材料 | | 熟悉三角形螺纹车刀种类 | | | |
| | | | 熟悉三角形螺纹车刀的几何角度 | | | |
| | | | 熟悉三角形螺纹车刀的几何角度要求 | | | |
| | | | 熟悉刀具材料的基本要求 | | | |
| | | 熟悉车刀几何角度的选择方法 | 前角的选择 | | | |
| | | | 后角的选择 | | | |
| | 刃磨三角形螺纹车刀 | | 熟悉刃磨三角形螺纹车刀的基本要求 | | | |
| | | 熟悉刃磨三角形螺纹车刀的方法 | 熟悉刃磨三角形螺纹车刀的姿势和方法 | | | |
| | | | 熟悉刃磨三角形螺纹车刀的次序 | | | |
| | | | 熟悉刃磨三角形螺纹车刀的注意事项 | | | |
| | | | 实训准备 | | | |
| | | | 刃磨三角形螺纹的步骤 | | | |
| | | | 检查方法 | | | |

# 任务三　使用检测三角形螺纹类零件的常用量具

标准螺纹具有互换性，特别对螺距、中径等尺寸要严格要求，否则螺纹副将无法配合。

常用到的测量三角形螺纹的量具如下。

## 一、钢直尺

钢直尺是一种简单的量具，如图 6-21 所示。其主要作用是测量螺距和螺纹的长度。

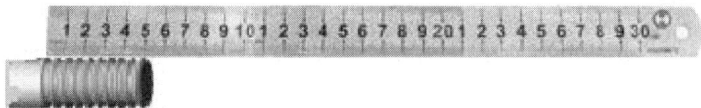

图 6-21　用钢直尺测螺距

车削螺纹时，螺距的正确与否从第一刀开始要进行检查。其具体方法如下。

车削螺纹的第一刀切入深度一定要小，使车刀在工件外圆上划出一条很浅的螺旋线，为使测量准确，应摇床鞍纵向手轮，让车刀在工件外圆表面上划出一条平行于轴线的基准线。测量时可以用钢直尺（也可以用游标卡尺），沿着基准线进行测量，如图 6-21 所示，这样可以避免因机床调整不当或螺纹尺寸计算错误造成的螺纹加工失败。

## 二、游标卡尺

螺纹顶径公差较大，车削螺纹前或车成形后，顶径一般只需用游标卡尺测量。测量时，要注意用游标卡尺的下量爪平面处进行测量，如图 6-22 所示。

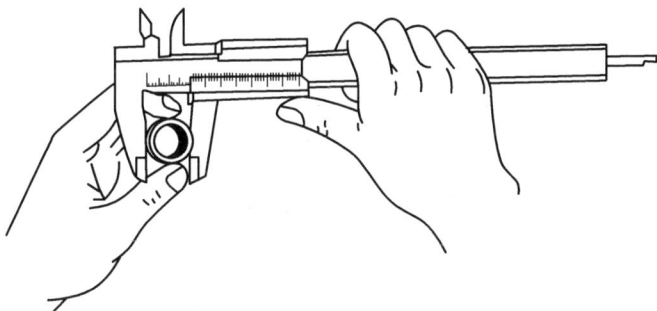

图 6-22　用游标卡尺测量螺纹外径

## 三、螺距规

螺距规是用优质钢材精磨制成的薄片，每一叶片均标有螺纹规格，能迅速地测量出内、外螺纹的尺寸，适用于快速对比式测量工件的螺纹，如图 6-23 所示。

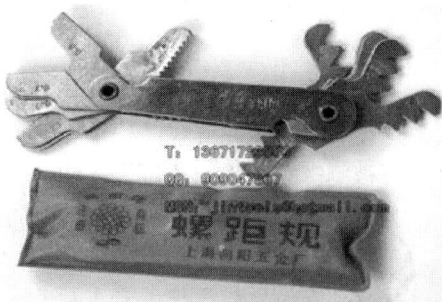

图 6-23　螺距规

### 1．28 片螺距规

含 ISO，如图 6-23 所示，螺距为 0.25～2.5mm。

### 2．26 片螺距规

含 Whit 55°，如图 6-24 所示。

### 3．52 片螺距规

含 ISO 60°（24 片）和 Whit 55°（28 片），如图 6-25 所示。

对于车削成形的螺距较小的螺纹，可用螺距规进行测量，其测量方法如图 6-26 和图 6-27 所示，只要螺距规上的螺距和工件上的螺距吻合，则工件上要测量的螺距就是螺距规上所标的螺距。

图 6-24　60°螺纹螺距规

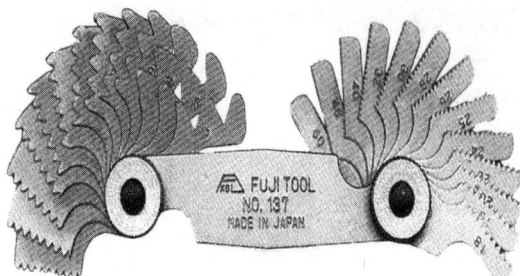

图 6-25　55°螺纹螺距规

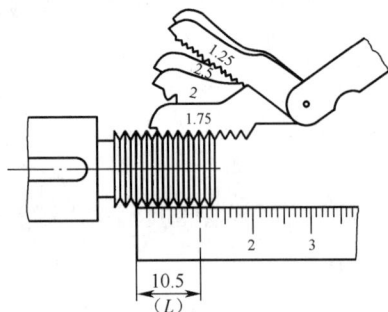

图 6-26　螺距规测量螺距

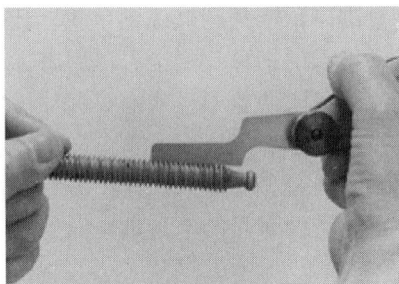

图 6-27　螺距规测量螺距

#### 四、螺纹千分尺

##### 1. 螺纹千分尺结构

螺纹千分尺的外形结构，如图 6-28（a）所示。其构造与外径千分尺基本相同，只是在测量砧和测量头上装有特殊的测量头 3 和 4，即 60°锥型和 V 形测头，螺纹千分尺的分度值为 0.01mm，其读数方法与外径千分尺基本相同。

##### 2. 螺纹千分尺作用和种类

螺纹千分尺是应用螺旋副传动原理将回转运动变为直线运动的一种量具，主要用于测量外螺纹中径。螺纹千分尺按读数形式分为标尺式和数显式，其结构如图 6-29 和图 6-30 所示。

##### 3. 螺纹千分尺测量

用螺纹千分尺测量外螺纹中径，如图 6-28（b）所示。

根据被测螺纹的螺距，选取一对测量头。

擦净仪器和被测螺纹，校正螺纹千分尺零位。

将被测螺纹放入两测量头之间，找正中径部位，如图 6-28（c）所示。

分别在同一截面相互垂直的两个方向上测量螺纹中径。取其平均值作为螺纹的实际中径，然后判断被测螺纹中径的适用性。

注意：在测量过程中，若更换测量头，必须重新调整砧座的位置，使千分尺对准零位。

##### 4. 螺纹千分尺要求

（1）外观

螺纹千分尺的测量面上不应有影响使用性能的锈蚀、碰伤、划痕、裂纹等缺陷。

（2）材料

尺架应选择钢、可锻铸铁或其他类似性能的材料制造。测微螺杆和侧头应选择合金工具钢、不锈钢或其他类似性能的材料制造。

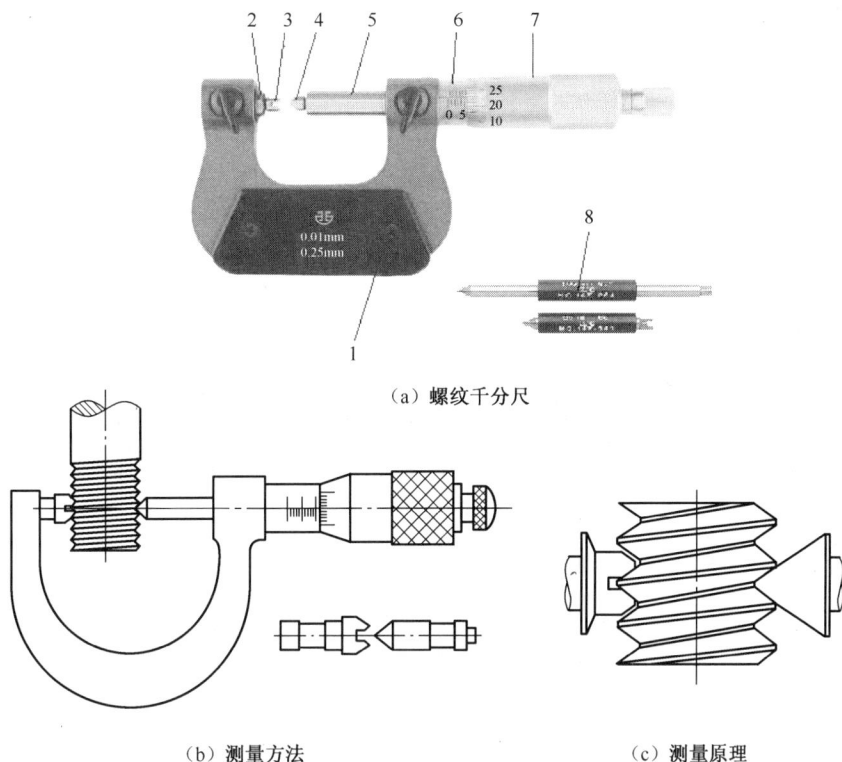

（a）螺纹千分尺

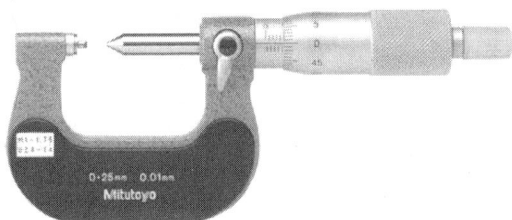

（b）测量方法　　　　　　　　　（c）测量原理

1—尺架；2—架砧；3—V形测量头；4—锥形测量头；5—测微螺杆；6—内套筒；7—外套筒；8—校对样板

图 6-28　螺纹千分尺结构和使用

图 6-29　标尺式　　　　　　　　图 6-30　数显式

（3）测微螺杆和侧头

测微螺杆和螺母之间在全量程应充分啮合且配合良好，不应出现卡滞和明显的窜动。

测微螺杆伸出尺架的光滑圆柱部分与轴套之间的配合应良好，不应出现明显的摆动。

调零装置上装配测头孔的轴线与测微螺杆上装配测头孔的轴线的同轴度公差应为 0.01mm。

调零装置上孔和测微螺杆上装配测头的孔的尺寸宜为 3.5mm、4mm 或 5mm，公差应为 H7。

（4）尺架

尺架上宜安装隔热板或隔热装置，尺架应有足够的刚性。

### 五、螺纹量规

#### 1. 螺纹量规的作用

螺纹量规是对螺纹各主要尺寸进行综合检验的一种测量方法。对标准螺纹或大批量生产的螺纹工件常采用综合测量法。

#### 2. 螺纹量规的种类

螺纹量规有螺纹塞规和螺纹套规两种，如图 6-31 所示，而每种又有通规和止规之分，标有字母"T"的，为通端，标有字母"Z"的为止端。适用于牙型角为 60°，公称直径为 1～355mm，螺距为 0.2～8mm 的普通螺纹量规。

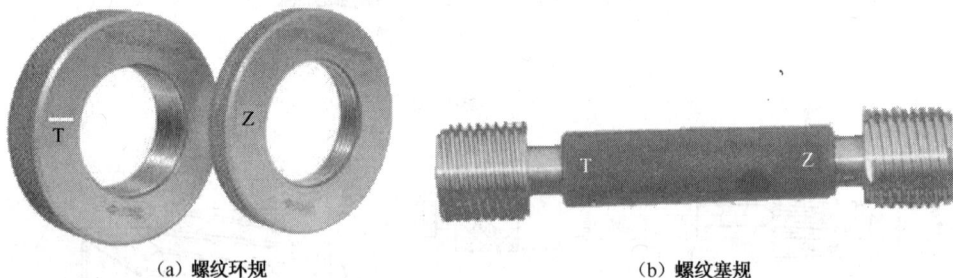

(a) 螺纹环规　　　　　　　　　　(b) 螺纹塞规

图 6-31　螺纹量规

#### 3. 螺纹量规的使用

通端螺纹塞规 T，应与工件的内螺纹旋合通过。

止端螺纹塞规 Z，允许与工件的内螺纹两端的螺纹部分旋合，旋合量应不超过 2 个螺距（退出量规时测定）。若工件的内螺纹的螺距少于或等于 3 个，不应完全旋合通过。

通端螺纹环规 T，应与工件外螺纹旋合通过，如图 6-32 所示。

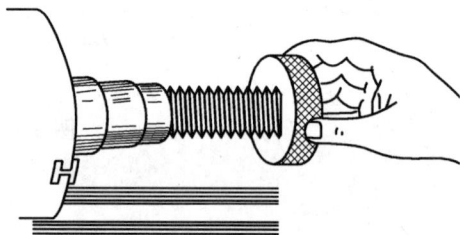

图 6-32　螺纹环规的使用

止端螺纹环规 Z，允许与工件外螺纹两端的螺纹部分旋合，旋合量应不超过 2 个螺距（退出量规时测定）。若工件内螺纹的螺距少于或等于 3 个，不应完全旋合通过。

#### 4. 螺纹合格与不合格的判定

采用经检定符合本标准要求的螺纹工作量规对工件内螺纹或工件外螺纹进行检验，若符合相应规定的使用规则，则应判定该工件的内螺纹或外螺纹为合格。

为减少检验或验收时发生的争议，制造者和检验者或验收者，应使用同一合格的量规。若使用同一合格的量规困难时，操作者宜使用新的（或磨损较少的）通端螺纹量规和磨损较多的（或接近磨损极限的）止端螺纹量规；检验者或验收者宜使用磨损较多的（或接近磨损极限的）通端螺纹量规和新的（或磨损较少的）止端螺纹量规。

当检验中发生争议时，若判定该工件的内螺纹或外螺纹为合格的螺纹量规，经检定符合本标准要求，则该工件的内螺纹或外螺纹应按合格处理。

#### 5. 注意事项

测量时应当注意不要用力过大，更不允许用扳手强行拧紧，否则不仅测量不准确，更易引起量规的严重磨损，降低量规的精度。

### 六、学习与思考

学习过程记录单如下。

学习过程记录单

| 任务三 | | 使用检测三角形螺纹类零件的常用量具 | | | |
|---|---|---|---|---|---|
| 学习内容 | | 学习的内容 | 掌握程度（学生填写） | | |
| | | | 好 | 一般 | 差 |
| | 钢直尺 | 用钢直尺测量螺距的方法 | | | |
| | 游标卡尺 | 用游标卡尺测量螺距的方法 | | | |
| | 熟悉螺距规 | 理解螺距规的作用 | | | |
| | | 螺距规的型号 | | | |
| | | 用螺距规测量螺距的方法 | | | |
| | 螺纹千分尺 | 螺纹千分尺的作用和种类 | | | |
| | | 螺纹千分尺的结构 | | | |
| | | 用螺纹千分尺测量的步骤及注意事项 | | | |
| | | 对螺纹千分尺的要求 | | | |
| | 螺纹量规 | 螺纹量规的作用 | | | |
| | | 螺纹量规的种类 | | | |
| | | 螺纹量规的使用 | | | |
| | | 用螺纹量规判定螺纹是否合格 | | | |
| | | 使用螺纹量规时的注意事项 | | | |

# 任务四　理解车削三角形螺纹类零件的常用工艺知识

三角形螺纹的特点是螺距小、一般螺纹长度短。其基本要求是螺纹轴向剖面必须正确、两侧表面粗糙度小；中径尺寸符合精度要求；螺纹与工件轴线保持同轴。

要加工好螺纹，除了要掌握在车床上三角形螺纹的形成原理（见图6-33）、加工方法外，还要正确选择车刀几何角度与刃磨、车刀的安装、车床的调整和变换齿轮的计算、并正确搭配交换齿轮，还有切削用量的确定、内外螺纹的基本计算等。

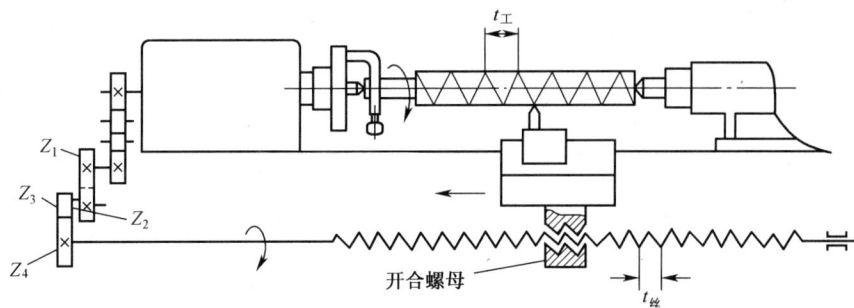

图6-33　车削螺纹进给传动示意图

## 一、螺纹车刀的装夹

装夹车刀时，刀尖一般应对准工件中心（可根据尾座顶尖高度检差）。

车刀刀尖角的对称中心线必须与工件轴线垂直，装刀时可用样板来对刀，如图 6-34（a）所示。如果把车刀装歪，就会产生如图 6-34（b）所示的歪斜牙形。

刀头伸出不要过长，一般为 20～25mm（约为刀杆厚度的 1.5 倍）。

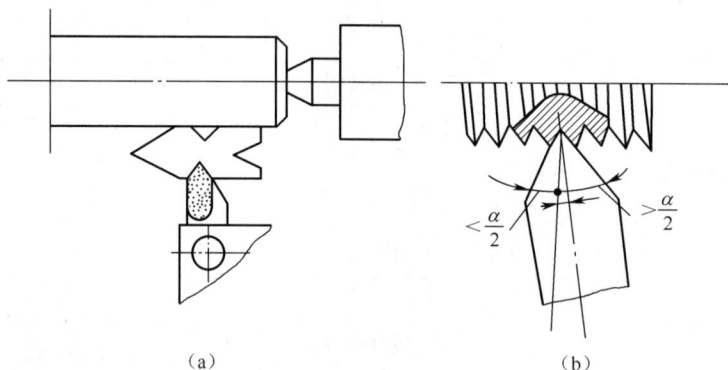

（a）                    （b）

图 6-34　螺纹车刀装夹

## 二、车削三角形螺纹的方法

车削三角形螺纹的方法有低度车削和高速车削两种。

低速车削使用高速钢螺纹车刀，高速车削使用硬质合金螺纹车刀。低速车削精度高，表面粗糙度值小，但效率低。高速车削效率高，能比低速车削提高 15～20 倍，只要措施合理，也可获得较小的表面粗糙度值。因此，高速车削螺纹在生产实践中被广泛采用。

### 1. 低速车削三角形外螺纹的方法

（1）直进法

车螺纹时，只利用中拖板的横向进刀，如图 6-35（a）所示。直进法车螺纹可以得到比较正确的齿形，但由于是用车刀刀尖全部切削，螺纹不易车光，并且容易产生扎刀现象，因此只适用螺距 $P<1mm$ 的三角形螺纹粗车、精车。

（2）左右切削法

车削螺纹时，除了用中拖板刻度控制螺纹车刀的横向吃刀外，同时使用小拖板把车刀左、右微量进给，这样重复切削几次行程，精车的最后一至二刀应采用直进法微量进给，以保证螺纹的牙形正确，如图 6-35（b）所示。

采用左右切削法车削螺纹时，车刀只有一个侧面进行切削，不仅排屑顺利，而且还不易出现"扎刀"，但精车时，车刀的左右进给量一定要小，否则易造成牙底过宽或牙底不平。此方法适用于除车削梯形螺纹外的各类螺纹的粗车、精车。

（3）斜进法

在粗车时，为了操作方便，除了中拖板进给外，小拖板可先向一个方向进给（车右螺纹时，每次吃刀略向左移，车左螺纹时，吃刀略向右移）。精车时用左右切削法，以使螺纹的两侧面都获得较低的表面粗糙度，如图 6-35（c）所示。

用左右切削法和斜进法车螺纹时，因为车刀是单面切削的，所以不容易产生扎刀现象。

精车时选择很低的切削速度（$v < 5$m/min），再浇注切削液，可以获得很低的表面粗糙度。

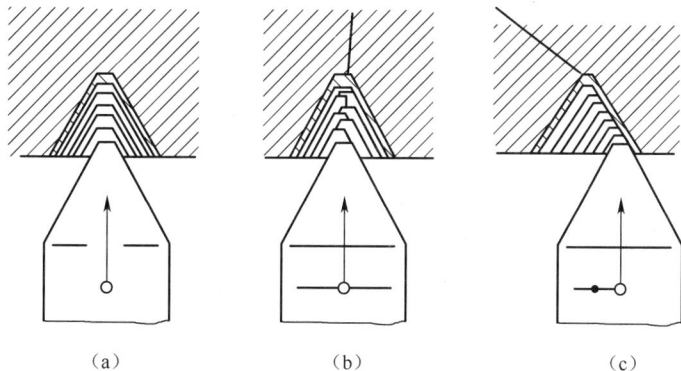

图 6-35　低速车削三角形螺纹的进刀方法

### 2．高速车削三角形外螺纹

高速（$v = 50 \sim 100$m/min）切削三角形外螺纹时，只能用直进法进刀，使切屑垂直于轴线方向排出或卷成球状。如果用左右进刀法，车刀只有一个刀刃参加切削，高速排出的切屑会把另外一面拉毛而影响螺纹的表面粗糙度。高速切削螺纹比低速切削螺纹的生产效率可提高 10 倍以上，但高速切削螺纹的最大困难是退刀要十分迅速，尤其是在车削具有阶台的螺纹时，要求在几十分之一秒内将刀退出工件，操作者工作时很紧张。在车床上安装自动退刀装置即可解决这个问题。

### 3．车床的调整

为了在车床上车出螺距合乎要求的螺纹，车削时必须保证工件（主轴）转一转，车刀纵向移动的距离等于一个螺距值。这就是说，若所车螺纹的螺距和车床丝杠的螺距已经确定，即车床的主轴和丝杠必须保证一定的转速比。

（1）变换手柄位置

在现在生产的万能普通车床中，车床主轴和丝杠保证的转速比关系在设计进给箱和挂轮架时大都考虑进去了，只要查一下标牌就可以变换出来。

① 变换手柄位置。一般按工件螺距，在进给箱铭牌上找到交换齿轮的齿数和手柄位置，并把手柄拨到所需的位置。

② 调整滑板间隙。调整中滑板、小滑板镶条时，不能太紧，也不能太松。太紧了，摇动滑板费力，操作不灵活；太松了，车螺纹时容易产生"扎刀"现象。顺时针方向旋转小滑板手柄，消除小滑板丝杠与螺母的间隙。

（2）调整交换齿轮

在无进给箱的车床上车螺纹时，首先要根据工件螺距和车床丝杠螺距计算出挂轮的齿数，并进行搭配，然后才能进行车削。从图 6-36 中可以看出，传递步骤如下。

主轴→三星齿轮（不改变传动比，只改变丝杠转向）→交换齿轮（改变传动比）→进给箱（直联丝杠）→经开合螺母至床鞍→刀架（车螺纹）。

车削螺纹时，车刀的移动距离等于丝杠的转数与丝杠的螺距的乘积，同时车刀移动的距离又要等于工件的转数与工件螺距的乘积才能车出所需的螺纹。

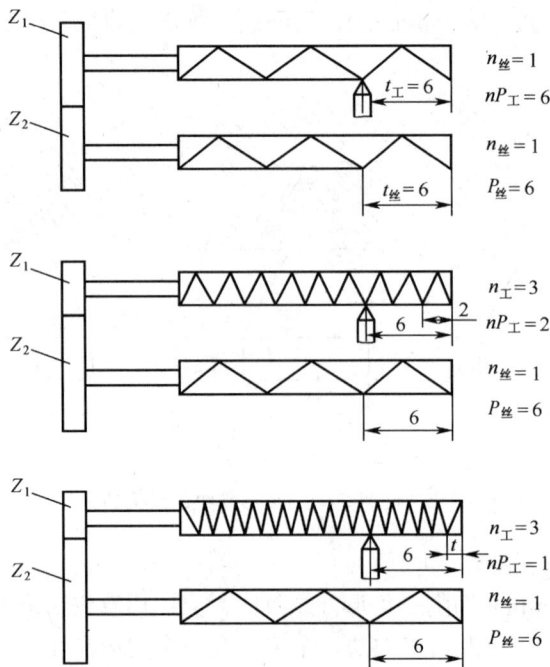

图 6-36　导程与传动比的关系

　　交换齿轮的计算由图 6-33 可以看出，交换齿轮的传动比、工件螺距和丝杠螺距、工件转数和丝杠转数之间的关系如下。

　　例如，丝杠螺距为 6mm，车削工件的螺距也为 6mm 时，工件转一圈丝杠也正好转一圈，即 $n_工 P_工 = n_丝 P_丝$，也就是 $1 \times 6 = 1 \times 6$；若车削工件螺距为 2mm 时，工件转 3 转而丝杠转 1 转，同样有 $n_工 P_工 = n_丝 P_丝$，即 $2 \times 3 = 1 \times 6$；若车削工件螺距为 1mm 时，工件转 6 转而丝杠转 1 转，仍然是 $n_工 P_工 = n_丝 P_丝$，即 $1 \times 6 = 1 \times 6$。通过以上例子可得出，工件的转数乘以工件的螺距等于丝杠的转数乘以丝杠的螺距的结论，即

$$n_工 P_工 = n_丝 P_丝$$

$$n_丝 / n_工 = P_工 / P_丝$$

$$i = \frac{n_丝}{n_工} = \frac{P_工}{P_丝} = \frac{Z_1}{Z_2} \times \frac{Z_3}{Z_4}$$

式中，$Z_1$、$Z_3$——主动配换齿轮齿数；

　　　　$Z_2$、$Z_4$——被动配换齿轮齿数；

　　　　$P_工$——工件螺距；

　　　　$P_丝$——丝杠螺距；

　　　　$n_工$——工件转数；

　　　　$n_丝$——丝杠转数；

　　　　$i$——$n_丝 / n_工$ 称为速比 $i$。

　　由上面的公式即可求出所需的挂轮。

　　需要注意的是，如果工件螺距与丝杠螺距单位制不同时，要换算成同一单位制，才能代入上面的公式进行计算。有时只需要一对齿轮就可满足传动比的称为单式轮系。如采用单式轮系无法满足传动比时，需要用两对齿轮搭配才能获得正确传动比的称为复式轮系。在无进

给箱车床上备有的交换齿轮的齿数有 20、25、30、40、45、50、55、60、65、70、75、80、85、90、95、100、105、110、120、127 等。

根据公式计算出的挂轮，虽然传动比符合要求，但不一定都能够进行搭配。有时其中一个挂轮会顶住另一个挂轮的芯轴（指复式挂轮系）。计算出的挂轮必须同时符合下列两条件才能进行搭配。

$$Z_1+Z_2>Z_3+15$$
$$Z_3+Z_4>Z_2+15$$

注意：有些车床交换齿轮架 $Z_1$ 的芯轴距车床主轴距离较近，若 $Z$ 选得太大，很可能会使 $Z$ 顶在主轴上，或者根本装不上，因此 $Z_1$ 的齿数应不大于 80。

如果计算出来的挂轮，不符合搭配原则，可按下列 3 个原则进行调整。

① 主动轮与主动轮或被动轮与被动轮可以互换位置，如

$$Z_1/Z_2×Z_3/Z_4=25/50×80/100=25/100×80/50$$

② 主动轮与主动轮的齿数或被动轮与被动轮的齿数可以互借倍数，如

$$Z_1/Z_2×Z_3/Z_4=20/50×120/70=60/50×40/70$$

③ 主动轮与被动轮的齿数可以同时增大或缩小几倍，如

$$Z_1/Z_2×Z_3/Z_4=20/40×60/50=40/80×60/50$$

对单式挂轮，如果两个齿轮齿数太少，使用最大的中间轮也无法啮合，这时可采用主动轮与被动轮齿数同时增大倍数的方法来解决。

【例2】若计算出的复式轮系 $Z_1=20$、$Z_2=40$、$Z_3=80$、$Z_4=100$，问它们能否搭配？

解：20+40＜80+15

80+100＞40+15

因为只符合一条搭配原则，所以不能搭配。

如果计算出的交换齿轮不符合搭配原则，应在不改变传动比的情况下，可以采用主动轮与主动轮或从动轮与从动轮互换位置，主动轮与主动轮或从动轮与从动轮之间互借倍数、主动轮与从动轮同时扩大或缩小相同的倍数等方法来解决。

【例3】在丝杠螺距为 12mm 的车床上，直联丝杠车削螺距为 1.5mm 的螺纹，试计算交换齿轮。

解：根据公式（6.1）得

$$i=\frac{P_工}{P_丝}=\frac{1.5}{1.2}=\frac{3}{8}×\frac{5}{15}=\frac{30}{80}×\frac{35}{105}$$

检验 30+120＞127+15

127+60＞120+15

符合搭配原则，所以 $Z_1=30$、$Z_2=80$、$Z_3=35$、$Z_4=105$。

**4．切削用量的选择**

螺纹切削用量的选择，应根据工件材料、螺距大小、所处的加工位置以及加工阶段等因素来决定。

前几次的进给用量可大些，以后每次进给切削用量应逐渐减小。

低速车削时三角形螺纹进给次数见表6-2，高速车削时三角形螺纹进给次数见表6-3。

粗车第一、第二刀时，因车刀刚切入工件，总的切削面积并不大，所以切削深度可以大些，以后每次进给切削深度应逐渐减小。

精车时切削深度更小，排出的切屑很薄。切削速度因车刀两刃夹角小，散热条件差，所以切削速度比车削外圆时要低。

粗车螺纹时，$V_c$ 为 10～15m/min；精车螺纹时，$V_c$ 为 6m/min。

螺纹吃刀深度计算公式

$$螺纹深度（吃刀深度）=0.65P/0.02（中刻度盘每格单位）$$

表 6-3　　　　　　　　　　　低速车削三角形螺纹进给次数

| 进刀数 | M24　P=3mm 中滑板进刀格数 | 小滑板走刀格数 左 | 右 | M20　P=2.5mm 中滑板进刀格数 | 小滑板走刀格数 左 | 右 | M16　P=2mm 中滑板进刀格数 | 小滑板走刀格数 左 | 右 |
|---|---|---|---|---|---|---|---|---|---|
| 1 | 11 | 0 | | 11 | 0 | | 10 | 0 | |
| 2 | 7 | 3 | | 7 | 3 | | 6 | 3 | |
| 3 | 5 | 3 | | 5 | 3 | | 4 | 2 | |
| 4 | 4 | 2 | | 3 | 2 | | 2 | 2 | |
| 5 | 3 | 2 | | 2 | 1 | | 1 | | 1/2 |
| 6 | 3 | 1 | | 1 | 1 | | 1 | | 1/2 |
| 7 | 2 | 1 | | 1 | 0 | | 1/4 | | 1/2 |
| 8 | 1 | 1/2 | | 1/2 | 1/2 | | 1/4 | | 2 |
| 9 | 1/2 | 1 | | 1/4 | 1/2 | | 1/2 | | $32\frac{1}{2}$ |
| 10 | 1/2 | 0 | | 1/4 | | 3 | 1/2 | | 1/2 |
| 11 | 1/4 | 1/2 | | 1/2 | | 0 | 1/4 | | 1/2 |
| 12 | 1/4 | 1/2 | | 1/2 | | 1/2 | 1/4 | | 1/2 |
| 13 | 1/2 | | 3 | 1/4 | | 1/2 | | | 0 |
| 14 | 1/2 | | 0 | 1/4 | | 0 | 螺纹深度=1.3mm　n=26 格 | | |
| 15 | 1/4 | | 1/2 | 螺纹深度=1.625mm $n=32\frac{1}{2}$ 格 | | | | | |
| 16 | 1/4 | | 0 | | | | | | |
| | 螺纹深度=1.95mm　n=39 格 | | | | | | | | |

注：① 小滑板每格为 0.04mm；
② 大滑板每格为 0.05mm；
③ 粗车选 110～180r/mm，精车选 44～72r/mm。
④ 针对学生初次练习车削三角形螺纹，此表方便学生控制车削进刀量，这样使学生逐步地掌握和理解车削三角形螺纹的方法，熟练以后可不用此表，因此，此表仅供参考。

表 6-4　　　　　　　　　　　高速车削三角形螺纹进给次数

| 螺距 P（mm） | | 1.5～2 | 3 | 4 | 5 | 6 |
|---|---|---|---|---|---|---|
| 进给次数 | 粗车 | 2～3 | 3～4 | 4～5 | 5～6 | 6～7 |
| | 精车 | 1 | 2 | 2 | 2 | 2 |

**5．选择合适的切削液**

车削螺纹时，恰当地使用切削液，能降低切削时产生的热量，减小由于温度升高引起的加工误差。切削液能在金属表面形成薄膜，减少刀具与工件的摩擦，并可冲走切屑，从而降低工件表面粗糙度值，减少刀具磨损。根据实验，加工一般要求螺纹使用水基切削液就可以达到要求，如果精度要求高就必须使用油基切削液，如煤油、植物油等。车床的水箱一般都装水基切削液，那么在加工螺纹时可以使用油枪进行手工润滑就能满足精度要求。

### 三、学习与思考

#### 1．学习过程记录单

学习过程记录单

| 任务四 | 理解车削三角形螺纹类零件的常用工艺知识 | | | |
|---|---|---|---|---|
| 学习内容 | 学习的内容 | 掌握程度（学生填写） | | |
| | | 好 | 一般 | 差 |
| 学习过程 | 三角形螺纹车刀的安装 | | | |
| | 三角形螺纹的车削方法 | | | |
| | 车床的调整方法 | | | |
| | 交换轮的计算 | | | |
| | 切削用量的选择原则 | | | |
| | 切削液的选择 | | | |

#### 2．思考练习题

实例加工前要掌握的常用的工艺知识是什么？

# 任务五　掌握加工三角形螺纹的常规方法

### 一、螺纹轴图样

三角形螺纹轴图样如图 6-1 所示。

### 二、螺纹轴工艺分析

#### 1．确定工件毛坯

工件两阶台之间直径差不是很大，毛坯可采用棒料，这样毛坯切除的余量较少，下料后便可加工，因此工件毛坯为 45# 棒料，规格为 $\phi35\times110$ 的棒料。

#### 2．确定装夹方式

通过图样分析该工件比较长，以右断面和中心线为基准设计，毛坯有足够的长度用于装夹，为了减少装夹次数，可用一夹一顶的方式（见图 6-37）。

#### 3．确定最后精车的内容

该工件光轴部分的精度要求较高，因此可在加工螺纹前精车外径到要求尺寸。螺纹部分的加工也要进行精车。

#### 4．确定加工尺寸

螺纹加工前的尺寸计算，一般根据经验公式计算螺纹深度 $=0.65P=0.65\times2=1.3$mm，中滑板进刀格数 $n=0.65P/0.05=26$。每刀进格数可参照表 6-2。螺纹大径一般应车得比基本尺寸小

图 6-37　确定装夹方式

0.20–0.4mm（约 0.1P），保证车好螺纹后牙顶处有 0.125P 的宽度（P 是螺纹螺距）；即 $d=20.0.1P=20-0.1\times2=19.8$mm。

**5．确定工艺流程卡**

工艺流程卡为：配料→车削端面和钻中心孔→粗车 $\phi$30 和 $\phi$20 外圆→半精车 $\phi$30 和 $\phi$20 外圆→精车 $\phi$20 和 $\phi$30 外圆→切槽→粗车 M20×2→精车 M20×2→切断→检验入库。

**6．确定车刀**

所用的车刀为 90°硬质合金右偏刀粗精外圆车刀、45°硬质合金车刀、高速钢切槽刀、螺纹车刀。

**7．确定检测量具**

检测量具有游标卡尺、外径千分尺、螺距规、螺纹环规。

**三、螺纹轴的加工工艺**

**1．配料**

① 检查坯料材料、直径和长度是否符合各料要求。

② 检查车床的各个手柄是否复位。

③ 开启电源开关。

④ 夹毛坯外圆，留在卡盘外的长度约为 98mm。

⑤ 安装 45°、90°硬质合金右偏刀、螺纹车刀、高速钢切槽刀。

**2．车端面和钻中心孔**

① 启动车床，转速调到 735r/min，自动走刀量为 0.15mm/r。

② 用 45°车刀车端面，采用手动进给，直到端面车平为止。

③ 停车。

④ 把 $\phi$2.5 的 A 型中心钻用鸡心钻头夹夹持，装入车床尾座的套筒内。

⑤ 移动尾座，使中心钻距零件约为 10mm，锁紧尾座。

⑥ 启动车床。

⑦ 摇动尾座的手柄钻中心孔，深度为 5mm。

⑧ 把尾座移回车床尾部，停车。

**3．粗车 $\phi$30、$\phi$20 外圆**

① 启动车床。

② 使用 90°右偏刀粗车。

③ 摇动大溜板使 90°右偏刀到工件的端面处。

④ 摇动中溜板使 90°右偏刀刚好车削到工件表面，大滑板、中滑板的刻度拨到"0"，再摇动大溜板退回车刀，不能移动中溜板。

⑤ 摇动中溜板的手柄使背吃刀量为 1.5mm，然后启动自动纵向走刀，为切断方便，可将车刀车削至 95mm，横向退出车刀，并记住中滑板的刻度，再纵向退回车刀与工件的端面齐平，第一次粗车完毕，开始第二次粗车。

⑥ 摇动中溜板使 90°右偏刀粗车刚好车削到工件表面，摇动中溜板的手柄进给中滑板确定背吃刀量 1.5mm。启动自动纵向走刀，车削长度 58mm，停止自动走刀，将中滑板退出，留有 1mm 的精加工余量，走刀至 90mm。

⑦ 横向退出车刀，再纵向退回车刀离开零件。这样车出了 $\phi$30 外圆，且留有 1mm 余量，$\phi$20 还需要继续第三次、第四次走刀车削，车削长度为 58mm，并保证留有 1mm 的精加工余量。

**4．精车 $\phi$30 和 $\phi$20 外圆**

① 调节主轴转速和纵向走刀量（走刀量调到 0.05mm/r，如果使用高速钢刀，速度调到

51r/min；如果使用硬质合金刀，则速度调到 1165r/min，顶尖应为回转式顶尖），换用精车车刀。

② 精车$\phi$30外圆至要求尺寸，精车$\phi$20外圆至要求尺寸，从端面到$\phi$30外圆处的长度58mm至工件长度为95mm，车削方法与粗车类似，采用自动走刀。

**5．切槽和倒角**

① 调节主轴转速为209r/min，换用高速钢切槽刀，采用手动进给。

② 移动大滑板在$\phi$30外圆处，保证尺寸为60mm，摇动中滑板使车刀刚好在外圆面时，调节中滑板和大滑板的刻度盘使读数都为"0"，摇动中滑板退出车刀。

③ 开启车床，分几次切槽，使槽宽5mm，槽深2mm，停车，退回车刀到开始切槽的位置。

④ 测量槽的尺寸，算出进给数值，开启车床，移动大滑板、中滑板一次车出切槽2×5，车至图样要求的尺寸。

⑤ 调节主轴转转速为735r/min，换用45°车刀，启动车床。

⑥ 手动倒角2×45°、1×45°并去毛刺，停车。

**6．车削螺纹 M20×2**

① 确定车螺纹切削深度的起始位置，将中滑板刻度调到零位，开车，使刀尖轻微接触工件表面，然后迅速将中滑板刻度调至零位，以便于进刀记数。

② 试切第一条螺旋线并检查螺距。将床鞍摇至离工件端面8～10牙处，横向进刀0.05左右。开车，合上开合螺母，在工件表面车出一条螺旋线，至螺纹终止线处退出车刀，开反车把车刀退到工件右端；停车，用钢尺检查螺距是否正确，如图6-38（a）所示。

③ 用刻度盘调整背吃刀量，开车切削，如图6-38（d）所示。螺纹的总背吃刀量 $a_p$ 与螺距的关系按经验公式 $a_p \approx 0.65P$，每次的背吃刀量约0.1。

④ 车刀将至终点时，应做好退刀停车准备，先快速退出车刀，然后开反车退出刀架，如图6-38（e）所示。

⑤ 再次横向进刀，继续切削至车出正确的牙形，如图6-38所示。

**7．切断**

① 调节转速为735r/min，换用切断车刀，开启车床。

② 用切断刀在工件右断面轻轻接触，记住大滑板位置。

③ 转动中滑板将刀横向退出。

④ 纵向摇动大滑板，将车刀向左移动90mm加切断刀刀宽，转动中滑板，控制车刀将工件切下。

**8．检验入库**

① 检验，上油。

② 入库。

**四、注意事项**

**1．车螺纹前的注意事项**

车螺纹前要检查组装交换齿轮的间隙是否适当，将变速手柄放在空挡位置，用手旋转主轴（正、反）检查是否有过重或空转量过大的现象。

**2．开合螺母必须闸到位**

车螺纹时，开合螺母必须闸到位，如感到未闸好应立即起闸重新进行。

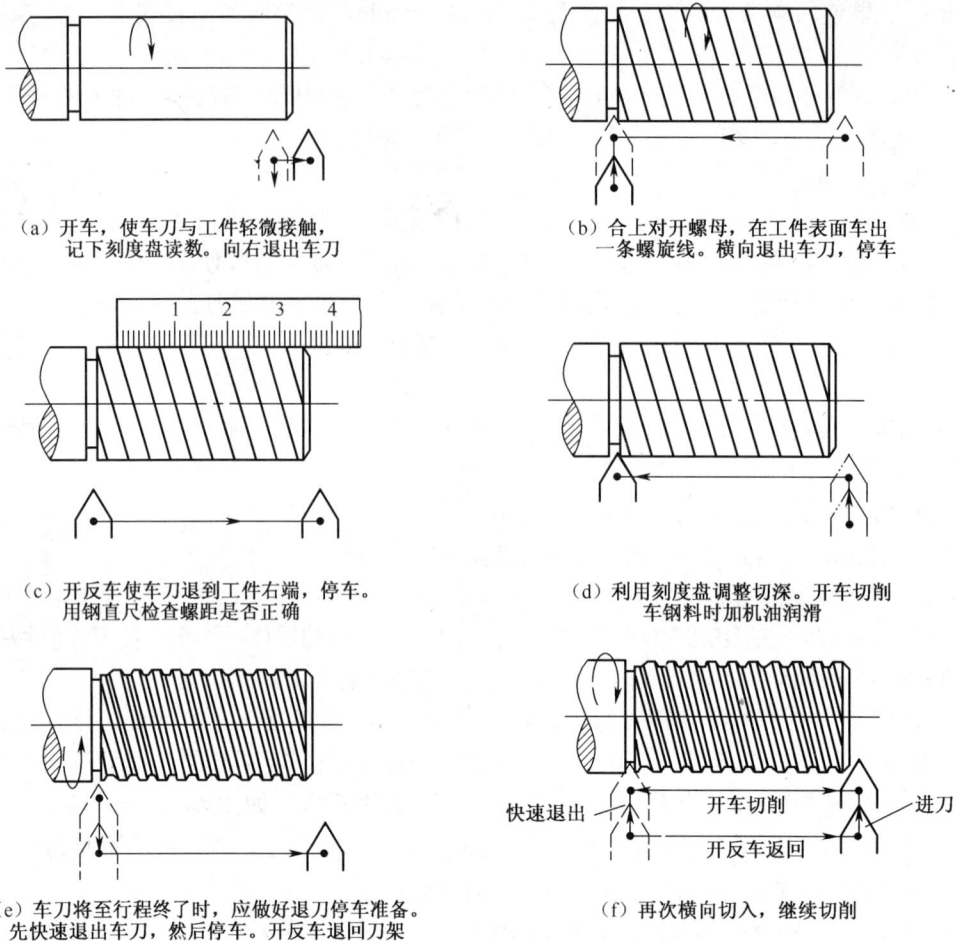

(a) 开车，使车刀与工件轻微接触，记下刻度盘读数。向右退出车刀

(b) 合上对开螺母，在工件表面车出一条螺旋线。横向退出车刀，停车

(c) 开反车使车刀退到工件右端，停车。用钢直尺检查螺距是否正确

(d) 利用刻度盘调整切深。开车切削车钢料时加机油润滑

(e) 车刀将至行程终了时，应做好退刀停车准备。先快速退出车刀，然后停车。开反车退回刀架

(f) 再次横向切入，继续切削

图 6-38　螺纹切削方法与步骤

### 3．车铸铁螺纹时的注意事项

车铸铁螺纹时，径向进刀不宜太大，否则会使螺纹牙尖爆裂造成废品，在最后几刀的车削时可用赶刀法把螺纹车光。

### 4．车无退刀槽螺纹的注意事项

车无退刀槽螺纹时，应特别注意螺纹的收尾要在 1/2 圈左右。要达到这个要求，必须先退刀，后启动开合螺母且每次退刀要均匀一致，否则会撞坏刀尖。

### 5．中途换刀或磨刀后的注意事项

车螺纹应始终保持刀刃的锋利，如中途换刀或磨刀后，必须对刀，以防破牙并重新调整中滑板的刻度。

### 6．粗车螺纹时的注意事项

粗车螺纹时，要留适当的精车余量。

### 7．精车螺纹时的注意事项

精车螺纹应防止螺纹小径不清、侧面不光、牙型线不直等不良现象的出现。

### 8．车塑性材料（钢件）时，避免扎刀

车塑性材料（钢件）时，产生扎刀的原因如下。

① 车刀装夹低于工件轴线或车刀伸出太长。

② 车刀前角或后角太大，产生径向切削力把车刀拉向切削表面。

③ 采用直进法车削时进给量较大，使刀具接触面积大，排屑困难而造成扎刀。

④ 精车时由于刀具严重磨损而造成扎刀。

⑤ 主轴轴承及滑板与床鞍的间隙太大。

⑥ 开合螺母间隙太大或丝杆轴向窜动。

**9．使用环规检查时的注意事项**

使用环规检查时，不能用力过大强拧以免环规严重磨损或使工件发生移位。

**10．避免"乱扣"**

当第一条螺旋线车好后，第二次进刀后车削时，刀尖不在原来的螺旋线（螺旋槽）中，而是偏左或偏右，甚至车在牙顶中间，将螺纹车乱这个现象就称为"乱扣"。预防乱扣的方法是采用倒顺（正反）车法车削。在左右切削法车削螺纹时小拖板移动距离不要过大，若车削途中刀具损坏需重新换刀或者无意提起开合螺母时，应注意及时对刀。使用两顶针装夹方法车螺纹时，工件卸下后再重新车削时，应该先对刀，后车削以免"乱扣"。

**11．对刀时的注意事项**

对刀前先要安装好螺纹车刀，然后按下开合螺母，开正车（注意应该是空走刀）停车，移动中拖板、小拖板使刀尖准确落入原来的螺旋槽中（不能移动大拖板），同时根据所在螺旋槽中的位置重新做中拖板进刀的记号，再将车刀退出，开倒车，将车退至螺纹头部，再进刀……对刀时一定要注意是正车对刀。

**12．借刀**

借刀就是螺纹车削到一定深度后，将小拖板向前或向后移动一点距离，再进行车削，借刀时注意小拖板的移动距离不能过大，以免将牙槽车宽，造成"乱扣"。

**五、安全事项**

① 车螺纹前应先检查好所有的手柄是否处于车螺纹的位置，防止盲目开车。

② 车螺纹时要思想集中，动作迅速，反应灵敏。

③ 用高速钢车刀车螺纹时，车刀的转速不能太快，以免刀具磨损。

④ 要防止车刀或刀架、拖板与卡盘、床尾相撞。

⑤ 车螺母时，应将车刀退离工件，防止车刀将手划破，不要开车旋紧或者退出螺母。

**六、拓展知识（内螺纹的加工）**

**1．工厂中最常见的内螺纹车刀**

三角形内螺纹工件的形状常见的有 3 种，即通孔、不通孔和台阶孔，如图 6-39 所示。其中通孔内螺纹容易加工。在加工内螺纹时，由于车削的方法和工件形状的不同，因此所选用的螺纹车刀也不相同。工厂中最常见的内螺纹车刀，如图 6-40 所示。

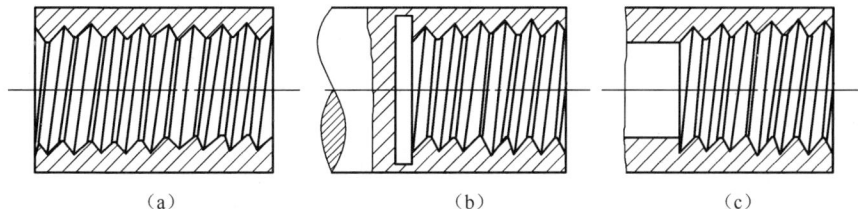

（a）　　　　　　　　　（b）　　　　　　　　　（c）

图 6-39　内螺纹工件的形状

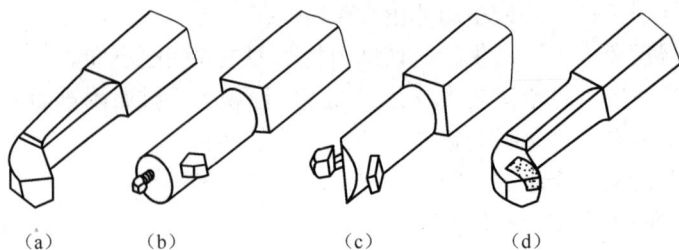

图 6-40　常见的内螺纹车刀

### 2．内螺纹车刀的选择和装夹

（1）内螺纹车刀的选择

内螺纹车刀是根据其车削方法和工件材料及形状来选择的。内螺纹车刀的尺寸大小受到螺纹孔径尺寸的限制，一般内螺纹车刀的刀头径向长度应比孔径小 3～5mm。否则退刀时会碰伤牙顶，甚至不能车削。刀杆的大小在保证排屑的前提下，要粗壮些。

（2）车刀的刃磨和装夹

内螺纹车刀的刃磨方法和外螺纹车刀基本相同，但是刃磨刀尖时要注意其平分线必须与刀杆垂直，否则车内螺纹时会出现刀杆碰伤内孔的现象，如图 6-41 所示。刀尖宽度应符合要求，一般为 0.1×螺距。

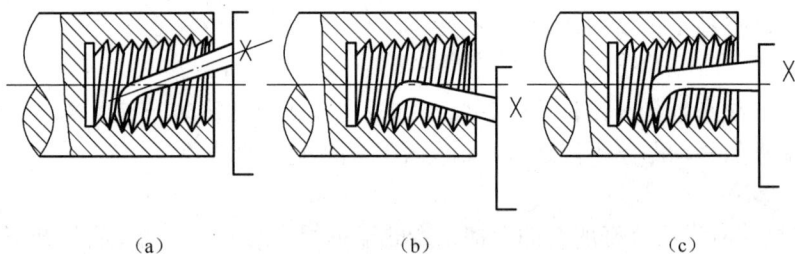

图 6-41　车刀的刃磨和装夹

在装夹车刀时，必须严格按样板找正刀尖，否则车削后会出现倒牙现象。车刀装夹好后，应在孔内摇动床鞍至终点检查是否碰撞，如图 6-42 所示。

### 3．三角形内螺纹孔径的确定

在车内螺纹时，首先要钻孔或扩孔，孔径公式一般可采用下面的公式计算。

$$D_孔 \approx d - 1.05p$$

### 4．车通孔内螺纹的方法

车内螺纹前，应先把工件的内孔、平面及倒角车好。

开车空刀练习进刀、退刀动作，车内螺纹时的进刀和退刀方向与车外螺纹时相反，如图 6-43 所示。练习时，需在中滑板的刻度圈上做好退刀和进刀位置。进刀切削方式和外螺纹相同，螺距小于 1.5mm 或铸铁螺纹采用直进法；螺距大于 2mm 采用左右切削法。为了不使刀杆受切削力变形，它的大部分余量应先在尾座方向上切削掉，然后再车另一面，最后车螺纹大径。车内螺纹时目测较困难，一般根据观察排屑情况进行左右赶刀切削，并判断螺纹的表面粗糙度。

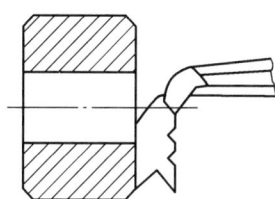 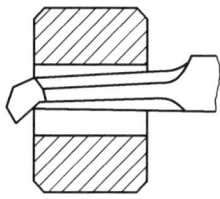 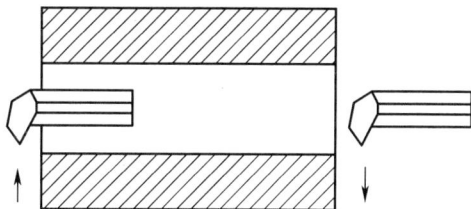

图 6-42　装夹车刀　　　　　　　　　图 6-43　车内螺纹

#### 5．车盲孔或台阶孔内螺纹

车退刀槽的直径应大于内螺纹的大径，槽宽为 2～3 个螺距，并与台阶平面切平。选择盲孔车刀。根据螺纹长度加上 1/2 槽宽，在刀杆上做好记号，作为退刀、开合螺母起闸之用。车削时，中滑板手柄的退刀和开合螺母的起闸，动作要迅速、准确、协调，保证刀尖在槽中退刀。

切削用量和切削液的选择与车外三角形螺纹时相同。

#### 6．练习

加工图 6-44 所示的螺母。

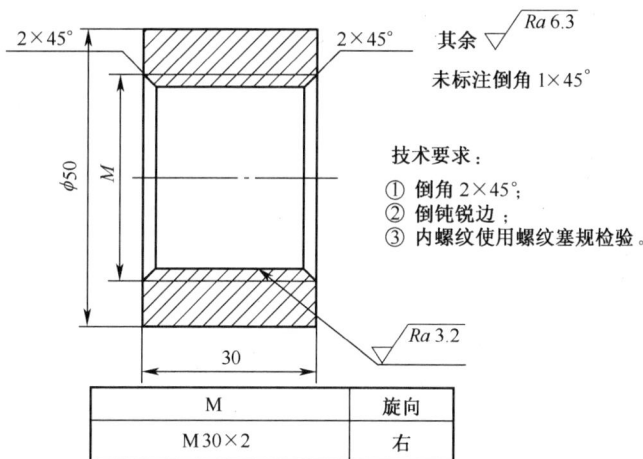

图 6-44　螺母参数

#### 7．注意事项

① 内螺纹车刀的两刃口要刃磨平直，否则会使车出的螺纹牙形侧面相应不直，影响螺纹精度。

② 车刀的刀头不能太窄，否则螺纹已车到规定深度，而中径尚未达到设计要求的尺寸。

③ 由于车刀刃磨不正确或由于装刀歪斜，会使车出的内螺纹一面正好用塞规拧进，而另一面却拧不进或配合过松。

④ 车刀刀尖要对准工件中心，如果车刀装夹过高，车削时会引起震动，使工件表面产生鱼鳞斑现象，如果车刀装夹过低，刀头下部会与工件发生摩擦，车刀切不进去。

⑤ 内螺纹车刀刀杆不能选择得太细，否则由于切削力的作用，引起震颤和变形，出现"扎刀"、"啃刀"、"让刀"和发出不正常的声音和震纹等现象。

⑥ 小滑板宜调整得紧一些，以防车削时车刀移位产生乱扣。

⑦ 加工盲孔内螺纹，可以在刀杆上作记号或用薄铁皮作标记，也可用床鞍刻度的刻线等来控制退刀，避免车刀碰撞工件而产生报废。

⑧ 赶刀量不宜过多，以防精车时没有余量。

⑨ 车内螺纹时，如发现车刀有碰撞现象，应及时对刀，以防车刀移位而损坏牙型。

⑩ 车刀要保持锋利，否则容易产生"让刀"。

⑪ 因"让刀"现象产生的螺纹锥形误差（检查时，只能在进口处拧紧几下），不能盲目地加大切削深度，这时必须采用赶刀的方法，使车刀在原来的切刀深度位置反复车削，直至全部拧进。

⑫ 用螺纹塞规检查，应过端全部拧进，感觉松紧适当，而止端拧不进。检查不通孔螺纹，过端拧进的长度应达到设计要求的长度。

⑬ 车内螺纹的过程中，当工件在旋转时，不可用手摸，更不可用棉纱去擦，以免造成事故。

## 七、学习与思考

### 1．学习过程记录单

学习过程记录单

| 任务五 | | 掌握加工三角形螺纹的常规方法 | | | |
|---|---|---|---|---|---|
| 学习内容 | | 学习的内容 | 掌握程度（学生填写） | | |
| | | | 好 | 一般 | 差 |
| 学习过程 | | 熟悉螺纹轴图样 | | | |
| | 熟悉阶梯轴的加工工艺 | 确定工件毛坯 | | | |
| | | 确定定位基准 | | | |
| | | 确定最后精车内容 | | | |
| | | 确定工艺流程卡 | | | |
| | | 确定车刀 | | | |
| | | 确定检测量具 | | | |
| | 阶梯轴的加工工艺 | 配料 | | | |
| | | 车端面和钻中心孔 | | | |
| | | 粗车$\phi30$和$\phi20$外圆 | | | |
| | | 精车$\phi30$、$\phi20$外圆 | | | |
| | | 切槽和倒角 | | | |
| | | 粗车 M20×2 | | | |
| | | 精车 M20×2 | | | |
| | | 切断 | | | |
| | | 检验入库 | | | |
| | 注意事项 | 调节挂轮 | | | |
| | | 车削阶台轴 | | | |
| | | 用环规检测加工的螺纹的质量 | | | |

### 2．思考练习题

① 外螺纹加工的具体步骤是什么？

② 内螺纹加工的具体步骤是什么？

## 任务六　螺纹类零件质量的分析

在实际车削螺纹时，可能由于各种原因，造成主轴到刀具之间的运动在某一环节出现问题，引起车削螺纹时产生故障，影响正常的生产，这时应及时解决产生问题的原因。

### 一、牙形角不正确

#### 1．刀尖角不正确

刃磨车刀时刀尖角不正确，即车刀两切削刃在基面上投影之间的夹角与加工螺纹的牙形角不一致，导致加工出的螺纹的角度不正确。

解决方法：刃磨车刀时必须使用角度尺或样板来检测，得到正确的牙形角。将样板或角度尺与车刀前面平行，再用透光法检查。

常用的公制螺纹牙形角有三角形螺纹 60°、梯形螺纹 30°、蜗杆 40°。

#### 2．径向前角未修正

为了使车刀排屑顺利，减小表面粗糙度，减少积屑瘤现象，经常磨有径向前角，这样就引起车刀两侧切削不与工件轴向重合，使得车出工件的螺纹牙形角大于车刀的刀尖角，径向前角越大，牙形角的误差也越大。同时使车削出的螺纹牙形在轴向剖面内不是直线，而是曲线，影响螺纹副的配合质量。

解决方法：在刃磨有较大径向前角的螺纹车刀车螺纹时，刀尖角必须通过车刀两刃夹角进行修正，尤其加工精度较高的螺纹，其修正计算方法为

$$\tan\varepsilon r = \cos rp \cdot \tan\alpha$$

式中，$\varepsilon r$——车刀两刃夹角；

$\quad rp$——径向前角；

$\quad \alpha$——牙形角。

#### 3．高速钢切削时牙形角过大

在高速切削螺纹时，由于车刀对工件的挤压力产生挤压变形，会使加工出的牙形扩大，同时使工件胀大。

解决方法：在刃磨车刀时，两刃夹角应适当减小 30'。另外，车削外螺纹前工件大径一般比公称尺寸小（约 0.13$P$）。

#### 4．车刀安装不正确

车刀安装不正确即车刀两切削刃的对称中心线与工件轴线不垂直，造成加工出的牙形角倾斜（俗称倒牙）。

解决方法：用角度尺或样板来安装车刀，使对称中线与工件轴线垂直，并且刀尖与工件中心等高。

#### 5．刀具磨损

刀具磨损后没有及时刃磨，造成加工出的牙形角两侧不是直线而是曲线或"烂牙"。

解决方法：合理选用切削用量，车刀磨损后及时刃磨。

### 二、螺距（或导程）不正确

#### 1．螺纹全长不正确

螺纹全长不正确的原因是交换齿轮计算或组装错误，进给箱、溜板箱有关手柄位置扳错。

解决方法：重新检查进给箱手柄位置或计算挂轮。

### 2．螺纹局部不正确

螺纹局部不正确的原因是车床丝杠和主轴的窜动过大，溜板箱手轮转动不平衡，开合螺母的间隙过大。

解决方法：如果是丝杠轴向窜动造成的，可对车床丝杠与进给箱连接处的调整圆螺母进行调整，以消除连接处推力球轴承的轴向间隙；如果是主轴轴向窜动引起的，可调整主轴后调整螺母，以消除推力球轴承的轴向间隙；如果是溜板箱的开合螺母与丝杠不同轴造成啮合不良引起的，可修整开合螺母并调整开合螺母间隙；如果是溜板箱转动不平衡，可将溜板箱手轮拉出使之与转动轴脱开均匀转动。

### 3．车削过程中开合螺母自动抬起引起螺距不正确

解决方法：调整开合螺母镶条适当减小间隙，控制开合螺母传动时抬起，或用重物挂在开合螺母手柄上防止中途抬起。

## 三、表面粗糙度值大

### 1．原因

表面粗糙度值大的原因有以下几点。

① 刀尖产生积屑瘤。

② 刀柄刚性不够，切削时产生震动。

③ 车刀径向前角太大，中滑板丝杠螺母间隙过大产生扎刀。

④ 高速钢切削螺纹时，切削厚度太小或切屑向倾斜方向排出，拉毛已加工牙侧的表面。

⑤ 工件刚性差，且切削用量过大。

⑥ 车刀表面粗糙。

### 2．解决方法

① 如果是积屑瘤引起的，应适当调整切削速度，避开积屑瘤产生的范围（5～80m/min）；用高速钢车刀切削时，适当降低切削速度，并正确选择切削液；用硬质合金车螺纹时，应适当提高切削速度。

② 增加刀柄的截面积并减小刀柄伸出的长度，以增加车刀的刚性，避免震动。

③ 减小车刀径向前角，调整中滑板丝杠螺母，使其间隙尽可能最小。

④ 高速钢切削螺纹时，最后一刀的切屑厚度一般要大于 0.1 mm，并使切屑沿垂直轴线方向排出，以免切屑接触已加工表面。

⑤ 选择合理的切削用量。

⑥ 切削刃口的表面粗糙度要比螺纹加工表面的粗糙度小 2～3 挡，砂轮刃磨车刀完后要用油石研磨。

## 四、乱牙

乱牙的原因是当丝杠转一转时，工件未转过丝杠转数的整数倍而造成的，即工件转数不是丝杠转数的整数倍。

常用预防乱牙的方法首先是开倒顺车，即在一次行程结束时，不提起开合螺母，把刀沿径向退出后，将主轴反转，使车刀沿纵向退回，再进行第二次行程，这样往复过程中，因主轴、丝杠和刀架之间的传动没有分离过，车刀始终在原来的螺旋槽中，就不会产生乱牙。其次，当进刀纵向行程完成后，提起开合螺母脱离传动链退回，刀尖位置产生位移，应重新对刀。

## 五、中径不正确

中径不正确的原因是车刀切削深度不正确，以顶径为基准控制切削深度，忽略了顶径误

差的影响；刻度盘使用不当；车削时未及时测量。

解决方法：精车时，检查刻度盘是否松动，并且要正确使用，精车余量应适当，要及时测量中径尺寸，考虑顶径的影响，调整切削深度。

### 六、扎刀或顶弯工件

扎刀或顶弯工件的原因：车刀刀尖低于工件（机床）中心；车刀前角太大，中滑板丝杠间隙较大；工件刚性差，而切削用量选择太大。

解决方法：第一，安装车刀时，刀尖要对准工件中心或略高些；第二，减小车刀前角，减小径向力，调整中滑板丝杠间隙；第三，根据工件刚性来选择合理的切削用量，增加工件的刚性，增加车刀刚性。

总之，车削螺纹时产生的故障是多种多样的，既有设备原因，也有刀具、测量、操作等原因，排除故障时要具体情况具体分析，通过各种检测方法和诊断手段，找出具体的影响因素，采取有效、合理的解决方法。

### 七、学习与思考

#### 1．学习过程记录单

学习过程记录单

| 任务六 | 螺纹类零件质量的分析 | | | |
|---|---|---|---|---|
| 学习内容 | 学习的内容 | 掌握程度（学生填写） | | |
| | | 好 | 一般 | 差 |
| 学习过程 | 理解乱牙的原因与解决的措施 | | | |
| | 理解扎刀或顶弯工件的原因与解决的措施 | | | |
| | 理解螺距不正确的原因与解决的措施 | | | |
| | 理解表面粗糙度不合格的原因与解决的措施 | | | |
| | 螺纹中径不正确的原因和解决措施 | | | |
| | 牙形角不正确的原因和解决方法 | | | |

#### 2．思考练习题

① 车削螺纹类零件时，产生乱牙的原因是什么，如何预防？

② 车削螺纹类零件时，产生扎刀或顶弯工件的原因是什么，如何预防？

③ 车削螺纹类零件时，表面粗糙度超差的原因是什么，如何预防？

### 项目学习评价

| 学习收获 | |
|---|---|
| 不足之处 | |
| 改进方法 | |
| 教师评语 | |
| 评　　分 | |

# 项目七　梯形螺纹的加工

加工如图 7-1 所示的梯形螺纹丝杠。

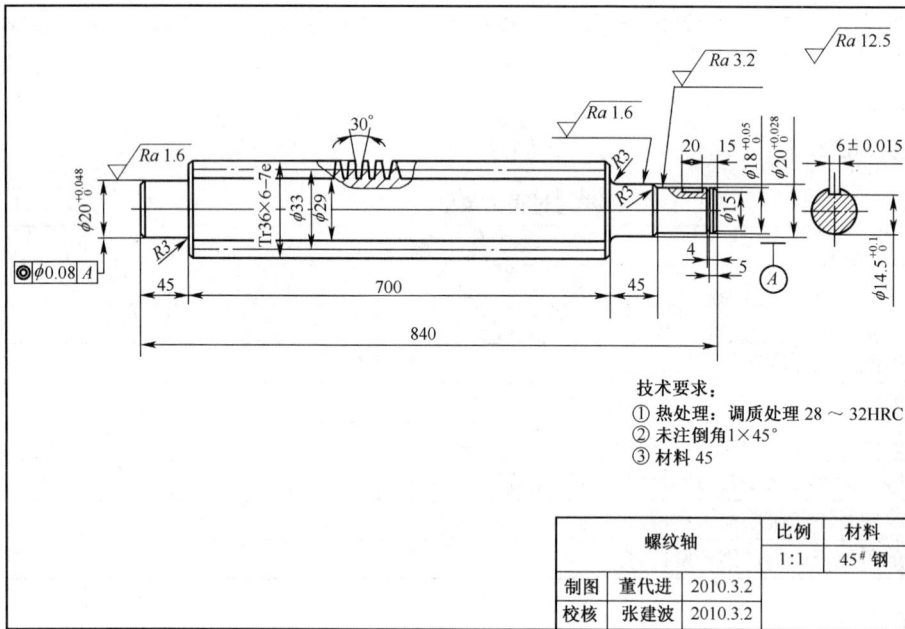

图 7-1　梯形螺纹丝杠

技术要求：
① 热处理：调质处理 28 ~ 32HRC
② 未注倒角 1×45°
③ 材料 45

| 螺纹轴 | | 比例 | 材料 |
|---|---|---|---|
| | | 1:1 | 45# 钢 |
| 制图 | 董代进 2010.3.2 | | |
| 校核 | 张建波 2010.3.2 | | |

## 项目学习目标

| 学习目标 | 学习方式 | 学时 |
|---|---|---|
| （1）认识梯形螺纹类零件<br>（2）会使用加工梯形螺纹类零件的常用刀具<br>（3）掌握检测梯形螺纹的常用量具及检测方法<br>（4）掌握加工梯形螺纹的常用方法<br>（5）理解梯形螺纹类零件加工的工艺分析<br>（6）能对梯形螺纹类零件加工的质量进行分析 | 实训+理论<br>（在实训中学习） | 35 |

## 项目基本功

分析图样，加工图 7-1 所示梯形螺纹丝杠需要用到的知识点见表 7-1。

表 7-1　　　　　　　　　　　　　加工该零件需要用到的知识点

| z | 子项目 | 内　　容 | 引出的知识点与技能 |
|---|---|---|---|
| 1 | 梯形螺纹零件 | 梯形螺纹的应用、标记、计算 | 梯形螺纹的知识，会计算参数 |
| 2 | 梯形螺纹车刀 | 梯形螺纹车刀几何角度、车刀刃磨、选择与装夹 | 螺纹车刀的刃磨及使用 |
| 3 | 加工 | 加工内容有梯形螺纹、外圆、端面、钻中心孔、切槽、倒角等 | 梯形螺纹的车削方法 |
| 4 | 检测 | 1. 用螺纹车刀样板检验车刀角度<br>2. 用齿厚游标卡尺测量梯形螺纹中径牙厚，用钢直尺和螺距规检测螺距<br>3. 螺纹量规应用、三针测量法、单针测量法 | 螺纹量规、齿厚游标卡尺、螺距规、公法线千分尺、螺纹样板、三针测量法、单针测量法及其他车工常用量具的使用方法 |

# 任务一　认识梯形螺纹类零件

梯形螺纹是应用很广泛的传动螺纹，如车床上长丝杠和中滑板、小滑板的丝杠等都是梯形螺纹，如图 7-2 所示。梯形螺纹的工作长度较长，使用精度要求较高，因此车削时比普通三角形螺纹困难。

图 7-2　常用的梯形螺纹

## 一、梯形螺纹标记

梯形螺纹标记由螺纹代号、公差带代号及旋合长度代号组成，彼此用"—"分开，如图 7-3 所示。

根据国家标准 GB 5796—1986 的规定，梯形螺纹代号由螺纹种类代号 TR 和螺纹"公称直径×导程"表示。

由于标准对内螺纹小径 $D_1$ 和外螺纹大径只规定了一种公差带（4H、4h），规定外螺纹小径 $d_3$ 的公差位置永远为 $h$，其基本偏差为零，公差等级与中径公差等级数相同。而对内螺纹大径 $D_4$，标准只规定下偏差（即基本偏差）为零，而对上偏差不作规定，因此梯形螺纹仅标记中径公差带，并代表梯形螺纹公差带（由表示公差带等级的数字及表示公差速位置的字母组成）。梯形螺纹副的公差带代号分别注出内、外螺纹的公差带代号，前面的是内螺纹公差带代号，后面是外螺纹公差带代号，中间用斜线分隔。梯形螺纹公差带如图 7-4 所示。

螺纹的旋合长度分为 3 组，分别称为短旋合长度（S）、中等旋合长度（N）和长旋合长度（L）。在一般情况下，中等旋合长度（N）用得较多，可以不标注。

螺纹的旋合长度见表 7-2。

Tr 40 ×14(P7)LH-8e-L

旋合长度：长旋合长度

公差带代号：中径公差代号 8e

旋向：左旋

导程：14mm，螺距：7mm，双线螺纹

公称直径：40mm

螺纹特征代号：Tr，梯形螺纹

Tr 40 × 7 — 7e — 140

旋合长度

中径公差带

螺距

公称直径

梯形螺纹

（a）

（b）

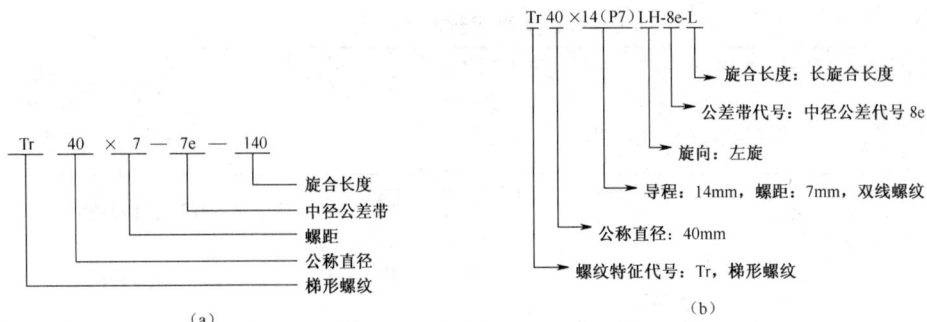

**图 7-3　梯形螺纹标记示例**

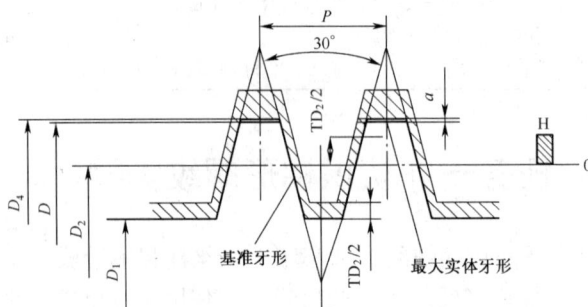

$D_4$—内螺纹大径；$D_1$—内螺纹小径；$TD_1$—内螺纹小径公差；$TD_2$—内螺纹中径公差；$D_2$—内螺纹中径；$P$—螺距

**图 7-4　梯形螺纹公差带**

表 7-2　　　　　　　　　　　　　螺纹的旋合长度

梯形螺纹旋合长度 mm

| 公称直径 d | | 螺距 P | 旋合长度组 | | | 公称直径 d | | 螺距 P | 旋合长度组 | | |
|---|---|---|---|---|---|---|---|---|---|---|---|
| | | | N | | L | | | | N | | L |
| > | ≤ | | > | ≤ | > | > | ≤ | | > | ≤ | > |
| 5.6 | 11.2 | 1.5 | 5 | 15 | 15 | 45 | 90 | 16 | 75 | 236 | 236 |
| | | 2 | 6 | 19 | 19 | | | 18 | 85 | 265 | 265 |
| | | 3 | 10 | 28 | 28 | | | 4 | 24 | 71 | 71 |
| 11.2 | 22.4 | 2 | 8 | 24 | 24 | | | 6 | 36 | 106 | 106 |
| | | 3 | 11 | 32 | 32 | | | 8 | 45 | 132 | 132 |
| | | 4 | 15 | 43 | 43 | | | 12 | 67 | 200 | 200 |
| | | 5 | 18 | 53 | 53 | 90 | 180 | 14 | 75 | 236 | 236 |
| | | 8 | 30 | 85 | 85 | | | 16 | 90 | 265 | 265 |
| | | 3 | 12 | 36 | 36 | | | 18 | 100 | 300 | 300 |
| | | 5 | 21 | 63 | 63 | | | 20 | 112 | 335 | 335 |
| | | 6 | 25 | 75 | 75 | | | 22 | 118 | 355 | 355 |
| 22.4 | 45 | 7 | 30 | 85 | 85 | | | 24 | 132 | 400 | 400 |
| | | 8 | 34 | 100 | 100 | | | 28 | 150 | 450 | 450 |
| | | 10 | 42 | 125 | 125 | | | 8 | 50 | 150 | 150 |
| | | 12 | 50 | 150 | 150 | | | 12 | 75 | 224 | 224 |
| | | 3 | 15 | 45 | 45 | | | 18 | 112 | 335 | 335 |
| | | 4 | 19 | 56 | 56 | | | 20 | 125 | 375 | 375 |
| | | 8 | 38 | 118 | 118 | 180 | 356 | 22 | 140 | 425 | 425 |
| 45 | 90 | 9 | 43 | 132 | 132 | | | 24 | 150 | 450 | 450 |
| | | 10 | 50 | 140 | 140 | | | 32 | 200 | 600 | 600 |
| | | 12 | 60 | 170 | 170 | | | 36 | 224 | 670 | 670 |
| | | 14 | 67 | 200 | 200 | | | 40 | 250 | 750 | 750 |
| | | | | | | | | 44 | 280 | 850 | 850 |

注：N—中等旋合长度；L—长旋合长度。

## 二、梯形螺纹的计算

### 1．梯形螺纹的牙形

梯形螺纹分米制和英制两种。英制梯形螺纹（牙形角为 29°）在我国较少采用，我国常用米制梯形螺纹（牙形角为 30°）。30° 米制梯形螺纹的牙形如图 7-5 所示。

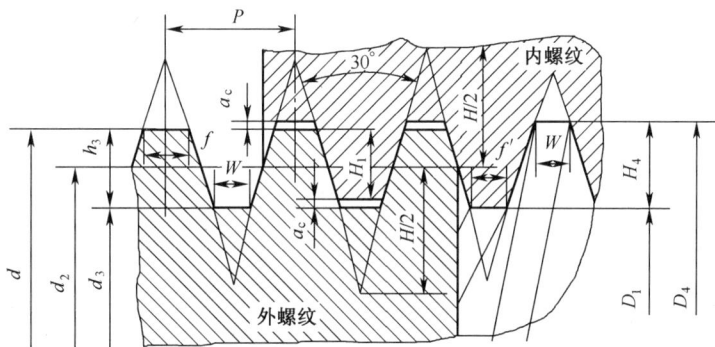

**图 7-5　30° 米制梯形螺纹的牙形**

### 2．梯形螺纹各部分名称、代号及计算公式

梯形螺纹各部分名称、代号及计算公式，见表 7-3。

表 7-3　　　　　　　　　　梯形螺纹各部分名称、代号及计算公式

| 名称 | | 代号 | 计算公式 | | | |
|---|---|---|---|---|---|---|
| 牙形角 | | $\alpha$ | $\alpha=30°$ | | | |
| 螺距 | | $P_4$ | 由螺纹标准确定 | | | |
| 牙顶间隙 | | $a_i$ | $P_4$ | $1.5\sim5$ | $6\sim12$ | $14\sim44$ |
| | | | $a_i$ | 0.25 | 0.5 | 1 |
| 基本牙形高度 | | $H_1$ | $H_1=0.5P$ | | | |
| 牙形高度 | 内、外螺纹 | $h_3$、$H_4$ | $h_3=H_4=H_1+a_i=0.5P+a_i$ | | | |
| 牙顶高 | | $Z$ | $Z=0.5P$ | | | |
| 大径 | 外螺纹 | $d_4$ | 公称直径 | | | |
| | 内螺纹 | $D_4$ | $D_4=d+2a_i$ | | | |
| 内、外螺纹中径 | | $D_2$、$d_2$ | $D_2=d_2=d-0.5P$ | | | |
| 小径 | 内螺纹 | $D_1$ | $D_1=d-P_4$ | | | |
| | 外螺纹 | $d_3$ | $d=d-2h_3$ | | | |
| 牙顶宽 | | $f$、$f'$ | $f=f'=0.366P$ | | | |
| 齿根槽宽 | | $W$、$W'$ | $W=W'=0.366P-0.536a_i$ | | | |

### 3．例题

【例 1】车削一对 Tr42×10 的丝杠和螺母，试求内螺纹、外螺纹的大径、牙形高度、小径、牙顶宽、牙槽底宽和中径尺寸。

解：根据表 7-3 中的公式有 $d=42\text{mm}$

$$D_2=d-0.5P=42-0.5\times10=37\text{mm}$$

$$H_3=0.5P+a_c=0.5\times10+0.5=5.5\text{mm}$$

$$d_3=d-2h_3=42-2\times5.5=31\text{mm}$$

$$D_4=d+2a_c=42+2\times0.5=43\text{mm}$$
$$D_2=d_2=37\text{mm}$$
$$D_1=d-P=42-10=32\text{mm}$$
$$H_4=h_3=5.5\text{mm}$$

牙顶宽 $f=f=0.366P=3.66\text{mm}$

牙槽底宽 $w=w=0.366P-0.536a_c=3.66-0.268=3.392\text{mm}$

### 三、学习与思考

#### 1．学习过程记录单

学习过程记录单

| 任务一 | 认识梯形螺纹类零件 | | | |
|---|---|---|---|---|
| 学习内容 | 学习的内容 | 掌握程度（学生填写） | | |
| | | 好 | 一般 | 差 |
| 学习过程 | 举例说明梯形螺纹类的应用 | | | |
| | 熟悉梯形螺纹各部分名称参数 | | | |
| | 认识梯形螺纹公差带 | | | |
| | 认识梯形螺纹旋合长度 | | | |
| | 熟悉梯形螺纹类标记 | | | |
| | 梯形螺纹计算公式的理解 | | | |
| | 会计算梯形螺纹各参数 | | | |

#### 2．思考练习题

① 举例说明梯形螺纹的用途。

② 举例说明梯形螺纹的标记。

③ 车削 Tr48×8 的丝杠和螺母，试求内螺纹、外螺纹的大径、牙形高度、小径、牙顶宽、牙槽底宽和中径尺寸。

## 任务二　使用加工梯形螺纹的常用刀具

### 一、梯形螺纹车刀种类

车梯形外螺纹时，切削力较大，为了减小切削力，螺纹车刀也应分为粗车刀和精车刀两种。

（1）高速钢梯形螺纹粗车刀

为了便于左、右切削并留精车余量，刀尖角应小于牙形角，刀尖宽度应小于牙形槽底宽 $W$，如图 7-6 所示。

（2）高速钢梯形螺纹精车刀

高速钢梯形螺纹精车刀的径向前角为 0°，两侧切削刃之间的夹角等于牙形角。为了保证两侧的切削刃能顺利切削，在两侧都磨有较大前角（$Y=10°\sim16°$）的卷屑槽，但车削时，车刀的前端不能参加切削，只能精车牙侧，如图 7-6 所示。

（3）硬质合金梯形螺纹车刀

为了提高效率，在车削一般精度梯形螺纹时，可以采用硬质合金车刀进行高速车削。

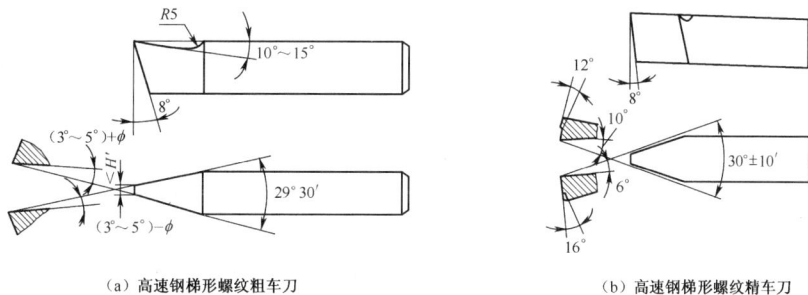

（a）高速钢梯形螺纹粗车刀　　　　　　（b）高速钢梯形螺纹精车刀

**图 7-6　高速钢梯形螺纹车刀**

（4）修磨梯形螺纹车刀的主要要求

高速切削梯形螺纹时，由于 3 个刃同时切削，切削力大，容易引起震动。并且前刀面是平行面（径向前角为 0°），切屑呈带状流出，操作不安全。为了解决上述矛盾，可在前刀面磨出两个圆弧。其主要优点如下。

① 因为磨出了两个 R7mm 的圆弧，使径向前角增大，切削轻快，不易引起震动。

② 切屑呈球头状排出，保证安全，方便清除切屑。

③ 梯形内螺纹车刀。梯形内螺纹车刀和三角形内螺纹车刀基本相同，只是刀尖角为 30°。内螺纹车刀比外螺纹车刀的刚性差，所以刀柄的截面应尽量大些。刀柄的截面尺寸与长度应根据工件的孔径与孔深来选择。

**二、梯形螺纹车刀的认识**

**1．梯形螺纹车刀的角度**

梯形螺纹车刀的角度，如图 7-7 所示。

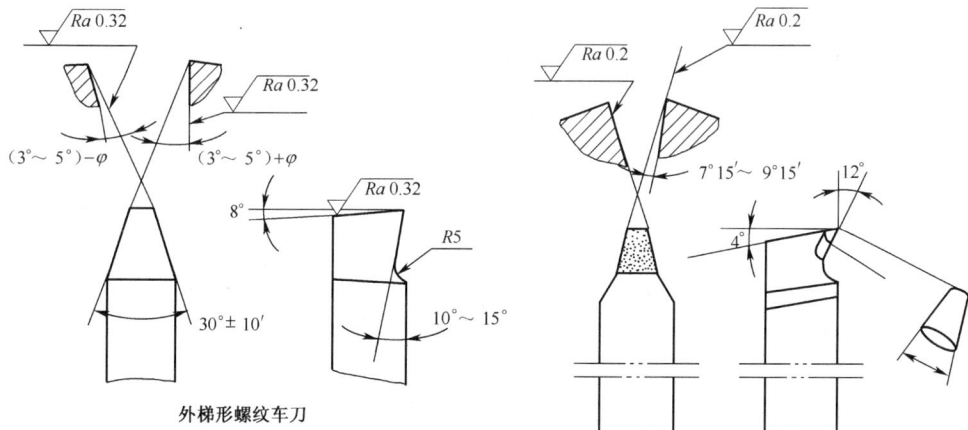

外梯形螺纹车刀

**图 7-7　梯形螺纹车刀的角度**

（1）两刃夹角

粗车刀应小于牙形角，精车刀应等于牙形角。

（2）刀尖宽度

粗车刀的刀尖宽度应为 1/3 的螺距宽。精车刀的刀尖宽应等于牙底宽减去 0.05 ㎜。

（3）纵向前角

粗车刀一般为 15° 左右，精车刀为了保证牙型角正确，前角应等于 0°，但实际生产时取 0°～5°。

（4）纵向后角

纵向后角一般为 6°～8°。

（5）两侧刀刃后角

$$\alpha_1=（3°～5°）+\phi \qquad \alpha_2=（3°～5°）+\phi$$

**2．梯形螺纹升角对车刀工作角度的影响**

车螺纹时，因受螺旋线的影响，车刀工作时的前角和后角与刃磨前角（静止前角）和刃磨后角度（静止后角）的数值不同。由于三角形螺纹的升角较小，受其影响不大。但在车削梯形螺纹、矩形螺纹时，由于其螺纹的升角较大，其影响则不可忽略。因此，在刃磨梯形螺纹车刀时，必须考虑这个影响因素。

（1）后角的大小

在刃磨与走刀方向同侧的后角时，应为（3°～5°）+$\phi$。而在刃磨与背离走刀方向同侧后角时，应为（3°～5°）−$\phi$。

（2）前角的大小

根据车刀两侧前角的变化，将车刀两侧的切削刃组成的平面垂直于螺旋线装夹，使左侧刃的工作前角和右侧刃的工作前角均为 0°～9°（适用于粗车）；或在前刀面上沿两侧切削刃磨出较大前角的卷屑槽，使切削顺利并利于排屑。

**三、梯形螺纹车刀刃磨**

梯形螺纹车刀刃磨正确与否直接关系到螺纹的正确，关系到工件的质量。

**1．梯形螺纹车刀刃磨要求**

① 梯形螺纹车刀刃磨的主要参数是螺纹的牙型角和牙底槽宽度。

② 刃磨两刃两夹角时，应随时目测与样板校对。样板如图 7-8 所示。

③ 磨有径向前角的两刃夹角时，应用特制厚样板进行修正。

④ 切削刃要光滑、平直、无裂口，两侧切削刃必须对称，刀体不歪斜。

⑤ 用油石研去各刀刃的毛刺。

**2．梯形螺纹车刀的刃磨步骤**

① 粗磨刀刃两侧后面（刀尖角初步形成）。

② 粗磨、精磨前刀面或径向前角。

③ 精磨刀刃两侧后面时（走刀方向后角应大于背离走刀方向后角），刀尖角用样板修正。

④ 修正刀尖后角时，应注意刀尖横刃宽度应小于槽底宽度。

**3．注意事项**

① 刃磨两侧后角时要注意螺纹的左右旋向，然后根据螺纹升角的大小来决定两侧后角的数值。

② 内螺纹车刀的刀尖角平分线应与刀柄垂直。

③ 刃磨高速钢车刀时，应随时放入水中冷却，以防退火。

**四、梯形螺纹车刀的选择和装夹**

低速车削一般选用高速钢车刀，高速车削应选用硬质合金车刀。

**1．车刀的安装方式**

根据梯形螺纹的车削特点，车刀的装夹一般为轴向装刀和法向装刀两种。

轴向装刀是使车刀前刀面与工件轴线重合，如图 7-9 所示。其优点是车出的螺纹直线度好。

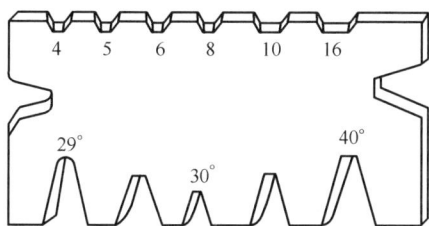

图 7-8　样板

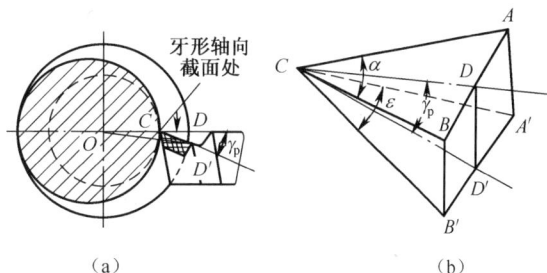

图 7-9　车刀的安装方式

法向装刀是使车刀前刀面在纵向进给方向对基面倾斜一个螺纹升角，即使前刀面在纵向
进给方向垂直于螺旋线的切线，如图 7-8 所示。其优点是
左右切削刃工作前角相等，改善了切削条件，使排屑顺畅，
但螺纹的牙形不成直线而是双曲线，所以，粗车梯形螺纹，
尤其是当螺旋升角大时，应采用法向装刀；精车梯形螺纹
时，应采用轴向装刀。这样既能顺利地进行粗车，又能保
证精车后螺纹牙形的准确性。

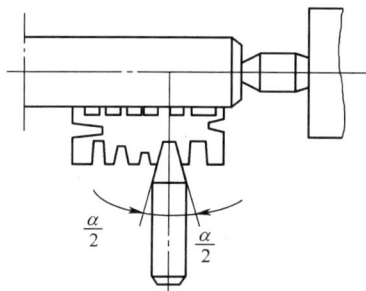

图 7-10　梯形螺纹车刀的装夹

### 2．车刀安装高度

安装梯形螺纹车刀时，应使刀尖对准工件回转中心，
以防止牙形角的变化。采用弹簧刀排时，其刀应略高于工
件回转中心 0.2mm 左右，以补偿刀排弹性变形量。为了
保证梯形螺纹车刀两刃夹角中线垂直于工件轴线，当梯形螺纹车刀在基面内安装时，可用螺
纹样板进行校正对刀，如图 7-10 所示。若以刀柄左侧面为定位基准，在工具磨床上刃磨的梯
形螺纹精车刀，装刀时，可用百分表校正刀柄侧面位置，以控制车刀在基面内的装刀偏差。

### 五、学习与思考
#### 1．学习过程记录单

学习过程记录单

| 任务二 | 使用加工梯形螺纹的常用刀具 | | | |
|---|---|---|---|---|
| 学习内容 | 学习的内容 | 掌握程度（学生填写） | | |
| | | 好 | 一般 | 差 |
| 学习过程 | 梯形螺纹车刀的角度 | | | |
| | 梯形螺纹升角对车刀工作角度的影响 | | | |
| | 梯形螺纹车刀的刃磨要求 | | | |
| | 梯形螺纹车刀的刃磨步骤 | | | |
| | 梯形螺纹车刀的选择和装夹 | | | |
| | 作图标注梯形螺纹车刀的角度 | | | |
| | 正确刃磨梯形螺纹车刀 | | | |

#### 2．思考练习题
① 梯形螺纹车刀的角度是如何标注的？
② 简述梯形螺纹升角对车刀工作角度的影响。

③ 梯形螺纹车刀的刃磨要求有哪些？

④ 简述梯形螺纹车刀刃磨步骤。

⑤ 如何选择和装夹梯形螺纹车刀？

# 任务三　掌握检测梯形螺纹类零件的常用量具及检测方法

车削梯形螺纹时，根据不同的质量要求和生产批量的大小，相应地选择不同的检测方法。常用的检测方法有综合测量法和单项测量法。

## 一、综合测量法

用螺纹环规、螺纹塞规（图 7-11）以及卡板（图 7-12）测量螺纹，称为综合测量。

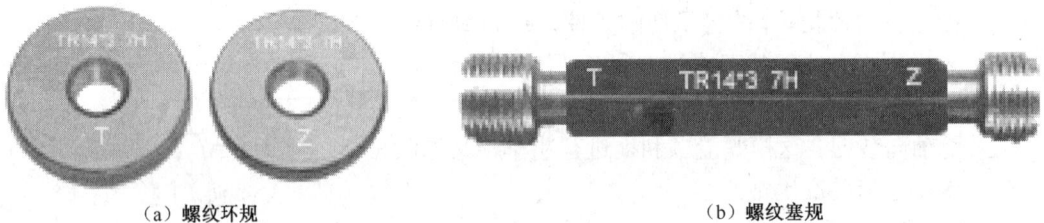

（a）螺纹环规　　　　　　　　　　　　（b）螺纹塞规

图 7-11　螺纹环（塞）规

图 7-12　卡板

对于一般精度的螺纹，都采用螺纹环规或塞规来测量。

在测量外螺纹时，如果螺纹"过端"环规正好旋进，而"止端"环规旋不进，则说明所加工的螺纹符合要求，反之为不合格。

测量内螺纹时，采用螺纹塞规，以相同的方法进行测量。

在使用螺纹环规或塞规时，应注意不能用力过大或用扳手硬旋。

在测量一些特殊螺纹时，须自制螺纹环（塞）规，但应保证其精度。

对于直径较大的螺纹工件，可采用螺纹牙形卡板来进行测量、检查。

## 二、单项测量法

### 1．三针测量法

（1）三针测量法的特点

这种方法是测量外螺纹中经的一种比较精密的方法，适用于测量一些精度要求较高、螺纹升角小于 4°的螺纹工件。

（2）测量方法

① 选取最佳直径的量针 3 根。量针的最佳直径 $d_0=0.518P$。

② 测量 $M$ 值。把 3 根针放在螺纹相对应的螺旋槽中，如图 7-13 所示，用公法线千分尺（公法线千分尺的介绍见项目二），量出两边量针顶点之间的距离 $M$。

③ 计算公式。梯形螺纹中径的计算公式为

$$M=d_2+4.864d_D-1.866P$$

式中，$M$——千分尺测量的数值（mm）；

$d_D$——量针直径（mm）；

$P$——工件螺距或蜗杆周节（mm）。

量针直径 $d_D$ 的计算公式为

最大值 $d_D=0.656P$ 最佳值 $d_D=0.518P$

最小值 $d_D=0.486P$

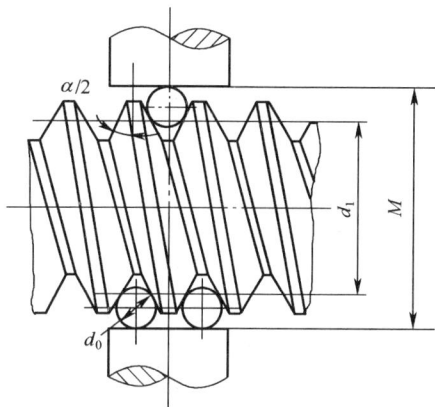

图 7-13 三针测量中径

（3）计算方法示例

【例 1】车 Tr32×6 梯形螺纹，用三针测量螺纹中径，求量针直径和千分尺读数值 M？

解：量针直径 $d_D=0.518P=3.1$mm

千分尺读数值 $M=d_2+4.864d_D-1.866P$

$=29+4.864×3.1-1.866×6$

$=(29+15.08-11.20)$mm

$=32.88$mm

测量时应考虑公差，则 $M=32.88_{-0.118}$mm 为合格。

【例 2】用三针测量 Tr30×6 梯形螺纹，测得千分尺的读数 $M=30.80$，求被测螺纹中径为多少？（钢针直径 $d_0=0.518P$）

解：已知 $d=36$mm，$P=6$mm，$M=30.80$mm

$d_0=0.518P=0.518×6$mm$=3.108$mm

$M=d_2+4.864d_0-1.866P$

$d_2=M-4.864d_0+1.866P$

$=(30.80-4.864×3.108+1.866×6)$mm

$=26.88$mm

答：梯形螺纹的中径为 26.88mm。

三针测量法采用的量针一般是专门制造的，在实际应用中，有时也用优质钢丝或新钻头的柄部来代替，但与计算出的量针直径尺寸往往不相符合，这就需要认真选择。要求所代用的钢丝或钻柄的直径，最大不能在放入螺旋槽时顶在螺纹牙尖上，最小不能在放入螺旋槽时和牙底相碰，可根据表 7-4 所示的范围进行选用。

最佳钢针直径 $d_0=0.518P$。

表 7-4 钢丝或钻柄直径的最大及最小值

| 螺纹牙形角 $\alpha$ | 钢丝或钻柄最大直径 | 直径或钻柄最小直径 |
| --- | --- | --- |
| 30° | $d_{max}=0.656P$ | $d_{min}=0.487P$ |
| 40° | $d_{max}=0.779P$ | $d_{min}=0.513P$ |

**2．单针测量法**

（1）单针测量法的特点

单针测量法如图 7-14 所示。在测量直径和螺距较大的螺纹中径时，用单针测量比用三针测量方便、简单。

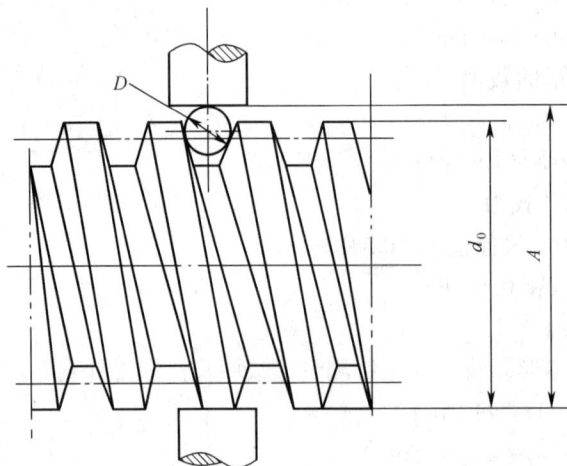

图 7-14　单针测量法

（2）计算公式

单针法测中经读数值 $A$ 的计算式为

$$A=(M+d_0)/2$$

式中，$d_0$ ——螺纹大径的实际尺寸，mm；

　　$M$ ——用三针测量时千分尺的读数，mm。

（3）测量方法

① 选取最佳直径的量针一根。量针的最佳直径 $d_D=0.518P$。

② 用外径千分尺量出螺纹大径的实际尺寸 $d_0$。

③ 根据选用量针的直径 $d_D$ 和已知的中径值（中径有公差），计算出用三针测量时的 $M$ 值（此值也有公差）。

④ 按公式 $A=(M+d_0)/2$，计算 $A$。

⑤ 用选择好的量针，放置在螺旋槽中，用千分尺量出螺纹大径与量针顶点之间的距离 $A$；将测得的数值与通过计算所得的数值进行比较，如果所测数值在计算数值的公差范围之内，则所测量工件中径合格。

【例 3】用单针测量 Tr36×6 梯形螺纹，测得螺纹大径的实际尺寸 $d_0=35.95$mm，求单针测量值 $A$ 为多少才合适？

解：选取最佳钢针直径　　$d_D=0.518P=0.518×6$mm$=3.108$mm

$$d_2=d-0.5P=36-0.5×6\text{mm}=33\text{mm}$$

$$M=d_2+4.864d_D-1.866P$$

$$=(33+4.864×3.108-1.866×6)\text{mm}$$

$$=36.92\text{mm}$$

根据国家标准，查得中径偏差为

$$d_2 = 33_{-0.543}^{-0.118} \text{ mm}$$

则 $M = 36.92_{-0.543}^{-0.118} \text{ mm } 36.5_{-0.337}^{-0.124}$

所以 $A = (M + d_0)/2 = [(36.92 + 35.95)/2] \text{mm} = 36.435 \text{mm}$。

单针测量值 $A$ 的极限偏差应为中径极限偏差的一半。因此，$A = 36.435_{-0.272}^{-0.059} = 36.5_{-0.337}^{-0.124} \text{ mm}$ 为合适。

### 三、任务三学习评价

#### 1．学习过程记录单

学习过程记录单

| 任务三 | 掌握检测梯形螺纹类零件的常用量具及检测方法 | | | |
|---|---|---|---|---|
| | 学习的内容 | 掌握程度（学生填写） | | |
| | | 好 | 一般 | 差 |
| 学习过程 | 正确使用螺纹环规或塞规 | | | |
| | 理解三针测量法的公式及计算 | | | |
| | 理解单针测量法的公式及计算 | | | |
| | 量针最佳直径的选择 | | | |
| | 三针测量法、单针测量法 | | | |

#### 2．思考练习题

① 如何正确使用螺纹环规或塞规？

② 简述三针测量法。

③ 用三针量法测量梯形螺纹中径时，若牙形角 $\alpha = 30°$，螺距 $P = 10 \text{mm}$，试求最佳量针的直径。

④ 用三针测量 Tr36×6 梯形螺纹，测得千分尺的读数 $M = 30.80 \text{ mm}$，求被测螺纹中径为多少？（钢针直径 $d_0 = 0.518P$）

⑤ 简述单针测量法。

# 任务四 掌握加工梯形螺纹的常规方法

### 一、工件的装夹

一般采用双顶尖装夹或一夹一顶装夹。粗车较大螺距时，由于切削力较大，通常采用四爪单动卡盘一夹一顶，以保证装夹的牢固，同时使用工件的一个阶台靠住卡爪的平面或用轴向定位块限制，固定工件的轴向位置，以防止因切削力过大，使工件轴向位移而车坏螺纹。精车螺纹时，可以采用两顶尖之间装夹，以提高定位精度。

### 二、车床的选择和调整

#### 1．车床的选择

挑选精度较高、磨损较小、刚性好的车床加工。

#### 2．车床的调整

对床鞍及中滑板、小滑板的配合部分进行检查和调整，使其间隙松紧适当。特别注意控制主轴的轴向窜动、径向跳动及丝杠的窜动。

选用配换精度较高的交换齿轮。

主轴上左右摩擦片的松紧应调整合适，以减少切削时因车床因素而产生的加工误差。

### 三、梯形螺纹的车削方法

车削梯形螺纹与车削三角形螺纹相比较，螺距大、牙形大、切削余量大、切削抗力大，而且精度要求较高，加之工件一般较长，所以加工难度大。除了与车削三角形螺纹类似地按所车削的螺距大小，在车床进给箱铭牌上找出调整变速手柄所需位置，保证车床所车的螺距符合要求外，还需考虑梯形螺纹的精度高低和螺距大小来选择不同的加工方法。通常对于精度要求较高的梯形螺纹采用低速车削的方法（此法对初学者来说较易掌握一些）。

车削梯形螺纹时，通常采用高速钢材料刀具进行低速车削，低速车削梯形螺纹一般有图 7-15 所示的 4 种进刀方法，即直进法、左右切削法、车直槽法和车阶梯槽法。通常直进法只适用于车削螺距较小（$P<4$mm）的梯形螺纹，而粗车螺距较大（$P>4$mm）的梯形螺纹常采用左右切削法、车直槽法和车阶梯槽法。下面分别探究一下这几种车削方法。

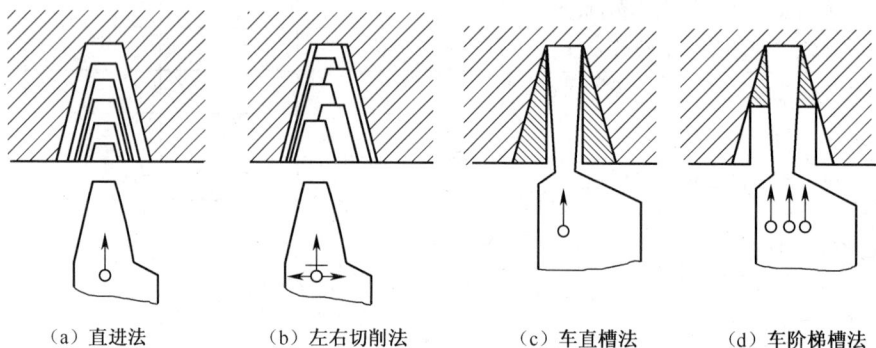

（a）直进法　　（b）左右切削法　　（c）车直槽法　　（d）车阶梯槽法

图 7-15　梯形螺纹的加工方法

### 1．直进法

直进法也称切槽法，如图 7-15（a）所示。车削螺纹时，只利用中拖板进行横向（垂直于导轨方向）进刀，在几次行程中完成螺纹车削。这种方法虽可以获得比较正确的牙形，操作也很简单，但由于刀具 3 个切削刃同时参加切削，震动比较大，牙侧容易拉出毛刺，不易得到较好的表面品质，并容易产生扎刀现象，因此，该法只适用于螺距较小的梯形螺纹车削。

### 2．左右切削法

左右切削法车削梯形螺纹时，除了用中拖板刻度控制车刀的横向进刀外，同时还利用小拖板的刻度控制车刀的左右微量进给，直到牙形全部车好，如图 7-15（b）所示。用左右切削法车螺纹时，由于是车刀两个主切削刃中的一个在进行单面切削，避免了 3 个切削刃同时切削，所以不容易产生扎刀现象。另外，精车时尽量选择低速（$v$ 为 4～7m/min），并浇注切削液，一般可获得很好的表面品质。在实际操作过程中，要根据实际经验，一边控制左右进给量，一边观察切屑情况，当排出的切屑很薄时，就可采用光整加工使车出的螺纹表面光洁，精度也很高。但左右切削法操作比较复杂，小拖板左右微量进给时由于空行程的影响易出错，而且中拖板和小拖板同时进刀，两者的进刀量大小和比例不固定，每刀切削量不好控制，牙形也不易车得清晰。所以，左右切削法对操作者的熟练程度和切削技能要求较高，不适合初学者学习和掌握。

### 3．车直槽法

车直槽法车削梯形螺纹时一般选用刀头宽度稍小于牙槽底宽的矩形螺纹车刀，采用横向直进法粗车螺纹至小径尺寸（每边留有 0.2～0.3mm 的余量），然后换用精车刀修整，如图 7-15（c）所示。这种方法简单、易懂、易掌握，但是在车削较大螺距的梯形螺纹时，刀具因其刀头狭长，强度不够而易折断。这是由于切削的沟槽较深，排屑不顺畅，致使堆积的切屑把刀头"砸掉"，进给量较小，切削速度较低，因而很难满足梯形螺纹的车削需要。

### 4．车阶梯槽法

为了降低"直槽法"车削时刀头的损坏程度，可以采用车阶梯槽法，如图 7-15（d）所示。该方法同样也是采用矩形螺纹车刀进行切槽，只不过不是直接切至小径尺寸，而是分成若干刀切削成阶梯槽，最后换用精车刀修整至所规定的尺寸。这样切削排屑较顺畅，方法也较简单，但换刀时不容易对准螺旋直槽，很难保证正确的牙形，容易产生倒牙现象。

综上所述，除直进法外，其他 3 种车削方法都能不同程度地减轻或避免 3 个切削刃同时切削，使排屑较顺畅，刀尖受力、受热的情况有所改善，从而不易出现振动和扎刀现象，还可提高切削用量，改善螺纹的表面品质。因此，左右切削法、车直槽法和车阶梯槽法获得了广泛的应用。然而，对于初学者来说，以上 3 种车削方法掌握起来较困难，操作起来较烦琐，有待于容易化和简单化。

### 四、注意问题

① 梯形螺纹车刀两侧副切削刃应平直，否则工件牙形角不正；精车时刀刃应保持锋利，要求螺纹两侧表面粗糙度要低。

② 调整小滑板的松紧，以防车削时车刀移位。

③ 车梯形螺纹中途复装工件时，应保持拨杆原位，以防出现乱牙。

④ 工件在精车前，最好重新修正顶尖孔，以保证同轴度。

⑤ 在外圆上去毛刺时，最好把砂布垫在锉刀下进行。

⑥ 不准在开车时用棉纱擦工件，以防出危险。

⑦ 车削时，为了防止因溜板箱手轮回转时不平衡，或床鞍移动时产生窜动，可去掉手柄。

⑧ 车梯形螺纹时为防"扎刀"，建议用弹性刀杆。

### 五、任务四学习评价

### 1．教学评价

**学习过程记录单**

| 任务四 | 掌握加工梯形螺纹的常规方法 | | | |
|---|---|---|---|---|
| 学习内容 | 学习的内容 | 掌握程度（学生填写） | | |
| | | 好 | 一般 | 差 |
| 学习过程 | 熟悉螺纹轴图样 | | | |
| | 装夹工件 | | | |
| | 车床的选择和调整 | | | |
| | 直进法 | | | |
| | 左右切削法 | | | |
| | 车直槽法 | | | |
| | 车阶梯槽法 | | | |

2. 思考练习题

① 如何装夹工件？

② 如何进行车床的选择和调整？

③ 简述车直槽法车削梯形螺纹。

④ 简述左右车削法车削梯形螺纹。

⑤ 简述车阶梯槽法车削梯形螺纹。

# 任务五　理解加工梯形螺纹丝杠的常规工艺

## 一、梯形螺纹丝杠图样

梯形螺纹丝杠图样如图 7-1 所示。

## 二、生产准备

具体生产准备见表 7-5。

表 7-5　　　　　　　　　　　　生产准备

| 零件图样 | 工艺卡片 | 刀具准备 | 量具准备 | 其他工装 | 毛坯检验 |
|---|---|---|---|---|---|
| 明确图样的要求 | 明确工艺卡片的要求 | 90°、45° 外圆车刀，梯形螺纹车刀 | 对刀板，外径千分尺，游标卡尺，梯形螺纹量规 | 活动顶尖，跟刀架 | 检查毛坯是否合格（如材料，热处理、规格等是否合格） |

## 三、零件工序卡的分析

零件工序卡的分析见表 7-6。

表 7-6　　　　　　　　　　　零件工序卡的分析

| 14 | 工序卡 | | 产品名称 | | |
|---|---|---|---|---|---|
| | | | 零件名称 | C616 梯形丝杠 | |
| | | | 设备 | 夹具 | 量具 |
| | | | CA6140 | 三爪、顶尖 | 游标卡尺专用量具 |

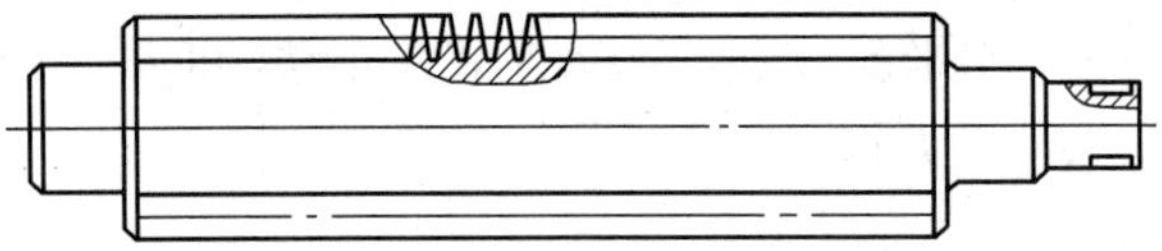

| 工步 | 工步内容 | 切削参数 | | | 冷却方式 |
|---|---|---|---|---|---|
| | | $A_P$(mm) | $V_C$(r/min) | $f$(mm/r) | |
| 1 | 粗加工螺纹大径，留 0.3mm 的加工余量 | 查表 | 40 | | 自动水冷却 |
| 2 | 用左右切削法粗加工螺纹，每边留加工余量 0.1~0.2mm | 查表 | 30 | | |
| 3 | 螺纹小径精车到尺寸 | 查表 | 10 | | |
| 4 | 螺纹大径及两侧面精车到尺寸 | 查表 | 10 | | |
| 编制 | | 校对 | | 审核 | |

## 四、梯形螺纹丝杠的加工工艺过程卡

梯形螺纹丝杠的加工工艺过程卡见表 7-7。

表 7-7                        梯形螺纹丝杠的加工工艺过程卡

| 工序号 | 工序名称 | 工序内容 | 工艺装备 |
|---|---|---|---|
| 1 | 热处理 | 调质 HRC28-HRC32 | |
| | | 检 | |
| 2 | 车 | A：三爪夹紧 | CA6140 |
| | | （1）车两端面总长至图样尺寸 | |
| | | （2）两端打中心孔 A2.5/5.3 | 中心钻：A2.5/6.3 |
| | | B：一类一项 | |
| | | （3）车 Tr36×6-7e 螺纹外径，留余量 0.6～0.7 | |
| | | （4）车左端 $\phi20_0^{+0.018}$ 外径，留余量 0.6～0.7 保证轴向尺寸 45 | |
| | | （5）倒 $\phi20_0^{+0.018}$ 和 Tr36×6-7e 左端角 | |
| | | （6）车 Tr36×6-7e 螺纹底径至尺寸牙宽留余量 0.5～0.6 | |
| | | C：调头一类一项 | |
| | | （7）车右端面 $\phi20_0^{+0.018}$ 外径。留余量 0.6～0.7 | |
| | | （8）车外径 $\phi18_0^{+0.01}$，留余量 0.6～0.7 | |
| | | （9）切 $\phi15×4$ 槽，保证轴向尺寸 5 | |
| | | （10）倒 $\phi20_0^{+0.018}$ 和 $\phi18_0^{+0.01}$ 右端角 | |
| | | 检 | |
| 4 | 外磨 | 两顶尖定位 | M1332 |
| | | （1）粗磨 2 处 $\phi20_0^{+0.018}$ 外径，留余量 0.2～0.25 | |
| | | （2）粗磨 $\phi18_0^{+0.01}$ 外径，留余量 0.2～0.25 | |
| | | （3）粗磨 Tr36×6-7e 螺纹外径，留余量 0.3～0.4 | |
| | | 检 | |
| 5 | 车 | A：一夹一项 | C6140 |
| | | 半精车 Tr36×6-7e 螺纹，中径留余量 0.3～0.4 | 三针 |
| | | 检 | |
| 6 | 立铣 | （1）铣 6±0.015 键槽至要求 | X52K |
| | | （2）去毛刺 | 键槽铣刀 |
| | | 检 | 键槽塞规 |
| 7 | 钳 | （1）修 Tr36×6-7e 两端不完整的螺纹 | |
| | | （2）校直 Tr36×6-7e 外径跳动≤0.1 | |
| 8 | 定性 | （1）定性处理 | |
| | | （2）校直 Tr36×6-7e 外径跳动≤0.15 | |
| | | 检 | |
| 9 | 外磨 | （1）研中心孔 | M1332 |
| | | A：两顶尖定位 | 外径千分尺 |
| | | （2）精磨 2 处 $\phi20_0^{+0.018}$ 外径至图样要求并靠磨端面 | |

续表

| 工序号 | 工序名称 | 工序内容 | 工艺装备 |
|---|---|---|---|
| 9 | 外磨 | （3）精磨 $\phi 18_0^{+0.01}$ 外径至图样要求 | |
| | | （4）精磨 Tr36×6–7e 外径至图样要求 | |
| | | 检 | |
| 10 | 车 | A：一夹一顶 | C6140 |
| | | 车 Tr36×6–7e 螺纹至图样要求 | 外径千分尺 |
| | | 检 | 三针 |
| 11 | 检验 | 按图样要求检查工件各部尺寸及精度 | |
| 12 | 入库 | 入库 | |

### 五、工件的加工与管理

① 开机运行。

② 正确安装零件。

③ 正确安装刀具。

④ 正确调整机床。

⑤ 零件试切。

⑥ 打扫机床。

### 六、学生实训

（1）加工图 7-1 所示的零件

（2）加工图 7-16 所示的零件

提示：图 7-17 所示的零件加工的步骤如下。

① 一夹一顶装夹工件。工件伸出长度为 70mm 左右，并找正车。

② 车刀的选择和装夹。选择、安装直槽车刀和精车梯形螺纹车刀。

③ 粗、精车外圆 $\phi 32$ 长 60mm。

④ 车槽 $\phi 24×8$，并倒角 $C_2$。

⑤ 粗车 Tr32×6 梯形螺纹，精车梯形螺纹至尺寸要求。

### 七、安全事项

① 由于初学车螺纹时操作不熟练，一般宜采用较低的切削速度，并特别注意在练习操作过程中要思想集中。

② 调整交换齿轮时，必须切断电源，停车后进行，交换齿轮装好后要装上防护罩。

③ 车螺纹时是按螺距纵向进给，因此进给速度快，退刀后开合螺母（或倒顺车）必须及时且动作协调，否则会使车刀与工件台阶或卡盘撞击而产生事故。

④ 倒、顺车换向不能过快，否则机床将受到瞬间冲击，易损坏机件，在卡盘与主轴连接处必须安装保险装置，以防卡盘在反转时从主轴上脱落。

⑤ 车螺纹时，必须注意中滑板手柄不要多摇一圈，否则会造成刀尖崩刃或工件损坏。

⑥ 开车时，不能用棉纱擦工件，否则会使棉纱（或手套）卷入工件，甚至把手指也一起卷进而造成事故。

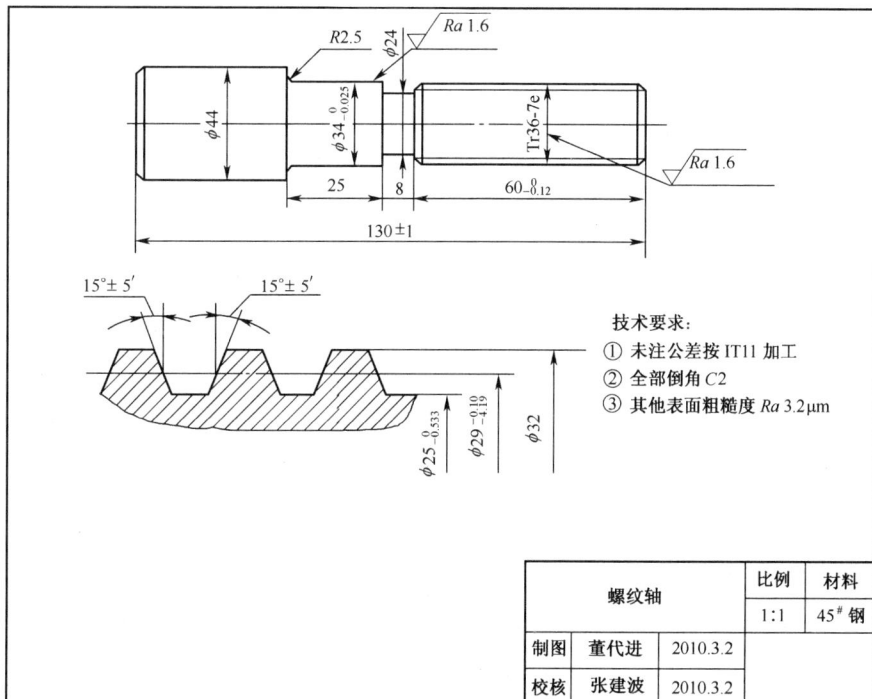

图 7-16　练习零件图样

## 八、学习与思考

### 1．学习过程记录单

学习过程记录单

| 任务五 | 理解加工梯形螺纹丝杠的常规工艺 | | | |
|---|---|---|---|---|
| 学习内容 | 学习的内容 | 掌握程度（学生填写） | | |
| | | 好 | 一般 | 差 |
| | 看懂零件图 | | | |
| | 加工准备 | | | |
| | 工艺分析 | | | |
| | 确定工艺流程卡 | | | |
| | 确定车刀 | | | |
| | 确定检测量具 | | | |

### 2．思考练习题

① 零件图上有哪些参数？

② 加工的准备工作有哪些？

③ 如何进行工艺分析？

④ 如何制订加工工艺卡？

# 任务六　螺纹类零件质量的分析

螺纹类零件质量的分析见表 7-8。

表 7-8　　　　　　　　　　　　　　　螺纹类零件质量的分析

| 废品种类 | 产生原因 | 预防方法 |
|---|---|---|
| 尺寸不正确 | ① 车外螺纹前的直径不对<br>② 车内螺纹前的孔径不对<br>③ 车刀刀尖磨损<br>④ 螺纹车刀切深过大或过小 | ① 根据计算尺寸车削外圆与内孔<br>② 经常检查车刀并及时修磨<br>③ 车削时严格掌握螺纹切入深度 |
| 螺纹不正确 | ① 挂轮在计算或搭配时错误<br>② 进给箱手柄位置放错<br>③ 车床丝杠与主轴窜动<br>④ 开合螺母塞铁松动 | ① 车削螺纹时先车出很浅的螺旋线检查螺距是否正确<br>② 调整好开合螺母塞铁,必要时在手柄上挂上重物<br>③ 调整好车床主轴和丝杠的轴向窜动量 |
| 牙形不正确 | ① 车刀安装不正确,产生半角误差<br>② 车刀刀尖角刃磨不正确<br>③ 刀具磨损 | ① 用样板对刀<br>② 正确刃磨和测量刀尖角<br>③ 合理地选择切削用量和及时修磨车刀 |
| 螺纹表面不光洁 | ① 切削用量选择不当<br>② 切屑流出的方向不对<br>③ 产生积屑瘤,拉毛螺纹侧面<br>④ 刀杆刚性不够产生振动 | ① 高速钢车刀车螺纹的切削速度不能太大,切削厚度应小于 0.06,并加切削液<br>② 硬质合金车刀高速车螺纹时,最后一刀的切削厚度要大于 0.1,切屑要垂直于轴心线方向排出<br>③ 刀杆不能伸出过长,并选粗壮刀杆 |
| 扎刀或顶弯工件 | ① 车刀的径向前角太大<br>② 工件的刚性差,而切削用量选择太大 | ① 减小车刀径向前角,调整中滑板丝杆螺母间间隙<br>② 合理选择切削用量,增加工件装夹刚性 |

## 一、学习与思考

### 1. 学习过程记录单

学习过程记录单

| 任务六 | 螺纹类零件质量的分析 | | | |
|---|---|---|---|---|
| 学习内容 | 学习的内容 | 掌握程度(学生填写) | | |
| | | 好 | 一般 | 差 |
| 学习过程 | 理解螺纹不正确的原因与解决的措施 | | | |
| | 理解扎刀或顶弯工件的原因与解决的措施 | | | |
| | 理解螺距不正确的原因与解决的措施 | | | |
| | 理解表面粗糙度不合格的原因与解决的措施 | | | |

### 2. 思考练习题

① 车削螺纹类零件时,尺寸不正确的原因是什么,如何预防?

② 车削螺纹类零件时,扎刀或顶弯工件的原因是什么,如何预防?

③ 车削螺纹类零件时,表面粗糙度超差的原因是什么,如何预防?

## 项目学习评价

| 学习收获 | |
|---|---|
| 不足之处 | |
| 改进方法 | |
| 教师评语 | |
| 评　分 | |

# 参 考 文 献

[1] 《职业技能鉴定教材》编审委员会. 车工. 北京：中国劳动出版社，1996.

[2] 蒋真福. 车工工艺与技能训练. 北京：高等教育出版社，1998.

[3] 黄孟域. 金属工艺学. 北京：高等教育出版社，1986.8.

[4] 劳动和社会保障部教材办公室组织编写. 车工工艺与技能训练. 北京：中国劳动社会保障出版社，2002.

[5] 劳动和社会保障部教材办公室组织编写. 车削加工技能. 北京：中国劳动社会保障出版社，2006.

[6] 饶传锋. 车工. 重庆：重庆大学出版社，2007.

[7] 葛金印. 机械制造技术基础基本常识. 北京：中国劳动社会保障出版社，2005.

[8] 蒋增福. 车工工艺与技能训练. 北京：高等教育出版社，2001.

[9] 饶传锋. 金属切削加工（一）——车削. 重庆：重庆大学出版社，2007.

[10] 徐洪. 车工基本技能. 北京：中国劳动社会保障出版社，2005.

[11] 王兵. 车工技能实训. 北京：人民邮电出版社，2007.

[12] 车世明. 学车工. 郑州：中原农民出版社，2009.

[13] 王兵，柯学东. 金工实训. 北京：化学工业出版社，2010.

[14] 王兵. 图解车工技术快入门. 上海：上海科学技术出版社，2010.

[15] 劳动和社会保障部教材办公室组织编写. 车工. 北京：中国劳动社会保障出版社，2005.

[16] 工人高级操作技能训练辅导丛书编委会. 车工. 北京：机械工业出版社，1994.

[17] 陈宏钧. 车工实用技术. 北京：机械工业出版社，2007.

[18] 劳动和社会保障部教材办公室组织编写. 车工工艺与技能训练. 北京：中国劳动社会保障出版社，2001.

[19] 蒋增福，徐冬元. 机加工实习. 北京：高等教育出版社，2001.

[20] 蒋增福. 车工工艺与技能训练. 北京：高等教育出版社，2006.

[21] 姚为民. 车工实习与考级. 北京：高等教育出版社，1997.

# 世纪英才·中职教材目录（机械、电子类）

| 书　　名 | 书　　号 | 定　价 |
|---|---|---|
| **模块式技能实训·中职系列教材（电工电子类）** | | |
| 电工基本理论 | 978-7-115-15078 | 15.00 元 |
| 电工电子元器件基础（第 2 版） | 978-7-115-20881 | 20.00 元 |
| 电工实训基本功 | 978-7-115-15006 | 16.50 元 |
| 电子实训基本功 | 978-7-115-15066 | 17.00 元 |
| 电子元器件的识别与检测 | 978-7-115-15071 | 21.00 元 |
| 模拟电子技术 | 978-7-115-14932 | 19.00 元 |
| 电路数学 | 978-7-115-14755 | 16.50 元 |
| 复印机维修技能实训 | 978-7-115-16611 | 21.00 元 |
| 脉冲与数字电子技术 | 978-7-115-17236 | 19.00 元 |
| 家用电动电热器具原理与维修实训 | 978-7-115-17882 | 18.00 元 |
| 彩色电视机原理与维修实训 | 978-7-115-17687 | 22.00 元 |
| 手机原理与维修实训 | 978-7-115-18305 | 21.00 元 |
| 制冷设备原理与维修实训 | 978-7-115-18304 | 22.00 元 |
| 电子电器产品营销实务 | 978-7-115-18906 | 22.00 元 |
| 电气测量仪表使用实训 | 978-7-115-18916 | 21.00 元 |
| 单片机基础知识与技能实训 | 978-7-115-19424 | 17.00 元 |
| **模块式技能实训·中职系列教材（机电类）** | | |
| 电工电子技术基础 | 978-7-115-16768 | 22.00 元 |
| 可编程控制器应用基础（第 2 版） | 978-7-115-22187 | 23.00 元 |
| 数学 | 978-7-115-16163 | 20.00 元 |
| 机械制图 | 978-7-115-16583 | 24.00 元 |
| 机械制图习题集 | 978-7-115-16582 | 17.00 元 |
| AutoCAD 实用教程（第 2 版） | 978-7-115-20729 | 25.00 元 |
| 车工技能实训 | 978-7-115-16799 | 20.00 元 |
| 数控车床加工技能实训 | 978-7-115-16283 | 23.00 元 |
| 钳工技能实训 | 978-7-115-19320 | 17.00 元 |
| 电力拖动与控制技能实训 | 978-7-115-19123 | 25.00 元 |
| 低压电器及 PLC 技术 | 978-7-115-19647 | 22.00 元 |
| S7-200 系列 PLC 应用基础 | 978-7-115-20855 | 22.00 元 |

| 书　　名 | 书　　号 | 定　　价 |
|---|---|---|
| 中职项目教学系列规划教材 | | |
| 数控车床编程与操作基本功 | 978-7-115-20589 | 23.00 元 |
| 单片机应用技术基本功 | 978-7-115-20591 | 19.00 元 |
| 电工技术基本功 | 978-7-115-20879 | 21.00 元 |
| 电热电动器具维修技术基本功 | 978-7-115-20852 | 19.00 元 |
| 电子线路 CAD 基本功 | 978-7-115-20813 | 26.00 元 |
| 电子技术基本功 | 978-7-115-20996 | 24.00 元 |
| 彩色电视机维修技术基本功 | 978-7-115-21640 | 23.00 元 |
| 手机维修技术基本功 | 978-7-115-21702 | 19.00 元 |
| 制冷设备维修技术基本功 | 978-7-115-21729 | 24.00 元 |
| 变频器与 PLC 应用技术基本功 | 978-7-115-23140 | 19.00 元 |
| 电子电器产品市场与经营基本功 | 978-7-115-23795 | 17.00 元 |
| 电动机维修技术基本功 | 978-7-115-23781 | 23.00 元 |
| 机械常识与钳工技术基本功 | 978-7-115-23193 | 25.00 元 |
| 气焊与电焊基本功 | 978-7-115-24105 | 20.00 元 |
| 车工技术基本功 | 978-7-115-23957 | 29.00 元 |